MULTILEVEL FAST MULTIPOLE AND DOMAIN DECOMPOSITION BASED FAST ALGORITHMS IN COMPUTATIONAL ELECTROMAGNETICS

多极子与区域分解型
高效电磁计算算法

杨明林　盛新庆　著

北京理工大学出版社
BEIJING INSTITUTE OF TECHNOLOGY PRESS

内 容 简 介

近年来，随着计算机硬件水平的飞速发展和各种快速算法的提出，电磁计算全波数值方法计算能力获得不断提高，求解问题规模不断扩大，在飞行器隐身设计、天线设计等实际工程应用领域发挥着重要作用。本书兼顾算法理论与工程应用，以解决实际电磁工程应用中典型问题，譬如电大深腔、电大介质体、涂敷体的电磁分析为目的，研究基于多极子与区域分解的面积分方程矩量法、有限元方法及混合有限元－边界元－多层快速多极子方法（简称合元极方法）等快速算法的设计、实现及其数值性能，并将实现的快速算法应用于分析目标特性、光镊技术等，解决了一系列工程应用中的实际难题。

本书可作为高校、科研院所从事电磁计算算法研究的广大科研工作者的参考指导书，也可供电磁应用领域如目标特性、天线设计、光学测量等专业的工程人员参考使用。

图书在版编目（CIP）数据

多极子与区域分解型高效电磁计算算法 / 杨明林，盛新庆著. --北京：北京理工大学出版社，2022. 5

ISBN 978－7－5763－1343－7

Ⅰ. ①多… Ⅱ. ①杨…②盛… Ⅲ. ①电磁计算—计算方法 Ⅳ. ①TM15

中国版本图书馆 CIP 数据核字（2022）第 089675 号

出版发行 / 北京理工大学出版社有限责任公司
社　　址 / 北京市海淀区中关村南大街 5 号
邮　　编 / 100081
电　　话 / （010）68914775（总编室）
（010）82562903（教材售后服务热线）
（010）68944723（其他图书服务热线）
网　　址 / http://www.bitpress.com.cn
经　　销 / 全国各地新华书店
印　　刷 / 保定市中画美凯印刷有限公司
开　　本 / 710 毫米×1000 毫米　1/16
印　　张 / 11. 25
字　　数 / 196 千字
版　　次 / 2022 年 5 月第 1 版　2022 年 5 月第 1 次印刷
定　　价 / 68. 00 元

责任编辑 / 王玲玲
文案编辑 / 王玲玲
责任校对 / 刘亚男
责任印制 / 李志强

图书出现印装质量问题，请拨打售后服务热线，本社负责调换

前　言

目标与环境电磁特性的研究是国防科技领域的一个热点问题。随着计算机技术的发展，电磁仿真分析由于成本低廉，并且能实现各种理想环境条件，大大缩减了设计周期，在某种或某些典型问题，如目标特性、微波元器件设计、天线性能分析、电磁兼容分析、微波毫米波集成电路分析等领域有着迫切需求。随着复合材料的大量使用，仿真目标的多媒质、多尺度特性对电磁算法的高效性提出了新的挑战。快速算法，特别是基于多层快速多极子及区域分解技术的快速算法，成为开发高效、实用电磁仿真软件的有效选择，并在近几年得到快速发展。

本书作者长期从事多极子与区域分解型电磁快速算法及其应用方面的研究，在电磁仿真快速、精确数值算法及其应用方面积累了较为丰富的经验和资料。本书是在作者攻读博士学位期间及博士毕业后工作于北京理工大学期间研究成果的基础上整理而成的，旨在从理论和应用两个方面向国内广大的电磁仿真技术人员、研究人员介绍多极子与区域分解型高效电磁计算算法的理论、取得的重要算法创新进展，以及其在一些典型问题中的应用。

本书立足于实际应用，以计算电磁学核心混合算法之一的合元极技术为主线，在兼顾算法理论基础、高性能并行计算和工程应用的基础上，围绕着多极子与区域分解快速算法的若干关键技术进行了总结，并将实现的快速算法应用于分析目标特性、光镊技术等，解决了一系列工程应用中的实际难题。本书内容主要分为 6 章，第 1 章为绪论，简要介绍电磁算法的研究意义及国内外研究发展的动态与趋向；第 2 章为基于多层快速多极子的积分方程法，主要介绍了计算电磁学中的积分方程法及其在均匀介质体目标电磁方面的计算，如均匀介质体平面电磁波散射、有形波束中均匀介质粒子辐射压力、辐射扭矩计算方面的应用；第 3 章为基于区域分解的有限元高效算法，主要介绍有限元撕裂对接区域分解快速算法；第 4 章为基于高阶有限元的合元极技术，主要介绍有限元高阶基函数技术在合元极中的应用，以及针对高阶合元极的一种高效预处理技术；第 5 章为基于区域分解的合元极算法，介绍区域分解有限元技术在合元极技术中的应用，将针对各个单一核心算法的技术引入合元极技术中，实现了基于区域分解的合元极技术，结合高性能的并行计算技术，极大地提高了电磁仿真算法的计算能力；第 6 章为基于 H－LU 快速直接求解的合元极预处理技术，介绍了基于 H 矩阵的快速直接求解技术在合元极技术中的应用，这也是当前电磁算法研究中的一个热点问题。

本书的研究不但包括对算法理论的研究，同时，还涉及了算法的应用层面的研究。理论与实践深度兼备，既有深厚的理论功底，又有很强的应用性。本书可供从事电磁仿真算法研究的研究工作者阅读参考，也可供电磁应用领域如目标特性、天线设计、波束控制科技工作者参考。

本书由杨明林、盛新庆编著。本书的出版得到了北京理工大学优秀博士学位论文出版项目基金资助。由于电磁算法的快速发展，加之作者自身水平有限，书中难免会有一些疏漏与不足之处，敬请读者批评指正！

杨明林
2022 年 1 月于
北京理工大学

目　录

第 1 章

绪　　论

1.1　电磁计算算法的研究意义

随着微波技术的发展、微波元器件的广泛使用，目标电磁特性的研究引起了人们的广泛关注。电磁现象是各种自然现象中极为重要的一种，其研究领域极其广泛，涉及国防与民生的诸多方面。一般来说，对目标电磁特性的研究，可以分为实验测量与仿真分析两类。实验测试往往具有成本高昂、测试环境复杂、干扰因素多、理想条件难以实现等缺点，限制了实际使用。而仿真分析由于成本低廉，并且能实现各种理想环境条件，可以大大缩减设计周期，因此具有很高的需求。随着应用需求的增大，各种比较成熟的以解决计算电磁学中的某种或某些典型问题，如电磁散射和雷达散射截面的计算、波导与谐振腔分析、天线辐射分析、周期性结构分析、电磁兼容分析、微波毫米波集成电路分析等为特定目标的仿真方法被相继提出并逐步完善。对于电磁仿真工作者来说，理想的发展方向或者说电磁仿真的目标，是实现仿真结果与实际测试结果的完美吻合，逐步替代部分实验测试，直到最终达到可以取代实验测试结果的地步。这将极大缩减研发的成本与周期，带来电子产品设计生产上的突破。

电磁仿真技术的目的是求解特定情况下的场分布，而电磁场的分布可以由麦克斯韦方程组确定，因此仿真计算的本质就是实现对麦克斯韦方程组的快速精确求解。与传统的仿真计算，如力学、流体学、声学等方面的仿真计算类似，电磁仿真技术的发展极大依赖于计算机技术的进步。初时，受计算能力的限制，电磁问题的计算目标简单且尺寸很小，实用性很差。近年来，随着计算机技术的飞速发展，各种高性能的大规模计算平台相继面世，为计算电磁学的快速发展提供了一种可能。自 20 世纪 90 年代以来，各种具有其独特优点的高效算法被相继提出并实现，极大地推动了仿真技术的蓬勃发展。与此同时，随着技术的进步，各种电子元器件的使用频率逐渐提高，使得仿真的电尺寸增大，计算规模庞大，计算资源需求往往成为一个很大的

“瓶颈”；目标结构日趋复杂，大尺度与细微结构并存，对网格剖分与仿真算法的稳定性等提出了新的要求；随着工作频率的提高、各器件之间的耦合作用、工作单元受工作环境的影响，以及某些在低频时可以忽略的效应需要重新考虑等，这些都大大增加了仿真分析的难度。目前来说，一方面各种仿真分析核心算法的计算能力尚且不能满足实际目标设计分析的需求，而且单一算法的有效性受到只能针对特定种类目标的限制，不能达到对所有目标的计算分析都保持其高效性；另一方面，即使勉强可以计算，仿真结果与实验测量结果之间往往存在着一定的偏差，对仿真结果的可信性、可靠性无法确定，往往使得设计工作者对仿真结果产生怀疑。一个典型的问题就是隐身飞机的电磁散射计算与分析。在一个实际的隐身飞机结构中，囊括了许多的计算电磁学中的挑战性问题。首先，飞机目标本身便具有电大尺寸特性，并且为了减小雷达散射，其外形复杂怪异，细微结构往往具有较大影响，因此单个精确模型的建立就是一个挑战性的研究课题。纵然模型建立，获得高质量的网格剖分也很困难，对计算的精确性影响很大，而且往往出现最终数值离散形成的矩阵方程迭代求解难以收敛的情况。模型本身通常尺寸很大，对计算能力要求很高，即便是同等尺寸的简单金属结构如球体目标，在此尺寸对整体计算能力仍然是一个很大的挑战。即便是采用先进的并行技术，计算资源的需求也往往难以承受。其次，飞机结构中的腔体，如飞机进气道往往具有复杂外形，并且内部发动机叶片等结构的存在使得其内电磁环境极其复杂，涉及建模与剖分问题，精确计算往往难以实现；机载天线结构涉及天线辐射等方面的计算分析；而飞机结构通常具有复杂细微的电子元器件，需要特殊、细致处理，这导致整个计算问题中又存在对多尺度目标的计算。在飞机的前部，存在由多种材料复合成的天线罩，而在实际应用中，为了减小飞机的雷达散射截面，往往在其表面涂敷吸波材料，在进气道等部位设计吸波结构，这又使得此问题不但是一个针对电大尺寸金属目标的方针计算问题，还包括对电大尺寸介质体目标的计算，甚至更进一步变成金属介质复合材料结构的仿真分析，大大增加了计算的难度。与此同时，隐身飞机结构特性决定了其本身具有很低的散射特性，仿真过程中很细微的偏差都有可能导致结果与实际情况相去甚远。目前的计算电磁学方法，或许可以对其中某一单一问题或者有限个问题组合进行针对性的仿真计算，对于整体目标的计算仍然束手无策。这就导致了对部分目标的仿真分析无法实现或者是仿真结果只能提供定性分析而无法满足设计优化的精度需求。

针对以上困难，本书着重于电磁仿真快速算法及其应用方面的研究，主要目标是实现电大尺寸目标仿真分析的快速求解及研究算法在实际中的应用。要提高电磁仿真的计算能力，目前国际上研究工作的主流主要包括以下几个方面：一是研究如何精确建立复杂模型及获得高质量剖分，这相当于前处理阶段；二是对某一方法本身进行改进，提高其精度或者计算效率，包括研究新的方程形式，采用新型的基函数，如BC基函数等；三是实现离散方程的快速求解，包括采用各种高效加速算法、构建高效预处理技术，以及采用并行技术等；四是混合法的研究，将单一的算法取长补短，提高仿真的计算能力，往往能达到单一算法无法企及的效果。这四个方面任何一方面都是一个庞大而长期的研究课题。本书主要针对方程的快速求解方面进行研究。工作重点一是探寻高效的预处理技术，使得原本求解困难甚至无法求解的问题实现快速求解，在不改变算法本身的基础上，提高算法的计算能力；二是对传统算法的加速算法，如针对矩量法迭代求解过程中加速矩阵矢量乘的多层快速多极子技术及针对有限元方法的区域分解技术等进行研究；三是针对实际工程问题，开发高效、实用的混合算法，将加速技术应用到混合有限元-边界元-多层快速多极子的合元极方法的求解中。为了提高算法的计算能力，结合近年来快速发展的高性能并行计算技术，本书还对分布式并行技术及算法的并行实现进行了研究。通过以上努力，最终在电大腔体、电大复杂结构体、电大介质体目标的计算方面取得了一系列进展，为实现电大复杂目标一体化问题的计算，如前所述的飞机模型等的仿真分析打下基础，为此类问题仿真分析的实现提供了可能的解决方案。本书的研究工作不局限于算法理论方面的研究，更着眼于研究算法的实际应用，为解决实际工程问题打下了坚实的技术与理论基础，为实际问题的快速精确求解提供了有力工具。

1.2 电磁计算算法的发展

计算电磁学（Computational Electromagnetic，CEM）以电磁场理论为基础，运用计算数学方法，结合高性能的计算机技术，目标是解决复杂电磁场理论与工程应用问题。1873年，麦克斯韦在前人工作的基础上提出了麦克斯韦方程，从而奠定了电磁学理论基础。各种宏观电磁现象与电磁规律都可以由麦克斯韦方程组表示。因此，对于电磁问题的分析，其本质也就是实现对麦克斯韦方程的求解，也是计算电磁学者们的主要工作。经过多年的发展，目前来说，计算电磁学方法可以分为三大类。一类可以称为解析方法，也是计算电磁学中最为经典的方法。解析方法可以求得麦克斯韦方程组的严格解析解。例如，著名的Mie级数展开，以及在此基础上针对有形波束问题的广义Lorenz-Mie（Generalized Lorenz-Mie Theory，GLMT）法就属于此类。然而，由于解析解只存在于某些简单的理想规则目标体，如球体、无限长圆柱体等，这使得其在实际应用中可以发挥的作用受到很大限制。第二类方法被称为高频方法，其出现于计算机问世的初始阶段。20 世纪 60 年代以前，对麦克斯韦方程组的求解，大多采用解析方法。著名的 Mie 级数展开便属于此类方法。这种方法目前已成为校验其他电磁计算方法计算精度的标准。然而由于解析方法只适用于简单规则目标体，如球、无限长圆柱等，因此使用范围极其有限。早期求解麦克斯韦方程的方法，还有高频近似方法，包括物理光学法（PO）[1]、物理绕射理论（PTD）[2]、几何光学（GO）[3]、几何绕射理论（GTD）[4]、一致性几何绕射理论（UTD）[5]。这类方法利用了高频近似，本质上是一种精度不可控的近似方法，一般只适用于目标尺寸远大于波长的问题。第三类方法便是全波数值算法。20 世纪 60 年代以来，随着计算机的发展，全波数值方法或低频方法全面兴起。全波数值方法是将麦克斯韦方程的微分或积分形式进行离散，不引入其他任何近似，因此是一类计算精度严格可控的方法。但是，全波数值方法所需计算内存和计算量都很大。此类方法基于对麦克斯韦方程积分或者微分形式的离散，没有做任何近似。常用的算法包括基于微分方程的有限元法（Finite Element Method，FEM）[6,7]、时域有限差分法（Finite - difference Time - domain，FDTD）[8,9]及基于积分方程的矩量法（Method of Moments，MoM）[10,11]。在计算资源允许的情况下，这三种方法具有通用性、精确性、灵活性。此外，还有各种不同方法间组合形成的混合法，如本书将要重点讨论的合元极算法（FE - BI - MLFMA）[12 - 14]。由于计算的精确性及灵活通用性，目前，全波数值算法及其混合算法在电磁仿真分析中占据主要地位。

时域有限差分法 FDTD 采用差分方法求解麦克斯韦方程组的微分形式。在 FDTD 中，计算目标被离散成具有相同参数的 Yee 单元[8]。之后，采用适当的边界条件截断整个计算区域，求解离散后的目标就可以获得电磁场分布。FDTD 是一种时域算法，其编程实现相对简单，易于并行化，这些优点使得其在国内外研究领域获得了广泛的应用。然而由于采用的是 Yee 单元，对曲面尖角等结构的模拟比较困难，灵活性受到一定限制。同时，由于采用的是近似边界条件截断，其精度难以预先估计。

有限元法 FEM 将边值问题化为等效的泛函变分求解，求解域被划分为有限个单元。其优点是物理意义明确、剖分灵活、计算稳定，对于复杂细微结构仍然具有很强的计算能力。有限元方法历史悠久，在力学、声学、流体学等各个领域都有比较广泛的应用。在电磁学领域，有限元方法已被广泛应用于天线设计、波导本征值求解、静电磁场计算、微波元器件设计等方面。与 FDTD 类似，有限元方法中，计算区域仍然需要采用近似边界条件如吸收边界条件（Absorbing Boundary Condition，ABC）或者完全匹配吸收层（Pefect Matching Layer，PML）进行截断[15 - 17]，因此，精确性与灵活性也受到一定限制。有限元方法形成的矩阵是稀疏矩阵，易于存储但通常性态较差，难以采用迭代方法高效求解。而针对稀疏矩阵求解的高效直接法如 LU 分解，多波前算法所需的内存通常比迭代算法要多得多。这就促使人们寻求各种针对有限元方法特性的加速算法。目前有限元方法中比较典型的加速算法是区域分解算法（Domain Decomposition Method，DDM）[18-28]。DDM 首先将计算区域分解为有限个小的计算子区域。由于有限元方法的局部性，对于周期性结构，可以采用相同的网格剖分形成相同的有限元矩阵。

矩量法 MoM 求解的是 Maxwell 方程的积分形式[10,11]。按照等效方法的不同，可以分为体积分方程与面积分方程两种。积分方程法不采用近似边界，因此通常具有较高的计算精度。面积分方程的离散被限制于计算目标的表面上，因此对于均匀、分片均匀目标，具有很强的计算能力。因为网格单元剖分通常采用的是二维单元，如三角形等，其未知量较 FDTD、FEM 等体剖分方法随着目标尺寸增加更为缓慢，网格剖分更易获得，也更适用于对电大尺寸均匀目标的计算。矩量法求解能自动满足远区辐射条件的积分方程，无须像有限差分和有限元方法那样采用近似边界条件截断，具有精确性和高效性，特别适用于辐射、散射等开域问题。然而，矩量法最终形成满阵方程，即便采用迭代方法，其存储和计算复杂度很高 $O(N^2)$，因此只适用于电小尺寸问题，极大地限制了其在实际问题求解中的应用。以快速傅里叶变换（Fast Fourier Transform，FFT）[29-31]、自适应积分法（Adaptive Integral Method，AIM）[32,33]、快速多极子（Fast Multipole Method，FMM）[34,35]及多层快速多极子技术（Multilevel Fast Multipole Algorithm，MLFMA）[36-39]为代表的电磁快速算法的提出与实现，极大地提高了电磁计算方法的计算能力与效率，其中以多层快速多极子技术最具代表性。多层快速多极子技术将原矩量法中任意两点间的直接相互作用转化为多层、分组方式的组间相互作用，将矩量法的计算复杂度降低到 $O(N\log_2 N)$，最大计算规模由数个波长增加到几十上百波长。多层快速多极子技术的提出与应用，从根本上提高了电磁计算的能力，推动电磁计算走向了工程应用。

从上面的分析可以看出，不同的数值方法具有其优缺点与局限性。随着计算问题的日益复杂，单一的方法已经不满足实际应用中的电磁仿真需求，这就促使人们将目光转向各种方法的组合形成的混合算法上。混合算法是两种以上不同算法的结合。它既可以是全波数值算法与高频近似算法间的混合，如 MLFMA 与几何绕射（Uniform Geometrical Theory of Diffraction，UTD）方法的混合，又可以是全波数值算法之间的混合，如 FEM 与 FDTD 的混合、FEM 与 MoM 的混合。混合方法并非两种方法简单相加。通常在混合方法中，各种方法之间可以取长补短，获得最高的性能效果。在混合方法中，比较高效并获得广泛关注的是混合有限元－边界元－多层快速多极子技术的合元极算法[12-14]。1990 年的一项工作首先将有限元与边界元结合起来用于求解电磁问题[12]。此方法提出后，受到广泛关注，一系列工作相继提出并完成。然而，由于边界元形成的满阵的计算与存储复杂度的限制，此混合方法的计算能力受到严重限制。真正意义上的通用高效的合元极算法开发于 1998 年[14]，应用于三维涂层目标散射问题的计算。在此工作中，多层快速多极子技术被引入算法中，使得算法的计算能力获得了质的飞跃。在合元极算法中，复杂非金属结构采用有限元方法离散求解，整个计算区域被积分方程截断，同时，采用多层快速多极子技术加速迭代求解中的矩阵向量乘积。积分方程的采用弥补了有限元方法截断带来的计算精度不高的缺陷；而有限元的采用又使得合元极算法可以高效地处理不均匀结构、各向异性结构等积分方程不易处理的结构。内部有限元计算区域与外部积分方程计算区域间通过等效原理耦合起来。同时，在合元极算法中，内外区域又可以看作两个不同的求解域，即有限元求解域与积分方程求解域。因此，针对积分方程与针对有限元的高效加速算法可以很容易地引入合元极算法中。

全波数值方法计算的主要难点之一在最终形成的矩阵方程的求解上。对于方程求解，我们关心的问题主要集中在计算效率与内存需求两方面。混合法作为两种以上数值方法的混合，既相互独立，又统一一致，需要考虑到构成此方法的每种数值方法在目标计算上的局限性并逐一破解。否则，由于短板效应，整个混合方法的计算能力难以获得质的提高。合元极算法从其提出经多年发展至今，其求解的改进思路无非包括两个方向：一个是构建高效的预处理器，加速原矩阵方程的求解；另一个则是直接针对形成的矩阵方程的求解过程进行改进。预处理器的构建，目前主流方法是基于代数方法的不完全 LU 分解（Incomplete LU Decomposition，ILU）[45]、稀疏近似逆（Sparse Approximate Inverse，SAI）[46]、基于逆的多层不完全 LU 分解（Multilevel Inverse Based ILU，MIB－ILU）[47]、P 类乘性施瓦兹方法（p－type Multiplicative Schwarz method，p－MUS）[48]等。此外，Jin 等人提出了一种基于物理近似的吸收边界条件的预处理方法[49]，此方法被证明具有很好的近似作用，考虑了内外区域的耦合作用，高效、稳定。求解过程的改进促使了多种不同算法的出现，如传统合元极算法（Conventional Algorithm，CA）[12-14]、合元极分解算法（Decomposition Algorithm，DA）[50]。

除了方法上的改进，电磁仿真学者们还将目光放到了高性能计算机硬件方面的应用研究，如高性能计算平台的使用，这些研究也发展形成了目前计算电磁学领域的另一个重要发展方向。高性能并行是提升电磁算法计算效率和计算规模的最为直接有效的手段。近年来，计算机硬件水平的快速提升极大地提高了计算电磁方法的计算能力。如对具有巨大挑战性的问题，或者是进行多次重复计算的大工作量问题，可以在高性能并行平台上、平台间采用基于消息传递（Message Passing Interface，MPI）的并行计算；针对目前计算平台的多核多线程特点，可以在单台服务器上进行基于共享内存多线程（Open Multi - Processing，OpenMP）的并行计算；还可以采用比常用中央处理器（Central Processing Unit，CPU）计算速度更快的基于图形处理器（Graphics Processing Unit，GPU）的编程实现等。这些都为计算电磁学发展提供了强有力的支持。可以预见，随着计算机计算能力爆炸式的提高，电磁计算能力将获得质的飞跃，为实际工程应用提供强有力的支撑。

基于实际需要，本书研究了计算电磁学中基于多层快速多极子与区域分解的电磁计算快速算法及其应用。首先分别对基于多层快速多极子技术的积分方程法计算均匀介质体目标及其在散射、波束中粒子辐射压力扭矩方面的应用，以及基于区域分解技术的有限元高效算法及其在散射问题中的应用进行研究，对这两种独立算法的性能特点及局限性等方面有一个简要的认识；之后，研究两种方法结合形成的混合法 - 合元极算法及其应用，主要研究如何采用合元极算法结合高阶及并行技术实现对计算电磁学中颇具挑战性的问题——深腔散射问题进行计算，以及高阶合元极算法的预处理求解等方面问题；最后，研究采用加速算法，如有限元采用区域分解算法、积分方程采用多层快速多极子技术时，算法实现的调整及对合元极算法计算能力的改进。

第 2 章

基于多层快速多极子的积分方程法

积分方程法是计算电磁学中的一种高效、精确算法，在许多实际应用中，例如隐身飞行器、舰船、导弹等武器装备的金属外形隐身设计，涉及介质目标的卫星介质组件设计、飞机座舱盖及光学组件的设计方面有很多重要应用[51-53]。在积分方程法中，首先通过等效原理，将待求解问题等效为等效电流或者等效磁流。场-源关系则通过格林定理获得。之后通过匹配条件获得与待求问题等价的积分方程。离散并求解此积分方程可以获得等效电磁流，待求解的电磁场等可以通过等效电磁流表示出来。目前求解积分方程最主要的方法是矩量法（MoM）[11]。根据等效原理的不同，积分方程可以分为面积分方程（SIE）与体积分方程（VIE）两种，并且其各有其优缺点。体积分方程采用的是体等效原理，需要对整个计算目标体进行离散，因此具有通用性，对不均匀目标具有很强的计算能力；而面积分方程采用的是面等效原理，对计算目标的整个外表面进行离散，因此，适用于均匀性目标或者是分层均匀目标。就网格单元的使用来说，前者需要进行体剖分，后者进行的是面剖分。在实际应用中，面剖分往往更容易获得高质量的网格。更为重要的是，通常来说，与面剖分相比，体剖分的未知数目随着计算目标尺寸的增加而增加得更加快速，计算规模增加很快。由于其高效性和精确性，面积分方程的研究引起了学者们的广泛关注。

2.1 基于快速多极子的积分方程法简介

首先以求解三维金属体散射问题为例来讲述如何建立表面积分方程。考虑金属体在平面波入射下的散射，一列平面波（$\boldsymbol{E}^i, \boldsymbol{H}^i$）入射金属体目标，取等效面为金属体边界 S，根据等效原理，在金属体表面会产生等效电流源 $\boldsymbol{J}$，这组等效源满足：

$$\boldsymbol{J} = \hat{\boldsymbol{n}} \times \boldsymbol{H} \tag{2.1}$$

式中，$\hat{\boldsymbol{n}}$ 为等效面 S 上任意一点的单位外法向矢量。由于金属体表面的切向电场为零，因而散射场可用等效电流源表示出来：

$$\boldsymbol{E}^{\mathrm{sca}} = -\mathrm{j}\omega\mu\iint\left[\boldsymbol{J} + \frac{1}{k^2}\nabla(\nabla'\cdot\boldsymbol{J})\right]G\mathrm{d}\tau' \tag{2.2}$$

$$\boldsymbol{H}^{\mathrm{sca}} = -\int\boldsymbol{J}\times\nabla G\mathrm{d}\tau' \tag{2.3}$$

式中，ω、μ、k 分别为角频率、磁导率和波数。真空中的格林函数为 $G(\boldsymbol{r}\mid\boldsymbol{r}') = \mathrm{e}^{-\mathrm{j}k_0|\boldsymbol{r}-\boldsymbol{r}'|}/(4\pi|\boldsymbol{r}-\boldsymbol{r}'|)$，$\boldsymbol{r}$、$\boldsymbol{r}'$ 分别为场点和源点。为了简化及后续研究，定义算子如下：

$$\boldsymbol{L}\{\boldsymbol{X}\}(\boldsymbol{r}) = \mathrm{j}k_0\int_S[\boldsymbol{X}(\boldsymbol{r}') + k^{-2}\nabla'\cdot\boldsymbol{X}(\boldsymbol{r}')\nabla]G(\boldsymbol{r},\boldsymbol{r}')\mathrm{d}\boldsymbol{r}' \tag{2.4}$$

$$\boldsymbol{K}\{\boldsymbol{X}\}(\boldsymbol{r}) = \int_S\boldsymbol{X}(\boldsymbol{r}')\times\nabla'G(\boldsymbol{r},\boldsymbol{r}')\mathrm{d}\boldsymbol{r}' \tag{2.5}$$

故式（2.4）和式（2.5）可以用算子表示为：

$$\boldsymbol{E}^{\mathrm{sca}} = \eta L(\boldsymbol{J}) \tag{2.6}$$

$$\boldsymbol{H}^{\mathrm{sca}} = K(\boldsymbol{J}) \tag{2.7}$$

式中，$\eta = \sqrt{\mu/\varepsilon}$ 为自由空间波阻抗；ε 为介电常数。根据入射场与散射场相加得总场：

$$\boldsymbol{E} = \boldsymbol{E}^{\mathrm{inc}} + \eta L(\boldsymbol{J}) \tag{2.8}$$

$$\boldsymbol{H} = \boldsymbol{H}^{\mathrm{inc}} + K(\boldsymbol{J}) \tag{2.9}$$

根据电场边界条件，金属体表面切向电场为零，则可以得到如下形式的电场积分方程（Electric Field Integral Equation，EFIE）：

$$[\boldsymbol{E}^{\mathrm{inc}} + \eta L(\boldsymbol{J})]\Big|_{\mathrm{tan}} = 0 \tag{2.10}$$

式中，tan 表示切向分量。类似地，通过联合式（2.9）和式（2.1）可得到如下形式的磁场积分方程（Magnetic Field Integral Equation，MFIE）：

$$\boldsymbol{J} - \hat{\boldsymbol{n}}\times K(\boldsymbol{J}) = \hat{\boldsymbol{n}}\times\boldsymbol{H}^{\mathrm{inc}} \tag{2.11}$$

式中，MFIE 方程不能用于开口问题。单独使用 EFIE 或者 MFIE 对闭合目标进行计算时，有时会产生严重的谐振问题，导致形成的矩阵方程系统性态较差，难以收敛。对此，我们通常使用两者联合形成的联合积分方程形式（Combined Field Integral Equation，CFIE）。CFIE 构造极其简单，将 EFIE 和 MFIE 线性相加便可得到：

$$\mathrm{CFIE} = \alpha\mathrm{EFIE} + \eta(1-\alpha)\mathrm{MFIE} \tag{2.12}$$

式中，联合系数 $\alpha\in[0,1]$。以上便是金属体问题积分方程建立的基本过程。

介质体积分方程的建立与金属体积分方程类似，但过程略为复杂，形式也更为多样。在面积分方程的应用中，对于一个给定的均匀介质体，首先，依据等效原理，可以获得一系列的关于等效电磁流（$\boldsymbol{J}$，$\boldsymbol{M}$）的积分方程来计算电场磁场（$\boldsymbol{E}$，$\boldsymbol{H}$）。积分方程由四个方程组成，也即内部电场积分方程（EFIE-I）、内部磁场积分方程（MFIE-I）、外部电场积分方程（EFIE-O）、外部磁场积分方程（MFIE-O）[55]。通常选择的是均匀介质体的外表面 S 为等效面。如图 2.1 所示。其中等效电磁流用（$\boldsymbol{J}$，$\boldsymbol{M}$）表示。

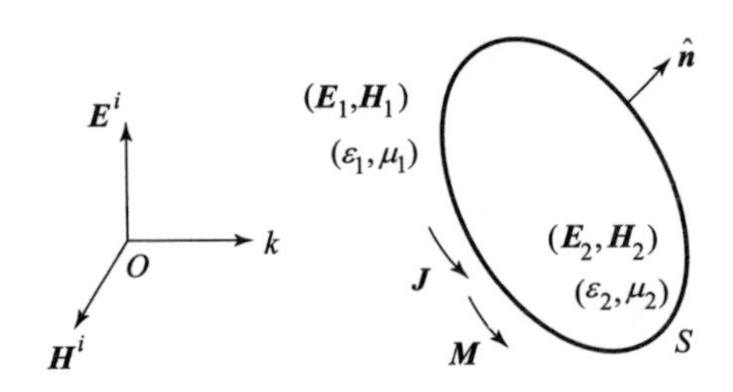

图 2.1 均匀介质体等效示意图

$$\boldsymbol{E}_1 - \eta_1 \boldsymbol{L}_1(\boldsymbol{J}_1) + \boldsymbol{K}_1(\boldsymbol{M}_1) = \boldsymbol{E}^i \quad (\text{EFIE}-\text{O}) \tag{2.13}$$

$$\boldsymbol{H}_1 - \eta_1^{-1} \boldsymbol{L}_1(\boldsymbol{M}_1) - \boldsymbol{K}_1(\boldsymbol{J}_1) = \boldsymbol{H}^i \quad (\text{MFIE}-\text{O}) \tag{2.14}$$

$$\boldsymbol{E}_2 - \eta_2 \boldsymbol{L}_2(\boldsymbol{J}_2) + \boldsymbol{K}_2(\boldsymbol{M}_2) = 0 \quad (\text{EFIE}-\text{I}) \tag{2.15}$$

$$\boldsymbol{H}_2 - \eta_2^{-1} \boldsymbol{L}_2(\boldsymbol{M}_2) - \boldsymbol{K}_2(\boldsymbol{J}_2) = 0 \quad (\text{MFIE}-\text{I}) \tag{2.16}$$

上面各式中，η_l，$l=1$、2 分别代表着介质体外与介质体内的均匀空间波阻抗。算子 $\boldsymbol{L}$ 和 $\boldsymbol{K}$ 定义为：

$$\boldsymbol{L}_l\{\boldsymbol{X}\}(\boldsymbol{r}) = \mathrm{j}k_l\int_S [\boldsymbol{X}(\boldsymbol{r}') + k_l^{-2}\nabla' \cdot \boldsymbol{X}(\boldsymbol{r}')\nabla] G_l(\boldsymbol{r},\boldsymbol{r}')\mathrm{d}\boldsymbol{r}' \tag{2.17}$$

$$\boldsymbol{K}_l\{\boldsymbol{X}\}(\boldsymbol{r}) = \int_S \boldsymbol{X}(\boldsymbol{r}') \times \nabla' G_l(\boldsymbol{r},\boldsymbol{r}')\mathrm{d}\boldsymbol{r}' \tag{2.18}$$

式中，$\mathrm{j}=\sqrt{-1}$；k_l 代表均匀空间 l 的波数；G_l 是内部与外部空间的格林函数，定义为：

$$G_l(\boldsymbol{r},\boldsymbol{r}') = \frac{\mathrm{e}^{-\mathrm{j}k_l|\boldsymbol{r}-\boldsymbol{r}'|}}{4\pi|\boldsymbol{r}-\boldsymbol{r}'|} \tag{2.19}$$

不同形式的内外等效方程组合、不同的试函数选取、不同的方程配比比例衍生出各种不同的求解面等效问题的积分方程，如 PMCHW 方程[51]、TENENH 和 TENETH 方程、CTF 方程、CNF 方程及 JMCFIE 方程[55]。各种方程具有其优缺点，在矩阵性态与计算精确性方面各有不同。此处，我们主要关注 CTF、CNF 及 JMCFIE 方程三种。其中，CTF 方程最接近于第一类积分方程，因此具有很高的精度，特别是当计算目标具有尖角或者内外材料参数对比很高的情况，其唯一的缺点是矩阵性态差，迭代收敛慢；而 CNF 方程具有很好的矩阵性态，但其计算精度很差。

CTF 的联合方程形式为：

$$\begin{cases} \eta_1^{-1}\hat{\boldsymbol{t}} \cdot \text{EFIE} - \text{O} + \eta_2^{-1}\hat{\boldsymbol{t}} \cdot \text{EFIE} - \text{I} \\ \eta_1\hat{\boldsymbol{t}} \cdot \text{MFIE} - \text{O} + \eta_2\hat{\boldsymbol{t}} \cdot \text{MFIE} - \text{I} \end{cases} \tag{2.20}$$

CNF 的联合方程形式为：

$$\begin{cases} \eta_1\hat{\boldsymbol{n}}_1 \times \text{MFIE} - \text{O} + \eta_2\hat{\boldsymbol{n}}_2 \times \text{MFIE} - \text{I} \\ \eta_1^{-1}\hat{\boldsymbol{n}}_1 \times \text{EFIE} - \text{O} + \eta_2^{-1}\hat{\boldsymbol{n}}_2 \times \text{EFIE} - \text{I} \end{cases} \tag{2.21}$$

JMCFIE 方程是由 CTF 与 CNF 组合形成的，其方程形式为：

$$\begin{cases} \alpha(\eta_1^{-1}\hat{\boldsymbol{t}} \cdot \text{EFIE} - \text{O} + \eta_2^{-1}\hat{\boldsymbol{t}} \cdot \text{EFIE} - \text{I}) + (1-\alpha) \cdot \\ \qquad (\eta_1\hat{\boldsymbol{n}}_1 \times \text{MFIE} - \text{O} + \eta_2\hat{\boldsymbol{n}}_2 \times \text{MFIE} - \text{I}) \\ \alpha(\eta_1\hat{\boldsymbol{t}} \cdot \text{MFIE} - \text{O} + \eta_2\hat{\boldsymbol{t}} \cdot \text{MFIE} - \text{I}) + (1-\alpha) \cdot \\ \qquad (\eta_1^{-1}\hat{\boldsymbol{n}}_1 \times \text{EFIE} - \text{O} + \eta_2^{-1}\hat{\boldsymbol{n}}_2 \times \text{EFIE} - \text{I}) \end{cases} \tag{2.22}$$

式中，$\hat{\boldsymbol{t}}$ 与 $\hat{\boldsymbol{n}}$ 分别代表物体表面任意一点的切向与法向矢量；α 是方程的联合系数，其取值范围为 0~1，当 $\alpha = 0$ 时，JMCFIE 等价为 CNF，当 $\alpha = 1$ 时，JMCFIE 等价为 CTF。与金属体散射问题的联合积分方程 CFIE 类似，作为 CTF 与 CNF 的联合，JMCFIE 方程在计算精确性及矩阵性态方面取得了很好的平衡效果。一般来说，$\alpha = 0.8$ 左右便能保证较高的计算精度及比较高的计算效率。显然，金属体积分方程可由介质积分方程在外部背景为自由空间时，仅保留自由空间相关部分，并去掉等效磁流对应部分获得。

采用 MoM 求解积分方程时，首先将等效面上的等效电磁流采用局域基函数 $\boldsymbol{g}$ 展开。局域基函数的构建需要将原不规则求解域离散为形状规则的子域。因此，在选择基函数之前，需要把目标建模并对其表面用网格单元进行剖分，此过程称为几何模型的离散。一般几何模型的离散需要符合两个条件：一是能精确模拟目标的几何外形，特别是对于某些形状复杂，具有尖锐凸起、凹陷、细微结构等的目标对网格单元的要求更为严格；二就是采用足够细密的网格剖分尺寸，使得定义在小面元上的基函数可以足够准确地描述表面电流的相位、幅度变化。在表面积分方程的矩量法求解中，最常用的几何模型离散方式是平面三角形单元，也即对整个目标外表面用平面三角形进行几何剖分。在对目标进行平面三角形离散之后，便可在各单元内选取合适的基函数来描述目标表面电（磁）流。基函数的选取决定了近似解到精确解的收敛性，而其与试函数的匹配性则决定着求解算子方程的精度与效率。故基函数的选取是矩量法实施中的关键之一。适当的基函数不仅可以满足相应的物理性质，而且可以以较少的基函数数目达到所需的模拟精确度。一般应用的基函数包括 RWG 基函数、屋顶基函数、脉冲基函数等，而其中又以 RWG 基函数的应用最为广泛。Rao、Wilton 和 Glisson 三位学者首先提出

RWG 基函数，其定义于两个相邻三角形面元上。设 T_n^+、T_n^- 是两个相邻三角形，l_n 为其编号为 n 的公共边长度，三角形 T_n^+、T_n^- 的面积分别为 Δ_n^+、Δ_n^-，$\boldsymbol{r}_n^+$、$\boldsymbol{r}_n^-$ 分别表示坐标原点到场点与源点的矢量，$\boldsymbol{\rho}_n^+$、$\boldsymbol{\rho}_n^-$ 分别表示三角形 T_n^+ 上的顶点指向同一三角形上场点的矢量及三角形 T_n^- 上的场点指向该三角形顶点的矢量。第 n 条边上的 RWG 基函数定义式为：

$$\boldsymbol{g}_n(\boldsymbol{r}) = \begin{cases} \dfrac{l_n}{2\Delta_n^+}\boldsymbol{\rho}_n^+, & \boldsymbol{r} \in T_n^+ \\ \dfrac{l_n}{2\Delta_n^-}\boldsymbol{\rho}_n^-, & \boldsymbol{r} \in T_n^- \\ 0, & \text{其他} \end{cases} \tag{2.23}$$

基函数选定后，目标表面的等效电流/磁流可离散为：

$$\boldsymbol{J} = \sum_{j=1}^{N} J_j \boldsymbol{g}_j, \boldsymbol{M} = \sum_{j=1}^{N} M_j \boldsymbol{g}_j \tag{2.24}$$

式中，J_j 和 M 为待求的插值系数；N 为公共边的边数。

根据伽辽金方法，选取试函数与基函数具有相同的形式，并对积分方程两端做内积，可获得 N 个线性方程。采用 $\boldsymbol{g}$ 作为切向场积分方程的试函数及 $\hat{\boldsymbol{n}} \times \boldsymbol{g}$ 作为法向场方程的试函数，则可以得到介质积分方程离散后的矩阵方程形式分别为：

$$\begin{bmatrix} \boldsymbol{Z}_{11}^1 + \boldsymbol{Z}_{11}^2 & \boldsymbol{Z}_{12}^1 + \boldsymbol{Z}_{12}^2 \\ \boldsymbol{Z}_{21}^1 + \boldsymbol{Z}_{21}^2 & \boldsymbol{Z}_{22}^1 + \boldsymbol{Z}_{22}^2 \end{bmatrix} \begin{bmatrix} \boldsymbol{J} \\ \boldsymbol{M} \end{bmatrix} = \begin{bmatrix} \boldsymbol{f}_1 \\ \boldsymbol{f}_2 \end{bmatrix} \tag{2.25}$$

式中

$$\boldsymbol{Z}_{11}^1[m,n] = \boldsymbol{Z}_{22}^1[m,n] = \alpha\int_S \boldsymbol{g}_m \cdot \boldsymbol{L}_1(\boldsymbol{g}_n)\mathrm{d}\boldsymbol{r} + (1-\alpha)\int_S (\hat{\boldsymbol{n}} \times \boldsymbol{g}_m) \cdot \boldsymbol{K}_1(\boldsymbol{g}_n)\mathrm{d}\boldsymbol{r} \tag{2.26}$$

$$\boldsymbol{Z}_{11}^2[m,n] = \boldsymbol{Z}_{22}^2[m,n] = \alpha\int_S \boldsymbol{g}_m \cdot \boldsymbol{L}_2(\boldsymbol{g}_n)\mathrm{d}\boldsymbol{r} - (1-\alpha)\int_S (\hat{\boldsymbol{n}} \times \boldsymbol{g}_m) \cdot \boldsymbol{K}_2(\boldsymbol{g}_n)\mathrm{d}\boldsymbol{r} \tag{2.27}$$

$$\boldsymbol{Z}_{12}^1[m,n] = -\alpha(1/\eta_1)\int_S g_m \cdot \boldsymbol{K}_1(\boldsymbol{g}_n)\mathrm{d}\boldsymbol{r} + (1-\alpha)(1/\eta_1)\int_S (\hat{\boldsymbol{n}} \times \boldsymbol{g}_m) \cdot \boldsymbol{L}_1(\boldsymbol{g}_n)\mathrm{d}\boldsymbol{r} \tag{2.28}$$

$$\boldsymbol{Z}_{12}^2[m,n] = -\alpha(1/\eta_2)\int_S \boldsymbol{g}_m \cdot \boldsymbol{K}_2(\boldsymbol{g}_n)\mathrm{d}\boldsymbol{r} + (1-\alpha)(1/\eta_2)\int_S (\hat{\boldsymbol{n}} \times \boldsymbol{g}_m) \cdot \boldsymbol{L}_2(\boldsymbol{g}_n)\mathrm{d}\boldsymbol{r} \tag{2.29}$$

$$\boldsymbol{Z}_{21}^1[m,n] = -(\eta_1)^2\boldsymbol{Z}_{12}^1[m,n] \tag{2.30}$$

$$\boldsymbol{Z}_{21}^2[m,n] = -(\eta_2)^2\boldsymbol{Z}_{12}^2[m,n] \tag{2.31}$$

$$\boldsymbol{f}_1[m] = -\alpha(1/\eta_1)\int_S \boldsymbol{g}_m \cdot \boldsymbol{E}^i(r)\mathrm{d}\boldsymbol{r} - (1-\alpha)\int_S (\hat{\boldsymbol{n}} \times \boldsymbol{g}_m) \cdot \boldsymbol{H}^i(\boldsymbol{r})\mathrm{d}\boldsymbol{r} \tag{2.32}$$

$$\boldsymbol{f}_2[m] = -\alpha(1/\eta_1)\int_S \boldsymbol{g}_m \cdot \boldsymbol{H}^i(\boldsymbol{r})\mathrm{d}\boldsymbol{r} + (1-\alpha)\int_S (\hat{\boldsymbol{n}} \times \boldsymbol{g}_m) \cdot \boldsymbol{E}^i(\boldsymbol{r})\mathrm{d}\boldsymbol{r} \tag{2.33}$$

显然，采用面积分方程求解介质体电磁问题时，等效面上的等效电流、等效磁流同时需要进行离散。因此，其未知数目至少是金属体散射问题的两倍。存储矩阵的内存需求一般变为原来的 3 ~4 倍。由于 MoM 方法存储的是满阵，其内存及计算复杂度都为 $O(N^2)$，因此，MoM 方法的计算规模受到很大限制，远远不能满足对电大尺寸目标的计算需求。针对此问题，各种高效的加速算法被相继提出，例如多层快速多极子算法（MLFMA）[34]；快速傅里叶变换（FFT）[29] 等被广泛应用于加速迭代求解过程中的矩阵向量乘积，其中，以多层快速多极子技术最为通用、高效。

多层快速多极子的算法原理核心是格林函数的加法原理。当多层快速多极子被应用于 MoM 时，阻抗矩阵被分为远相互作用及近相互作用两部分。近相互作用被计算并显式储存；远相互作用的计算是分组进行的，其计算过程包括三部分：聚集、转移、发散。具体的推导过程读者可以参考文献［37，38］，此处只给出最终的表达式：

$$\int_S \boldsymbol{g}_m \cdot \boldsymbol{L}_l(\boldsymbol{g}_n)\mathrm{d}\boldsymbol{r} = -k_l^{-2}(4\pi)^{-2}\int \boldsymbol{V}_{m1}^l(\hat{\boldsymbol{k}}) \cdot \boldsymbol{T}_l(\hat{\boldsymbol{k}} \cdot \hat{\boldsymbol{r}})\boldsymbol{V}_n^l(\hat{\boldsymbol{k}})\mathrm{d}^2\hat{\boldsymbol{k}} \tag{2.34}$$

$$\int_S g_m \cdot \boldsymbol{K}_l(\boldsymbol{g}_n)\mathrm{d}r = k_l^{-2}(4\pi)^{-2}\int \boldsymbol{V}_{m2}^l(\hat{\boldsymbol{k}}) \cdot \boldsymbol{T}_l(\hat{\boldsymbol{k}} \cdot \hat{\boldsymbol{r}})\boldsymbol{V}_n^l(\hat{\boldsymbol{k}})\mathrm{d}^2\hat{\boldsymbol{k}} \tag{2.35}$$

$$\int_S (\hat{\boldsymbol{n}} \times \boldsymbol{g}_m) \cdot \boldsymbol{L}_l(\boldsymbol{g}_n)\mathrm{d}\boldsymbol{r} = -k_l^{-2}(4\pi)^{-2}\int \boldsymbol{V}_{m3}^l(\hat{\boldsymbol{k}}) \cdot \boldsymbol{T}_l(\hat{\boldsymbol{k}} \cdot \hat{\boldsymbol{r}})\boldsymbol{V}_n^l(\hat{\boldsymbol{k}})\mathrm{d}^2\hat{\boldsymbol{k}} \tag{2.36}$$

$$\int_S (\hat{\boldsymbol{n}} \times \boldsymbol{g}_m) \cdot \boldsymbol{K}_l(\boldsymbol{g}_n)\mathrm{d}\boldsymbol{r} = k_l^{-2}(4\pi)^{-2}\int \boldsymbol{V}_{m4}^l(\hat{\boldsymbol{k}}) \cdot \boldsymbol{T}_l(\hat{\boldsymbol{k}} \cdot \hat{\boldsymbol{r}})\boldsymbol{V}_n^l(\hat{\boldsymbol{k}})\mathrm{d}^2\hat{\boldsymbol{k}} \tag{2.37}$$

在此，聚集矩阵 $\boldsymbol{V}_n^l$，转移矩阵 $\boldsymbol{T}_l$，发散矩阵 $\boldsymbol{V}_{m1}^l$、$\boldsymbol{V}_{m2}^l$、$\boldsymbol{V}_{m3}^l$、$\boldsymbol{V}_{m4}^l$ 可以显式表达为：

$$\boldsymbol{V}_{m1}^l = \int_S \mathrm{e}^{-\mathrm{j}k_l \cdot (\boldsymbol{r}-\boldsymbol{r}_C)}(\bar{\boldsymbol{I}} - \hat{\boldsymbol{k}}\hat{\boldsymbol{k}}) \cdot \boldsymbol{g}_m\mathrm{d}\boldsymbol{r} \tag{2.38}$$

$$\boldsymbol{V}_{m2}^l = \int_S \mathrm{e}^{-\mathrm{j}k_l \cdot (\boldsymbol{r}-\boldsymbol{r}_C)}(\hat{\boldsymbol{k}} \times \boldsymbol{g}_m)\mathrm{d}\boldsymbol{r} \tag{2.39}$$

$$\boldsymbol{V}_{m3}^l = \int_S \mathrm{e}^{-\mathrm{j}k_l \cdot (\boldsymbol{r}-\boldsymbol{r}_C)}(\bar{\boldsymbol{I}} - \hat{\boldsymbol{k}}\hat{\boldsymbol{k}}) \cdot (\hat{\boldsymbol{n}} \times \boldsymbol{g}_m)\mathrm{d}\boldsymbol{r} \tag{2.40}$$

$$\boldsymbol{V}_{m4}^{l} = \int_{S} \mathrm{e}^{-\mathrm{j}\boldsymbol{k}_{l}\cdot(\boldsymbol{r}-\boldsymbol{r}_{C})}(\hat{\boldsymbol{k}} \times \hat{\boldsymbol{n}} \times \boldsymbol{g}_{m})\mathrm{d}\boldsymbol{r} \tag{2.41}$$

$$\boldsymbol{V}_{n}^{l} = \int_{S'} \mathrm{e}^{\mathrm{j}\boldsymbol{k}_{l}\cdot(\boldsymbol{r}'-\boldsymbol{r}_{C'})}\boldsymbol{g}_{m}\mathrm{d}\boldsymbol{r}' \tag{2.42}$$

$$\boldsymbol{T}_{l} = \sum_{i=0}^{L}(-\mathrm{j})^{i}(2i+1)h_{i}^{(2)}(k_{l}\boldsymbol{r}_{CC'})P_{i}(\hat{\boldsymbol{k}}\cdot\hat{\boldsymbol{r}}) \tag{2.43}$$

式中，$\bar{\boldsymbol{I}}$ 是3×3 的单位并矢且积分是在单位球面上进行的；$\boldsymbol{k}_{l} = k_{l}\hat{\boldsymbol{k}}$；$\boldsymbol{g}_{m}$ 和 $\boldsymbol{g}_{n}$ 是位于 C 和 C' 组内的基函数和试函数；$\boldsymbol{r}_{C}$ 和 $\boldsymbol{r}_{C'}$ 是两组的中心；$h_{i}^{(2)}$ 是第二类球汉克尔函数；P_{i} 是 i 阶勒让德多项式；L 是多极子展开的截断系数。一般可以选择 $L = k_{l}d + 2\ln(k_{l}d + \pi)$ 。其中，d 是该层盒子的对角线长度。一般盒子的尺寸可以设置为0. 18λ ~ 0. 25λ 来保证截断精度及计算效率。之后可以通过从低层到顶层的策略来构建多层快速多极子的结构。

以上便是采用多极子技术求解金属或介质面积分方程过程及原理的简单介绍。接下来，将介绍多极子技术在两个方面的重要应用：第一部分是其在计算电大目标散射问题的应用及并行化实现；第二部分是其在有形波束，如高斯波束方面的计算应用，主要是有形波束对均匀粒子体辐射压力及扭矩方面问题的计算分析。

2.2 电大目标散射的并行多层快速多极子计算

2.2.1 研究背景

如前所述，根据边界条件，在介质体内外可以获得四组积分方程，分别被命名为切向电场积分方程（the tangential electric - field integral equation, T - EFIE）、法向电场积分方程（the normal electric - field integral equation, N - EFIE）、切向磁场积分方程（the tangential magnetic - field integral equation, T - MFIE）与法向磁场积分方程（the normal electric - field integral equation, N - EFIE）。经过很长一段时间的发展，积分方程根据不同边界条件的组合、试函数选取的不同及方程之间配比的不同，可以获得具有不同性态与精度的方程形式。这些方程通常可以分为切向方程或者法向方程或者是两者的不同组合形式。在不同的方程中，被人们广泛使用的有 PMCHW 方程[51]、CTF 方程及 JMCFIE 方程[55]。CTF 和 PMCHW 都是联合切向积分方程，具有很高的计算精度，但是矩阵性态不佳，迭代收敛慢，在对精度要求比较高的时候是比较好的选择；CNF 是法向联合积分方程，相比 CTF 和 PMCHW，精度差很多，但是最终离散形成的矩阵性态好，能很快实现迭代求解。JMCFIE 作为 CTF 与 CNF 的组合形式，既具有较高的计算精度，同时，矩阵性态相比 CTF 获得很大改善，因此比较适用于电大尺寸目标体的计算。

积分方程最终离散形成一个很大规模的矩阵方程，此方程为满阵，一般采用迭代方法，如广义最小残差法（GMRES）求解。为了提高积分方程的计算能力，不同加速算法如 FFT、MLFMA 等被用来加速矩阵求解过程中的矩阵－矢量乘积。在加速算法中，MLFMA 发展比较成熟，而且可以用来求解比较具有挑战性的问题，因此备受青睐[36－38]。然而，对于电大尺寸未知量超过千万的问题，单一进程串行运算的多层快速多极子已经远远无法满足计算需求。

为了实现对电特大问题的求解，各种基于大规模并行分布式内存计算平台开发的多层快速多极子技术被相继提出，在过去的十余年里，通过采用各种不同的并行策略与方案，对金属体散射问题的仿真分析已经逐渐成熟，计算规模已经由千万未知数扩大到十亿未知数[40－44]。最近，基于 MPI 并行的并行多层快速多极子技术，已经实现了对不同材料参数的电大均匀介质体目标的计算。然而，单纯的基于 MPI 的并行策略，由于各进程间过度的消息交换、负载不均衡及数据的复制传递等原因，在某些情况下变得效率低下。

在此，将一种灵活、稳定、高效的采用混合 MPI 与 OpenMP 的并行多层快速多极子技术（MPI－OpenMP－MLFMA）应用到计算均匀介质体散射问题的 JMCFIE 方程求解中，来实现对电大均匀介质体散射问题的快速求解。此混合并行对于 MLFMA 树结构的并行采用低层按盒子并行及高层按平面波并行的混合划分策略。MLFMA 树结构按照上述并行策略被划分到每一个处理器进程中，构建一个基于 MPI 的并行；之后，每一个处理器进程又被进一步地按照 OpenMP 进行了并行化，构建了多线程的并行。此种多层快速多极子的 MPI－OpenMP 混合并行被证实具有很强的计算能力，可以计算高达 10 亿未知数的金属体问题。下面将简要介绍如何在介质体散射问题中，将此种混合并行技术应用于 JMCFIE 方程，并结合高效的预处理技术，实现对电大介质体目标散射的快速计算。

2.2.2　基于并行多层快速多极子的 JMCFIE

由 2.1 节中可知，当多层快速多极子技术被应用于加速矩阵求解时，原矩阵方程可以分为两部分：一部分是显式存储的近相互作用，另一部分是采用了多极子近似的远相互作用。近相互作用稀疏矩阵的计算和存储与未采用多极子加速时的传统 MoM 矩阵计算域存储完全一致。与远相互作用的多层快速多极子隐式表示矩阵元素不同，近相互作用的矩阵元素的值显示存储且可以直接访问，并且代表着场源点间作用最强的部分。因此，通常采用近相互作用来近似场源点间的相互作用，以此作为构建预处理所需的信息。

对于 JMCFIE 方程，其系数矩阵可以分为四块，分别代表等效电流间的自相互作用、等效电流与等效磁流间的耦合作用、等效磁流与等效电流间的耦合作用、等效磁流间的相互作用。而每一块都类似于一个金属体问题的系数矩阵，可以采用与金属体散射问题相同的多层快速多极子树构建处理方式。从式（2.14）~式（2.21）可以看出，其系数矩阵具有两方面的特点：一是左上子矩阵与右下子矩阵完全一样，这表示可以只存储其中的一块，减少 1/4 的近相互作用矩阵存储所需内存；二是右上对角子矩阵的绝对值要远小于左下对角子矩阵，也即相互作用弱，甚至可以忽略，这使我们可以舍弃右上对角块的耦合矩阵，对构建预处理器大为有利。近相互作用是稀疏矩阵。按照多层快速多极子的实现策略，在计算近相互作用时，每条边只计算与其所属的盒子及邻近的盒子中每一条边的相互作用。近相互作用涉及奇异点处理问题。通过采用一系列的数学变换及奇异点提取技术，使得含有奇异点的积分核可积。不同的奇异点处理方式决定着不同的计算精度。除此之外，积分点的选取也对阻抗矩阵计算的精确性、稳定性有着很大的影响，甚至会影响矩阵的性态。积分点越多，代表矩阵计算得越精确，但是会带来计算时间的大大增加，因为在 MLFMA 中，矩阵填充的主要时间集中于近相互作用矩阵的计算。积分点数增加 1 倍，计算近相互作用的时间将增加为原来的 4 倍左右。而如果积分点数不够，计算矩阵元素不精确，又将影响最终计算结果的精确性。当计算目标是金属体时，表面积分区域上等效电流变化缓慢，积分点可以采用比较少的点，如只采用一个点计算非奇异的矩阵元素而采用四点计算奇异时的矩阵元素，就能保证获得较好的精度。当计算目标是介质时，等效电流变化相对剧烈，特别是对于介质体内表面上等效电流的模拟，要求采用比金属体问题更多的积分点。在此，选择四点数值积分计算非奇异区域的矩阵元素值；对于奇异区域，需要精确求解，则需要采用七点数值积分。

与金属体散射问题的计算不同的是，介质体积分方程的多极子有两套树结构：一套用于介质体外，一套用于介质体内。在每一次的矩阵矢量相乘中，近相互作用和远相互作用的时间分别增加为计算金属散射问题时的 4 倍和 8 倍。当计算目标的电尺寸很大时，远相互作用聚集发散转移等矩阵的内存需求迅速增加。对于无耗均匀介质来说，由于其波数 k 为实数，其共轭与自身相等。因此，在兼顾效率与内存需求的情况下，通过适当利用聚集发散矩阵的对称性，可以使存储这两部分矩阵的内存需求减少 1/2，而转移矩阵可以减少到原来的 1/4。然而，对于有耗情况下，此时，波数 k 为复数，具有虚部。在这种情况下，多极子展开的聚集发散矩阵将失去其对称性。我们仍然可以利用中心移置矩阵的对称性：

$$e^{-jk_l\hat{\boldsymbol{d}}\cdot\hat{\boldsymbol{k}}}=\frac{1}{e^{jk_l\hat{\boldsymbol{d}}\cdot\hat{\boldsymbol{k}}}} \tag{2.44}$$

随着目标电尺寸的增大，当计算规模很大或者目标外形复杂时，JMCFIE方程收敛仍将变差。为了提高计算效率，通常需要采用高效的预处理技术。其中，近似Schur补预处理器（ASP）被证实具有很好的收敛性和很高的效率。然而，ASP预处理器构建过程比较复杂，并且最少需要额外增加两个存储矩阵SAI近似逆的内存。对于电大尺寸问题来说，其未知数目通常数千万到数亿规模，这种构建预处理器的额外内存需求往往无法承受。同时，考虑到JMCFIE方程矩阵分块右上角矩阵块数值远小于右下角矩阵块的特性，我们采用的是下三角近似Schur补预处理技术。下面将简要介绍下如何通过近相互作用矩阵构建JMCFIE方程的LASP预处理器。

通过忽略子分块矩阵间极小的耦合矩阵 $\boldsymbol{Z}_{12}$ ，最有用的近相互作用信息被保存下来。之后，对获得的预处理矩阵进行求逆，可以得到预处理矩阵的逆为：

$$\boldsymbol{M}^{-1}=\begin{bmatrix}(\bar{\boldsymbol{Z}}_{11})^{-1} & \boldsymbol{O}\\ \boldsymbol{O} & (\bar{\boldsymbol{Z}}_{11})^{-1}\end{bmatrix}\begin{bmatrix}\boldsymbol{I} & \boldsymbol{O}\\ -\boldsymbol{Z}_{21}(\bar{\boldsymbol{Z}}_{11})^{-1} & \boldsymbol{I}\end{bmatrix} \tag{2.45}$$

式中，$(\bar{\boldsymbol{Z}}_{11})^{-1}$ 代表采用SAI技术求得的近相互作用矩阵的近似逆。从上式可以看出，在整个LTASP预处理矩阵的构建过程中，只需要进行一次子矩阵块 $\bar{\boldsymbol{Z}}_{11}$ 的求逆过程。因此，LTASP需要的CPU时间及内存是ASP的一半。对于未知数目超过千万的电特大尺寸目标的计算，采用LTASP的计算资源需求要比采用ASP预处理技术有明显降低。对于有耗材料来说，通常获得的矩阵具有很好的性态，可以比较容易地迭代求解。在实际的计算过程中，通常设置JMCFIE的联合系数为1，使得JMCFIE退化为CTF来计算有耗情况。

为了提高JMCFIE方程求解能力，对于电大尺寸目标，可以采用高效的并行计算技术来实现其快速仿真分析。对于多极子来说，可以采用混合的或者是叠加的划分策略，并且此两种策略已经被成功应用于未知数过亿目标的仿真分析。两种划分策略各有其优缺点。混合的划分策略更为灵活自由，然而其并行效率要比叠加式划分较低；而叠加式的划分策略则要求进程数必须为2的指数，部分情况下灵活性较差。最近，一种MPI－OPenMP混合实现的并行策略被提出，并且被证实具有很强的计算能力，可以实现未知数目超过10亿的目标额仿真分析。在此MPI－OpenMP多极子并行技术中，与混合划分策略类似，引入虚拟的传输层作为按盒子并行与按平面波并行两种模式间的转换层。之后，对于每一个MPI进程，又可以设定任意的OpenMP线程。因此，进程数可以缩减很多而同时保证计算单元数目不变。因此，相对于原来的混合划分策略，此混合并行可以使得传输层转向较细层来提高计算效率；而相对于叠加型划分策略来说，此混合并行具有较好的数值扩展性，因为线程间的并行避免了数据的传输、接收操作。在此，不对具体的过程进行详细介绍，详细过程读者可参考文献［44］。

2.2.3 数值算例

为了研究此计算均匀介质体散射问题的基于并行多层快速多极子技术的JMCFIE方程的计算能力，接下来将展示一系列的数值实验。所有的计算都是在北京理工大学信息与电子学院电磁仿真中心 Liuhui Ⅱ高性能并行计算平台上进行的。它有 10 个节点，每个节点 2 个 Intel X5650 2. 66 GHz CPU 共 12 个核，96 GB 内存。迭代求解器为 GMRES，迭代残差 0. 001，重启动数 100。

首先，研究的是此并行算法的并行效率。我们主要针对的是固定目标，随着计算单元数的增加，本书提出的算法的并行效率与传统的基于 MPI 的并行算法的差别。计算目标为直径 60 m 的球体，入射波频率为 0. 3 GHz。对于此球体，其材料的相对介电常数为 2。采用三角形离散后，共产生 2 880 000 个三角形单元、4 300 000 条边，总的未知量 8 600 000。图 2. 2 展示了采用纯 MPI 并行及采用每个进程使用两个线程时，并行效率随着计算单元数的变化情况。所谓的计算单元，是指在计算过程中采用的线程总数，认为纯 MPI 并行时，其计算单元数为总进程数。由于对于串行计算来说，此问题的计算

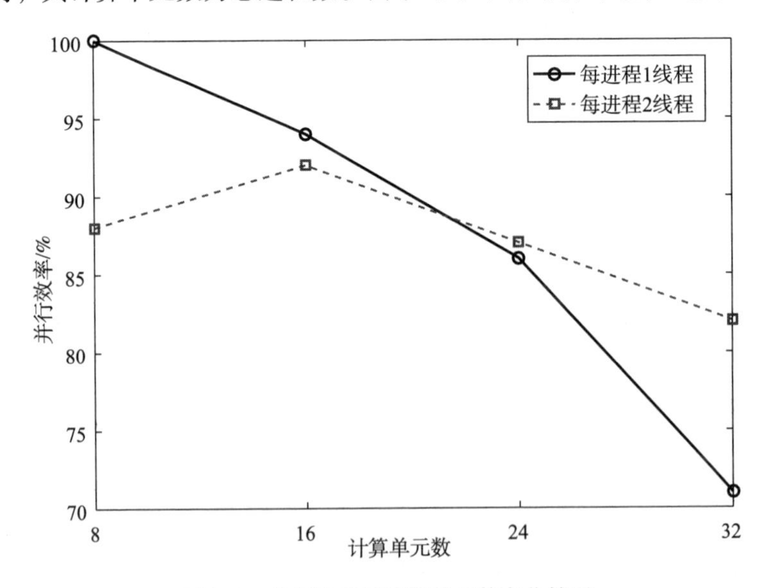

图 2. 2　并行效率随计算单元数变化情况

规模较大，因此采用 8 个线程作为起始点。从图中可以看出，在起始时，MPI 的并行效率要高于 MPI－OpenMP 的混合并行，此时，目标规模相对进程数来说较为合适，可以保证比较高的计算效率。而随着计算单元数的增加，单纯的 MPI 并行计算效率降低得很快，而 MPI－OpenMP 混合并行实现的并行多层快速多极子，可以获得比传统的纯 MPI 并行的算法更高的效率，也即采用 MPI－OpenMP 的并行规则可以提高传统 MPI 并行化多极子技术的效率与可扩展性。

接下来研究介质相对介电常数的变化对计算精度及计算资源需求的影响。计算的目标是半径为 20 m 的球体。入射波的频率为 0.3 GHz。在计算中采用了 16 个 MPI 进程，每个进程采用 2 个 OpenMP 共计 32 个计算单元。增加相对介电常数，使其从 4 增加到 36。表 2.1 列出了计算资源的统计情况及计算结果相对于解析解的均方根误差（RMS）。整个球体的表面被划分为平均边长约为入射波在真空中波长的 1/10 的三角形单元。为了保证较高的计算精度，我们设定联合系数为 0.9。从表中可以看出，随着相对介电常数的增加，多极子展开的截断系数增加，远相互作用所需内存增加很快。而近相互作用由于采用的是显式存储，内存不变。

表 2.1　电尺寸为 20 m 的球体相对介电常数变化计算精度及资源需求统计

相对介电常数	未知数目	近相互作用内存/GB	总内存/GB	迭代步数	计算时间/h	RMS/%
4	3 840 000	16	37	189	1.53	0.47
9			45	196	2.45	0.47
16			53	180	3.37	0.45
25			64	170	4.58	0.54
36			76	125	4.67	0.81

从表 2.1 中观测到，当采用相同的网格剖分时，随着相对介电常数的增加，RMS 的变化很小。这与我们的常识似乎不太吻合。理论上来说，随着相对介电常数的增大，介质中的波长变短。要保证较高的计算精度，需要采用更加细密的网格剖分。以表 2.1 中所列各目标参数为例，当相对介电常数为 36 时，电磁波在介质中的波长为相对介电常数为 4 时的 3 倍，则剖分时三角形的平均边长理论上应该更小才能满足对电流变化精确模拟。对此，我们猜测可能的原因是，对于表面比较光滑的目标，如球体等，其表面等效电流的变化远不如表面不光滑如带尖角结构的剧烈，因此，采用相同的剖分，其计算精度在可接受范围之内。另一个可能的原因是，由于采用的是面等效，表

面等效电磁流的变化不仅取决于介质的参数，还应该能反映在空气中时的变化。而后者限制了等效电磁流的变化剧烈情况，因此，网格剖分不应该是简单的随着内部材料相对介电常数的变化而线性变化，也即剖分应该是介于空气中波长的 1/10 与介质中波长的 1/10 之间的某个值。

为了证明我们的假设，进行进一步的深入研究。首先，有一个共识：作为一种稳定的方法，随着剖分的加密，计算结果将趋向于此问题的真解。因此，判断剖分是否满足的一个标准是更细密的网格剖分计算结果不应有明显变化。如果计算结果存在明显差异，则此剖分必然没有满足计算精度需求；反之，则不一定成立，也即计算结果无差异并不能说明剖分满足精度需求。在此基础上，我们计算了边长为 5 m 的介质立方体的散射。立方体分别由两种不同的材料组成。第一种材料的相对介电常数为 4，第二种材料的相对介电常数为 16。剖分三角形的平均边长为 0.1 波长及 0.05 波长。计算的双站 RCS 结果对比如图 2.3 和图 2.4 所示。从图中可以看出，当相对介电常数为 4 时，两种网格剖分的计算结果完全重合，而当相对介电常数为 16 时，计算的 RCS 存在明显差异。按照文献［41］中所说的公式计算了结果的相对误差。因为对于非球体的目标，不存在严格的解析解，因此选择细密网格剖分计算结果作为标准值。计算结果的相对误差随着观察角度的变化情况如图 2.5 所示。相对介电常数为 4 及 16 时的 RMS 误差分别为 0.43% 及 2.33%，也即当有尖角等结构存在时，随着相对介电常数的增大，应该采用更加细密

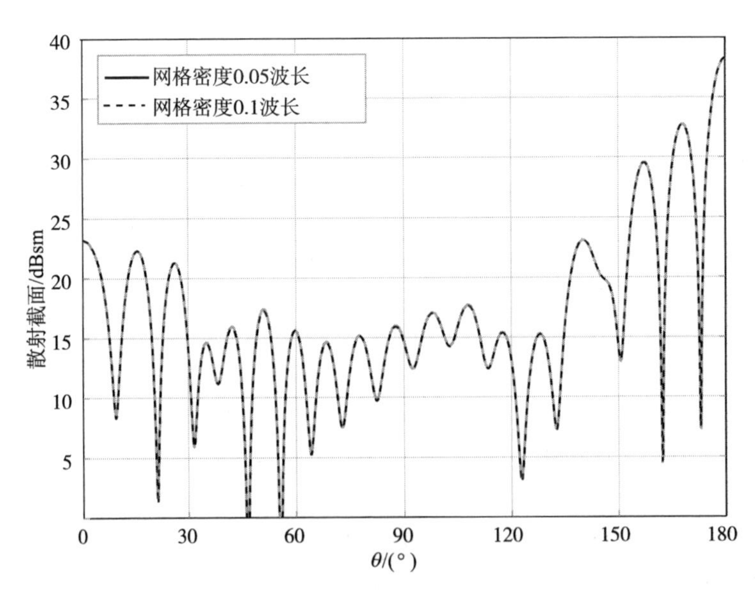

图 2.3　介质立方体相对介电常数为 4 时不同剖分精度计算结果

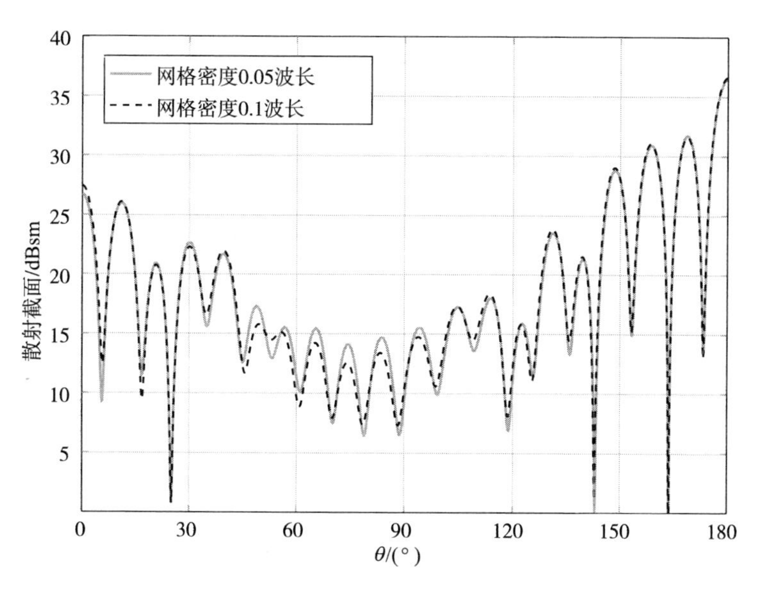

图 2.4　介质立方体相对介电常数为 16 时不同剖分精度计算结果

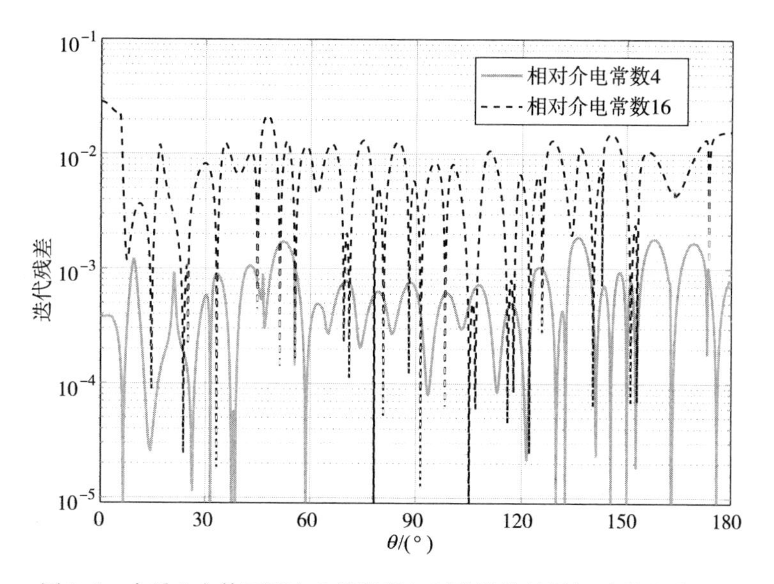

图 2.5　介质立方体不同介电常数粗细剖分计算结果相对误差对比图

的网格剖分，而不能像球体那样采用不变额网格剖分。然而，此网格剖分密度难以采用严格的理论证明或者判断。即便如此，我们仍然可以按照计算经验给出如下的网格剖分密度判定公式：

$$\begin{cases} 0.1\lambda_{\mathrm{I}}, & \left|\sqrt{(\varepsilon_{\mathrm{II}}\mu_{\mathrm{II}})/(\varepsilon_{\mathrm{I}}\mu_{\mathrm{I}})}\right| \leqslant 4 \\ 0.1\lambda_{\mathrm{I}}/\left|\sqrt{\varepsilon_{\mathrm{II}}\mu_{\mathrm{II}}/4}\right|, & \left|\sqrt{(\varepsilon_{\mathrm{II}}\mu_{\mathrm{II}})/(\varepsilon_{\mathrm{I}}\mu_{\mathrm{I}})}\right| > 4 \end{cases} \tag{2.46}$$

此处，Ⅰ及Ⅱ分别代表入射波具有较大及较小波长的材料。此剖分密度估计式的意义为，当内、外材料差别不大时，剖分可以固定为 0.1 波长；而当内外材料差别很大时，首先需要保证入射波在波长较大材料中的剖分至少为 0.1 波长，同时，还要考虑到两种材料的对比度。

最后，为了展示本书提出的 MPI－OpenMP 混合并行多层快速多极子技术的强大计算能力，我们计算了两个电特大尺寸介质球体。其中一个是半径 120 m，相对介电常数为 2 的均匀无耗介质球体；另一个为半径 100 m，相对介电常数为 $\varepsilon_r = 2 - 0.1\mathrm{j}$ 的有耗球体。详细的计算资源统计见表 2.2，计算的 RCS 结果与解析解的比较如图 2.6 和图 2.7 所示。特别地，列出了 174°～180°的 RCS 结果。从中可以看出，计算结果吻合得很好。

表 2.2 半径为 100 m 及 120 m 的不同材料球体散射计算资源统计

半径/m	相对介电常数	未知数目	计算单元数	迭代步数	内存/GB	计算时间/h
100	2－0.1j	96 000 000	100	44	890	3.2
120	2	111 974 400	126	383	784	25

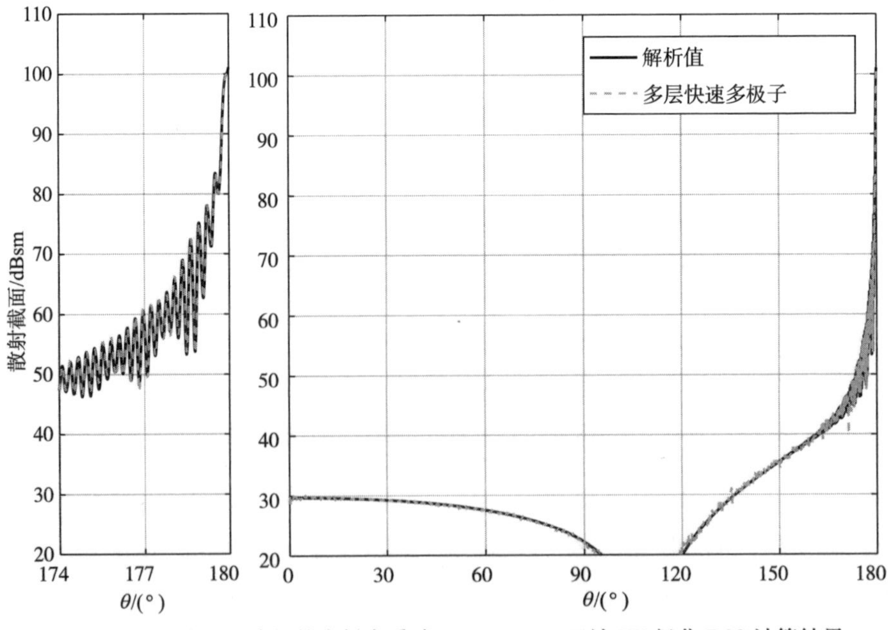

图 2.6 半径为 100 波长的有耗介质球 $\varepsilon_r = 2 - 0.1\mathrm{j}$ 双站 VV 极化 RCS 计算结果

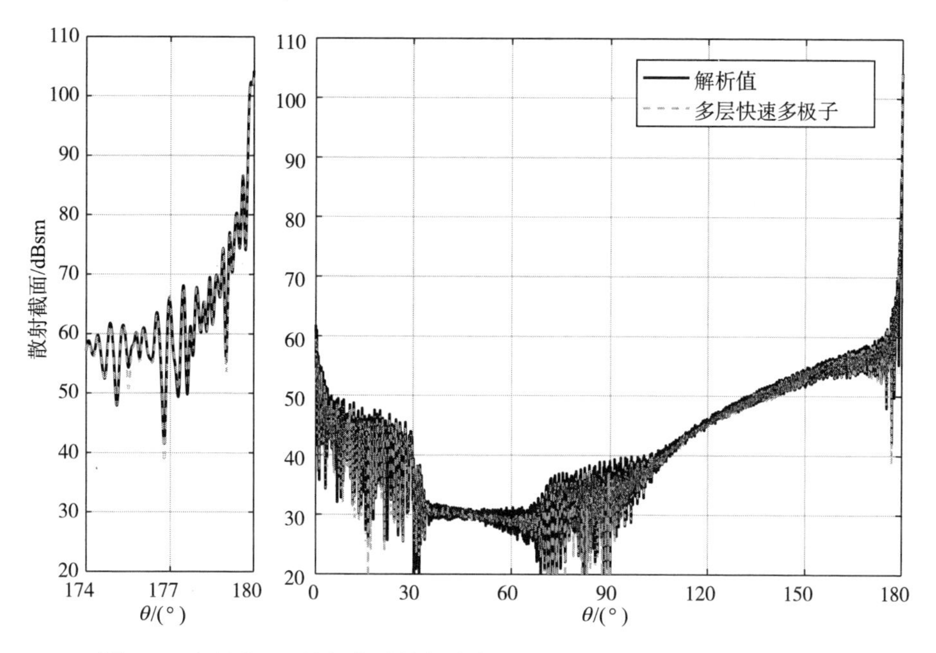

图 2.7 半径为 120 波长的无耗介质球 $\varepsilon_r=2$ 双站 VV 极化 RCS 计算结果

2.3 高斯波束中粒子辐射压力与扭矩的计算

2.3.1 研究背景

任何一个粒子受到光束的照射时，都将受到辐射压力的作用，而这个辐射压力可以推或者拉粒子并使它移动到指定位置。同时，力的作用的不均匀性将导致粒子受到扭矩的作用，从而使得粒子的指向发生偏转。对于光为何会产生辐射压力，可以粗略地解释为光波是由一系列带有动量的光子组成的。1873 年，Maxwell 在他著名的电磁场理论中指出，光波带有线性动量。当入射光波被粒子反射、折射或者吸收时，光子与粒子间将发生动量传递，从而产生作用力。

光的辐射压力可以用来操控微小的粒子。更重要的是，这种作用力与入射目标之间不存在任何的机械接触，这使得光辐射压力有很大的应用价值。然而，普通的波对其中的粒子产生的作用力很小，甚至可以忽略，这也解释了为何在阳光的照射下没有感受到力的作用。要获得有价值可用的辐射压力，要求光束的能量必须很集中，目前只有激光波源可以满足此要求。在

1970 年，Ashkin 首先实现了用弱聚焦的激光束对粒子的引导[61]。与此同时，人们还观测到了辐射压力对微物体的加速作用及将比背景折射率高的粒子拉向光轴的梯度力。之后，其他更稳定的光捕获被观察到。奠基性的工作出现于 1986 年，由 Ashkin 及其合作者在光控制领域取得。他们采用一个高聚焦的激光束实现了对粒子的完全控制[62]。这奠定了光捕获介质粒子的基础并发展成了如今被广泛研究的单光束粒子捕获技术——光镊。之后，各种不同形式、用途多样的光镊技术被相继实现并应用到科研工作当中[63-66]。科技进步甚至允许人们采用编程手段实现波束阵列的控制，以实现更为复杂、精确的光操控。

自从光镊提出后，几十年里，迅速成为生物学、医学、物理化学、原子学、材料物理学等领域的重要科研手段并极大促进了这些领域的研究。最近的技术发展甚至使得光镊的微型化、可移动化成为可能，极大促进了光镊在生物化学及生物物理学领域的应用。具体来说，光操控技术的应用主要包括以下几个方面：

（1）生物细胞操控方面的应用。生物细胞的化学反应性能与细胞活性的研究对于人类医学发展具有重要的意义。细胞机械形变往往可以反映出生物细胞的特性，对于一些重要的疾病具有很好的预警作用，是人类的健康状况判断的重要依据，有助于实现快速疾病监测。在这些研究过程中，光镊技术发挥了重要的作用。普通的机械操控虽然也能实现对细胞级别粒子的操作，然而往往与粒子间产生机械接触，可能造成对粒子的污染，影响效果。而采用光操控则完全不存在此问题。采用两束相对入射的波束还可以形成光担架，实现对粒子的长距离引导，可以控制细胞实现相互作用如细胞融合等。另外，光镊还可以用来实现对皮牛顿级别微小力的精确测量。

（2）光镊可以用来实现介质粒子体的分离，如细胞分离、粒子引导。通过采用光操控技术，人们可以建造光分选器，并将其应用于胶体学、分子学、生物学的研究。

（3）光镊对于分子电动机和 DNA 物理的特性有很重要的作用，可以用来观测 RNA 及 DNA 分裂等过程，还可以研究 DNA 的弹性、DNA 分裂过程所需的力，对生物学的发展研究很有意义。

（4）除了在生物学上的重要应用，光镊技术还可以应用于胶体物理学，研究胶体粒子与背景材料间的相互作用，这对于工业应用有很重要的意义。

（5）光操控同样可以应用于微流设备中，如微型机械及微电磁机械系统中开关、电动机、风扇等结构的驱动中。

光操控的实用价值与应用潜力，促使人们从实验及数值模拟两方面分别对其进行研究。实验研究的目标很广泛，既有生物细胞等实际目标上的应用研究，又有单纯的球体等理想目标的研究。目前人们已经在实验中实现了单光束梯度力捕获电介质粒子、辐射压力使液滴悬浮、激光捕获与操纵分子细胞、观察驱动蛋白的分步运动、激光操纵实现微粒的图案排布及流动控制、单个乳胶粒子的捕获及光谱学和消融作用、利用光操控分选酵母细胞、利用光镊引导细胞融合、对染色体进行显微操作等，使得人们意识到光镊已有的及潜在的巨大应用价值。

除了实验研究，各种基于仿真分析的光辐射压力与扭矩的研究也正如火如荼地展开，获得了一系列的成果并为实验研究的进行提供了理论依据。辐射压力与扭矩的计算可以通过计算电磁场能量流动变化通过 Poynting 矢量获得，一般通过 Maxwell 电磁张量在包围粒子体的表面上进行积分获得，这种方法具有通用性；也可以直接通过 Lorentz 力的方式计算。通常，计算辐射压力等同于求解一个波散射问题。因此，计算电磁学中的典型算法可以方便地引入光辐射压力与扭矩的计算中来。一般来说，与计算电磁学中的方法类似，计算光辐射压力与扭矩应用比较普遍的仿真方法也可以分为解析法、数值算法、高频近似法三类。下面按照此分类方法进行简单介绍。

解析方法主要为广义洛伦兹 - Mie 方法（generalized Lorenz - Mie theory，GLMT）和一种半解析方法——T 矩阵（T - matrix）法。洛伦兹 - Mie（LMT）是计算平面波散射问题的著名解析方法。然而，LMT 只局限于分析平面波入射问题。GLMT 方法是 LMT 方法的延伸，可以分析有形波束散射问题。GLMT 算法通过分离变量及边界条件等对 Maxwell 方程进行严格的解析求解。GLMT 算法的关键是对入射波束采用波束系数展开。不同的波束系数展开方法，包括积分法、有限级数法、局部近似法等，都可以实现此过程。GLMT 只适用于以下几种规则形状的粒子：均匀球、多层球、椭球体、无限长圆或者椭圆柱、多个球体。它首先由 Gouesbet 等应用于散射问题，之后被广泛应用到辐射压力与扭矩的计算中，并在球体、椭球体、圆柱体等目标的辐射压力计算方面获得广泛使用[68-72]。T 矩阵法也被称为零场法或者扩展边界法，它是一种半解析方法，在辐射压力的计算方面也有很广泛的应用[73-76]。这种方法计算的是散射问题的 T 矩阵，简单且易于编程实现。通常被应用于对称体的散射问题计算。它可以当作是 Mie 散射理论的一种扩展，因为其本身也是基于入射波、传输与散射的球形矢量波函数展开理论实施的；也可以当作一种面离散方法，因为采用扩展边界时，T 矩阵法通过计算一系列的矢量与矢量球函数差乘并在包围散射体的表面进行积分获得。T 矩阵法依赖于电磁场的矢量波函数展开，理论上可以应用于任意形状的目标。在实际应用中，对于不对称目标，可能存在收敛问题。

高频近似方法，如射线光学、射线追踪等，求解的是一个原问题的近似问题。为了保证近似的精确性，其适用于目标远大于入射波长的情况。并且，高频近似方法对几何形状有很强的依赖性，通常适用于外形比较光滑简单的目标，对于不规则形状目标，则计算困难，或者即便能计算，其精度与灵活稳定性都难以保证。而在目前的光操控应用中，受激光器能量的限制，一般粒子的尺寸为波长量级。因此，在通常的情况下，高频近似方法通常是作为近似估计或者是为实验现象提供定性分析方法使用的。

在仿真分析的初始阶段，由于光操控的粒子目标很小，人们认为其形状可以近似为球体与类球体。因此，作为理论性研究，仿真分析的目标一般选择为球体或者类球体。此时，解析方法完全足够满足仿真需求。然而，随着科技的进步，仿真分析的目标朝向实际应用领域的实际目标发展。在实际应用中，光操控的粒子目标往往不是简单的球形或者类球体目标，如人类的红细胞就具有复杂的双凹面盘状外形。此时，解析方法或者高频近似方法已经远远不能满足实际应用需求。随着计算能力的提高，全波数值方法，包括积分方程法、时域有限差分法、有限元法，都在辐射压力与扭矩方面获得了比较多的应用。积分方程法包括体积分方程法与面积分方程法。在光学领域，应用比较广泛的是离散偶极子近似的数值方法（Discrete Dipole Approximation，DDA）。DDA 与矩量法同源，其实质上是一种离散体积分方法。它最初是被用于计算散射问题[77,78]。之后，经过长期发展，因为其强大的对任意形状任意构成目标仿真计算能力，DDA 在辐射压力与扭矩方面获得了越来越广泛的应用[79-84]。而 FDTD 及 FEM 两种在计算电磁领域应用非常广泛的方法虽然在辐射压力与扭矩方面计算的应用并不是特别广泛，但是仍然有一些工作成果[85-87]。

按照对计算目标的离散来看，全波数值方法又可以分为体离散方法与面离散方法。体离散方法包括 FEM、FDTD 及 DDA。体离散方法对整个计算目标进行了体剖分，整个目标体进行了单元模拟。因此，体离散方法可以实现对不均匀、各向异性目标的灵活稳定计算。然而由于对整个目标体进行了离散，未知数随计算规模增加迅速，目标尺寸受到计算资源的限制。面离散方法如前面提到的表面积分方程法，对包围整个目标的表面进行离散。因此，相比于体离散方法，未知数规模大大降低，所需的计算资源需求有很大减少，通常可以实现比较大尺寸目标的计算。与此同时，也带来了面离散方法最大的缺陷，对于不均匀或者各向异性目标的计算往往难以实现。因此，面积分方程法特别适用于对于均匀目标的计算。

在此，我们提出了计算任意形状均匀粒子在有形波束入射下，辐射压力与辐射扭矩问题的积分方程法求解。同时，采用多层快速多极子方法加速面积分方程的求解。与其他数值方法相比，我们提出的方法具有以下优点：与

体离散方法如 FEM、FDTD、DDA 等相比，它比较灵活高效，而且面剖分易于获得针对不规则形状粒子的高质量的网格剖分；由于采用了多层快速多极子技术加速，使得整个算法的计算复杂度大为降低，计算资源需求较少，可以实现比较大尺寸目标的快速计算；在辐射压力与扭矩的计算上，与传统的远场近似方法不同，我们采用的是包围目标体的面，并计算电磁张量在此包围面上的积分。此时，采用的是精确计算的近场。众所周知，有形波束的数学描述只在近场区域严格满足 Maxwell 方程。采用近场计算辐射压力与扭矩可以使我们绕过获得远场数学表达式的困难。我们将通过一系列的数值算例来展示提出方法的高效性、精确性，以及对不规则形状目标的计算能力。

2.3.2　辐射压力与辐射扭矩的计算

如图 2.8 所示，为了计算任意形状粒子的辐射压力与辐射扭矩，首先，需要引入两个坐标系。一个坐标系为粒子坐标系，标记为 $O - xyz$；另一个坐标系为波束坐标系，标记为 $O' - uvw$。两个坐标系间的关系可以通过中心转移及三个空间旋转矩阵获得。这三个空间旋转矩阵对应的是欧拉角（Euler angle）。在此，用 (x_0, y_0, z_0) 来表示波束中心在粒子坐标系中的位置，用 (α, β, γ) 代表坐标系旋转的三个欧拉角。此时，粒子坐标系中的任意一点与波束坐标系间的关系可以表示为：

$$\begin{bmatrix} x - x_0 \\ y - y_0 \\ z - z_0 \end{bmatrix} = \boldsymbol{A} \begin{bmatrix} u \\ v \\ w \end{bmatrix} \tag{2.47}$$

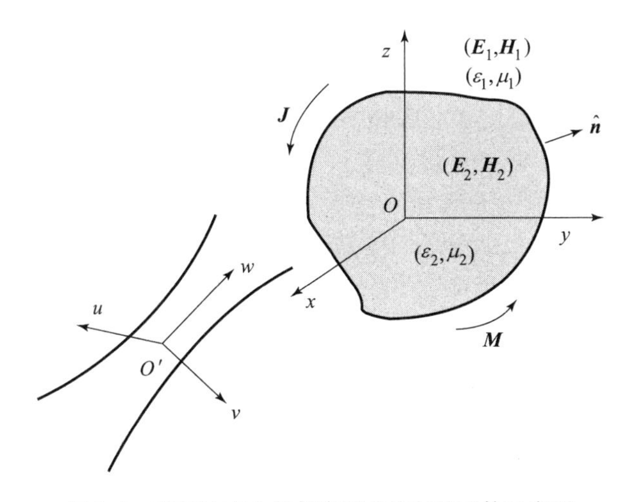

图 2.8　高斯波束入射任意形状均匀粒子体示意图

式中，$\boldsymbol{A}$ 是转换矩阵：

$$\boldsymbol{A} = \begin{bmatrix} a_{11} & a_{12} & a_{13} \\ a_{21} & a_{22} & a_{23} \\ a_{31} & a_{32} & a_{33} \end{bmatrix} \tag{2.48}$$

其每个元素的定义为：

$$\begin{aligned}
a_{11} &= \cos\alpha\cos\beta\cos\gamma - \sin\alpha\sin\gamma \\
a_{21} &= -\cos\alpha\cos\beta\sin\gamma - \sin\alpha\cos\gamma \\
a_{31} &= \cos\alpha\sin\beta \\
a_{21} &= \sin\alpha\cos\beta\cos\gamma + \cos\alpha\sin\gamma \\
a_{22} &= -\sin\alpha\cos\beta\sin\gamma + \cos\alpha\cos\gamma \\
a_{23} &= \sin\alpha\sin\beta \\
a_{31} &= -\sin\beta\cos\gamma \\
a_{32} &= -\sin\beta\sin\gamma \\
a_{33} &= \cos\beta
\end{aligned} \tag{2.49}$$

类似地，入射波束的电场与磁场各分量在两个坐标系间具有如下关系：

$$\begin{bmatrix} E_x^i \\ E_y^i \\ E_z^i \end{bmatrix} = \boldsymbol{A} \begin{bmatrix} E_u^i \\ E_v^i \\ E_w^i \end{bmatrix}, \quad \begin{bmatrix} H_x^i \\ H_y^i \\ H_z^i \end{bmatrix} = \boldsymbol{A} \begin{bmatrix} H_u^i \\ H_v^i \\ H_w^i \end{bmatrix} \tag{2.50}$$

以上关系式对于任意形式的波束表达式都是成立的。在此，以高斯波束为例，来说明如何采用表面积分方程法结合多层快速多极子技术求解有形波束照射下粒子辐射压力与扭矩的计算。

首先，需要获得高斯波束在波束坐标系下各分量的数学表达式。一般来说，此数学描述通常只局限于在靠近波束中心轴的区域满足 Maxwell 方程组，而随着距离的增大，描述的误差越大。一般情况下，Davis 零阶高斯波束描述形式即可[88]。为了获得更高的计算精度，在此对高斯波束的数学表达采用五阶 Davis – Barton 近似[89]，各分量的表达式为：

$$\begin{aligned}
E_u^i = {} & E_0\{1 + s^2(-\rho^2Q^2 + \mathrm{i}\rho^4Q^3 - 2\xi^2Q^2) + \\
& s^4[2\rho^4Q^4 - 3\mathrm{i}\rho^6Q^5 - 0.5\rho^8Q^6 + (8\rho^2Q^4 - 2\mathrm{i}\rho^4Q^5)\xi^2]\}\psi_0\exp(-\mathrm{i}kw) \\
E_v^i = {} & E_0\{s^2(-2\xi\eta Q^2) + s^4[(8\rho^2Q^4 - 2\mathrm{i}\rho^4Q^5)\xi\eta]\}\psi_0\exp(-\mathrm{i}kw) \\
E_w^i = {} & E_0\{s(-2Q\xi) + s^3[(6\rho^2Q^3 - 2\mathrm{i}\rho^4Q^4)\xi] + \\
& s^5[(-20\rho^4Q^5 + 10\mathrm{i}\rho^6Q^6 + \rho^8Q^7)\xi]\}\psi_0\exp(-\mathrm{i}kw) \\
H_u^i = {} & H_0\{s^2(-2\xi\eta Q^2) + s^4[(8\rho^2Q^4 - 2\mathrm{i}\rho^4Q^5)\xi\eta]\}\psi_0\exp(-\mathrm{i}kw)
\end{aligned}$$

$$
\begin{aligned}
H_v^i &= H_0\{1 + s^2(-\rho^2Q^2 + \mathrm{i}\rho^4Q^3 - 2\eta^2Q^2) + \\
&\quad s^4[2\rho^4Q^4 - 3\mathrm{i}\rho^6Q^5 - 0.5\rho^8Q^6 + (8\rho^2Q^4 - 2\mathrm{i}\rho^4Q^5)\eta^2]\}\psi_0\exp(-\mathrm{i}kw) \\
H_w^i &= H_0\{s(-2Q\eta) + s^3[t(6\rho^2Q^3 - 2\mathrm{i}\rho^4Q^4)\eta] + \\
&\quad s^5[(-20\rho^4Q^5 + 10\mathrm{i}\rho^6Q^6 + \rho^8Q^7)\eta]\}\psi_0\exp(-\mathrm{i}kw)
\end{aligned}
\tag{2.51}
$$

式中

$$s = \frac{1}{kw_0} \tag{2.52}$$

$$\rho^2 = \xi^2 + \eta^2,\quad \xi = \frac{u}{w_0},\quad \eta = \frac{v}{w_0} \tag{2.53}$$

$$Q = \frac{1}{\mathrm{i} + 2z/l},\quad \psi_0 = \mathrm{i}Q\exp\left(-\mathrm{i}Q\frac{u^2+v^2}{w_0^2}\right) \tag{2.54}$$

E_0 和 H_0 是入射电场与磁场的幅值；w_0 是高斯波束的束腰半径；$k = 2\pi/\lambda$ 是波数；$l = kw_0^2$。至此，我们获得了波束表征的完整信息。

之后，按照之前所说的基于快速多极子加速的面积分方程法的实现过程，可以求得粒子体表面的等效电流与等效磁流。需要指出的是，为了保证计算精度，在此，令 JMCFIE 中的联合系数 $\alpha = 1.0$，此时 JMCFIE 等价于 CTF 方程。一般来说，在目前的实验及实际应用中，光捕获的粒子半径一般不超过十几个波长。如此计算规模对于采用了多层快速多极子技术加速的面积分方程法来说，基本不存在内存方面的压力。在此，采用的是 OpenMP 加速程序的执行。

辐射压力的计算通过 Maxwell 电磁张量求得。具体来说，辐射压力与辐射扭矩与电磁张量间的关系为：

$$\boldsymbol{F} = \int_{S_v} \overleftrightarrow{\boldsymbol{T}}(\boldsymbol{r}) \cdot \hat{\boldsymbol{n}}\mathrm{d}s \tag{2.55}$$

$$\boldsymbol{M} = -\int_{S_v} (\overleftrightarrow{\boldsymbol{T}}(\boldsymbol{r}) \times \boldsymbol{r}) \cdot \hat{\boldsymbol{n}}\mathrm{d}s \tag{2.56}$$

式中

$$
\begin{aligned}
\overleftrightarrow{\boldsymbol{T}}(\boldsymbol{r}) &= \frac{1}{2}\mathrm{Re}[\varepsilon_1\boldsymbol{E}(\boldsymbol{r})\boldsymbol{E}^*(\boldsymbol{r}) + \mu_1\boldsymbol{H}(\boldsymbol{r})\boldsymbol{H}^*(\boldsymbol{r}) - \frac{1}{2}(\varepsilon_1|\boldsymbol{E}(\boldsymbol{r})|^2 + \\
&\quad \mu_1|\boldsymbol{H}(\boldsymbol{r})|^2)\overleftrightarrow{\boldsymbol{I}}]
\end{aligned}
\tag{2.57}
$$

是时间平均 Maxwell 电磁张量。* 代表共轭；$\boldsymbol{E}(\boldsymbol{r})$ 和 $\boldsymbol{H}(\boldsymbol{r})$ 是总电场与总磁场：

$$
\begin{aligned}
\boldsymbol{E}(\boldsymbol{r}) &= \boldsymbol{E}^s(\boldsymbol{r}) + \boldsymbol{E}^i(\boldsymbol{r}) \\
\boldsymbol{H}(\boldsymbol{r}) &= \boldsymbol{H}^s(\boldsymbol{r}) + \boldsymbol{H}^i(\boldsymbol{r})
\end{aligned}
\tag{2.58}
$$

为了计算辐射压力与扭矩，通常选择一个虚拟的包围物体的任意闭合面上的计算式（2.55）与式（2.56）即可。为简单推导过程，假设选择的虚拟面

是半径为 r_s 的球面，球心位于粒子坐标系的原点。此时，辐射压力与扭矩的计算公式可以写为：

$$\boldsymbol{F} = \frac{1}{4}\int_0^{2\pi}\int_0^{\pi}\mathrm{Re}[\varepsilon_1(|\boldsymbol{E}_r|^2 - |\boldsymbol{E}_\theta|^2 - |\boldsymbol{E}_\phi|^2) + \mu_1(|\boldsymbol{H}_r|^2 - |\boldsymbol{H}_\theta|^2 - |\boldsymbol{H}_\phi|^2)\boldsymbol{e}_r + 2(\varepsilon_1\boldsymbol{E}_r\boldsymbol{E}_\theta^* + \mu_1\boldsymbol{H}_r\boldsymbol{H}_\theta^*)\boldsymbol{e}_\theta + \boldsymbol{2}(\varepsilon_1\boldsymbol{E}_r\boldsymbol{E}_\phi^* + \mu_1\boldsymbol{H}_r\boldsymbol{H}_\phi^*)\boldsymbol{e}_\phi]\boldsymbol{r}_s^2\sin\theta\mathrm{d}\theta\mathrm{d}\phi \tag{2.59}$$

$$\boldsymbol{M} = \frac{1}{2}\int_0^{2\pi}\int_0^{\pi}\mathrm{Re}[(\varepsilon_1\boldsymbol{E}_r\boldsymbol{E}_\theta^* + \mu_1\boldsymbol{H}_r\boldsymbol{H}_\theta^*)\boldsymbol{e}_\phi - (\varepsilon_1\boldsymbol{E}_r\boldsymbol{E}_\phi^* + \mu_1\boldsymbol{H}_r\boldsymbol{H}_\phi^*)\boldsymbol{e}_\theta]\cdot \boldsymbol{r}_s^3\sin\theta\mathrm{d}\theta\mathrm{d}\phi \tag{2.60}$$

式中的电场与磁场是位于虚拟面上任意一点的电磁总场。通常，虚拟球面的半径取为无穷大，满足远场近似条件[90,91]。对于时谐平面波入射长，这种做法很直接，因为入射长的远场表达式严格满足 Maxwell 方程。然而，当入射波为有形波束如高斯波时，无穷远处严格满足 Maxwell 方程的入射场分量的数学表达形式很难，甚至无法获得。在此，为了避免入射长表达带来的不准确性，我们选择虚拟球面为紧紧包围整个粒子体的最小球面。此球面上各点处于入射长的近场区域，因此，可以采用与入射长同样精确的数学表达形式。

从上式可以看出，要求得辐射压力与辐射扭矩，则需要求得空间任意一点处的散射场与入射场。一旦通过面积分方程结合多层快速多极子技术求解到物体表面的等效电磁流量计，则空间任意一点的散射场可以由以下关系式求得：

$$\begin{aligned}\boldsymbol{E}^s &= Z_1\boldsymbol{L}_1(\boldsymbol{J}) - \boldsymbol{K}_1(\boldsymbol{M})\\ \boldsymbol{H}^s &= 1/Z_1\boldsymbol{L}_1(\boldsymbol{M}) - \boldsymbol{K}_1(\boldsymbol{J})\end{aligned} \tag{2.61}$$

则虚拟面上任意点的总场也可以很容易地求得。为了避免场源重合带来的奇异点处理，通常选择的虚拟球面的半径为比粒子体上各点与坐标原点的最大距离多出 0.1 波长。

为了求取式（2.59）与式（2.60）中的积分，采用数值积分方法进行计算。在不同的数值积分方法中，高斯 - 勒让德积分简单而具有较高的计算精度。一般来说，首先在 [0, π] 选择 N_L 个点，并且 $\cos\theta$ 满足高斯 - 勒让德积分规则；之后，在 φ 方向上的 [0, 2π] 间均匀地选择 $2N_L$ 个点。通常，N_L 可以通过以下关系获得：

$$N_L = k_1 r_s + 3\ln(k_1 r_s + \pi) \tag{2.62}$$

至此，简单描述了采用面积分方程法结合多层快速多极子技术求解有形波束中粒子辐射压力与辐射扭矩的计算过程及各个关键过程的实现。下面将通过一系列的数值算例展示提出的方法对均匀粒子辐射压力与辐射扭矩的计算能力。

2.3.3　数值算例

基于上述计算法则，我们开发了计算辐射压力与辐射扭矩的 Fortran 程序。并且，为了提高程序的运行速度，部分采用了 OpenMP 并行。本节所有的计算都是在法国 CRIHAN 计算中心超级计算平台 ANTARES 上进行的。每一个计算节点是双六核 Westmere EP 2.8 GHz 处理器，最大 96 GB DDR3 内存。计算中网格剖分平均边长选为 0.08 ~ 0.1 波长，采用的是 GMRES 迭代求解器。此处算例分为两部分进行：第一部分为辐射压力的计算，第二部分为辐射扭矩的计算。无论是辐射压力还是扭矩的计算，最终的计算结果都对功率进行了归一化处理。按文献［89］中所得，采用五阶 Davis - Barton 近似的高斯波束，其功率为：

$$P = \frac{1}{2}\pi w_0^2 I_0 (1 + s^2 + 1.5s^4) \tag{2.63}$$

首先将检验提出的方法对均匀粒子辐射压力的计算能力。作为对比，选择 Ren 开发的 GLMT 方法计算的辐射压力截面（radiation pressure crossections，RPCS）[68]。辐射压力与截面间的关系式为：

$$C_{pr} = cF \tag{2.64}$$

其中 c 代表粒子背景环境材料中的光速。

首先检验程序计算的正确性。计算文献［71］中的椭球油滴（$m = 1.5$）在高斯波束入射下的辐射压力截面随着波束中心沿着 z 轴移动时的变化情况。入射高斯波束的波长为 0.514 5 μm，束腰半径 $w_0 = 2\lambda$。波束的中心沿着 z 轴方向移动，椭球体的短轴 b = 1 μm，长轴沿着 z 方向分布。轴比分别为 $a/b = 1.05, a/b = 1.10$。计算结果如图 2.9 所示。球体情况下计算结果与 GLMT 计算结果完全吻合，而椭球情况下，也即 $a/b = 1.05$ 与 $a/b = 1.10$ 时，计算的图形与参考文献中的结果吻合得很好。仔细研究表明，GLMT 的结果与 MLFMA 的计算结果存在大约 2% 的差别。这主要是因为，一方面，两种程序计算时采用的波束描述方法不同。在 GLMT 中，采用的是局部近似；另一方面，我们采用的是近场计算的辐射压力与辐射扭矩，与 GLMT 中采用的远场近似计算方法不同。

高斯波束的描述精度与波束的束腰半径大小息息相关。如果束腰半径很大甚至无穷大，则此时高斯波束近似为平面波，严格满足 Maxwell 方程，则不论是采用 Davis - Barton 波束描述还是局部近似法描述，都退化为平面波，两者差别最小；而束腰宽度比较小的情况下，两者差别最大。基于此种认

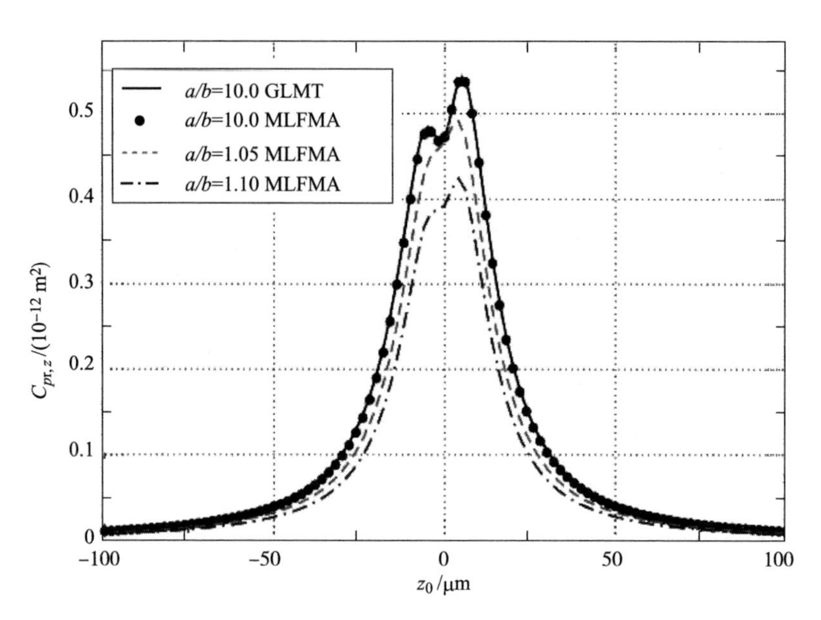

图 2.9 长椭球油滴在高斯波束照射下轴向辐射压力采用 MLFMA 与 GLMT 计算结果对比。入射高斯波束的波长为 0.514 5 μm，束腰半径 $w_0=2\lambda$。波束的中心沿着 z 轴方向移动，椭球体的短轴 $b=1$ μm，长轴沿着 z 方向分布。轴比分别为 $a/b=1.05$，$a/b=1.10$

识，我们接下来验证波束束腰大小变化时，MLFMA 与 GLMT 计算结果差别的变化情况。在此定义相对误差为：

$$\frac{|F_{\mathrm{GLMT}}-F_{\mathrm{MLFMA}}|}{|F_{\mathrm{GLMT}}|}\times 100\% \tag{2.65}$$

粒子尺寸为半径 $R=8$ μm 的球形水滴（$m=1.33$），改变入射高斯波束的束腰半径，计算所得的辐射压力与作为标准值的 GLMT 的计算结果相对误差变化如图 2.10 所示。从图中可以看出，随着束腰半径的增大，相对误差逐渐减小，直至趋向于一条直线。这充分说明了束腰半径对两种波束描述差异的影响及这种差异对辐射压力与辐射扭矩的计算带来的影响。

为了展示 MLFMA 方法的强大计算能力，我们将球形水滴的半径增加到 $R=16$ μm 并计算了立轴情况，即波束中心随着 x 轴移动情况下辐射压力，并将其与 GLMT 结果进行对比。因为波束中心是沿着 x 轴方向移动的，因此有 $y_0=0, z_0=0$。在此计算过程中，整个球体表面被离散为 1 080 000 边总共 2 160 000 未知数。设置束腰半径为 $w_0=3$ μm。计算的轴向辐射压力分量及垂直轴向分量与 GLMT 计算结果的对比如图 2.11（a）和图 2.12（b）所

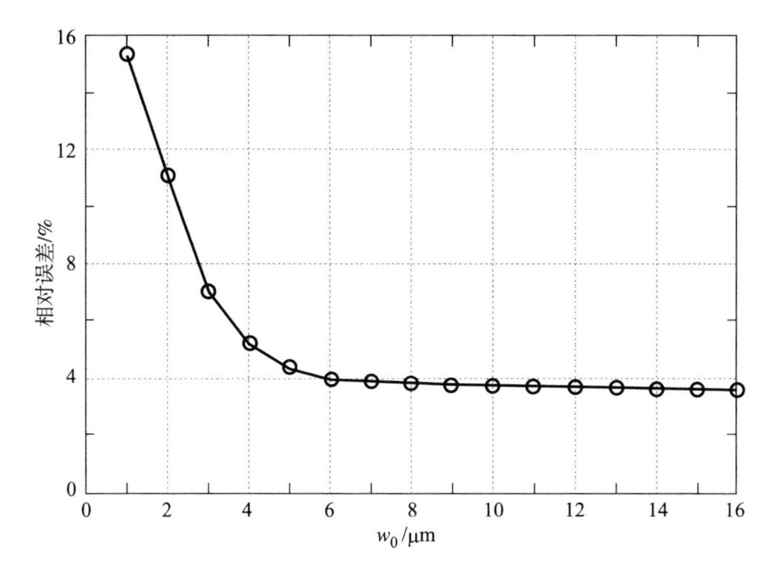

图 2.10　半径为 $R=8$ μm 的球形水滴（$m=1.33$）在高斯波束照射下轴向辐射压力采用 MLFMA 与 GLMT 计算结果相对误差随着束腰半径的变化情况

示。从图中可以看出，计算结果仍然吻合得很好。在此计算中，内存需求为 50 GB，采用 10 个线程计算的墙钟时间约为 2 140 s。

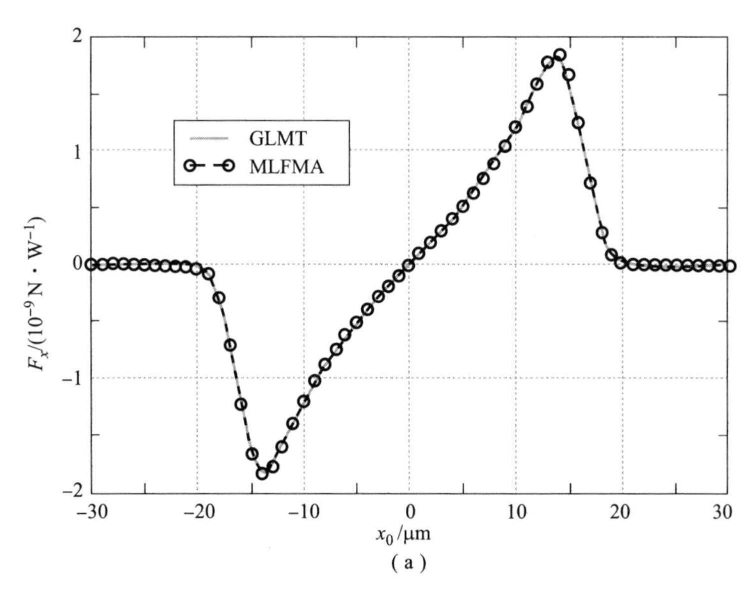

图 2.11　半径为 16 μm 的圆形水滴离轴移动时辐射压力与偏离中心轴距离的变化情况

(a) 横向分量

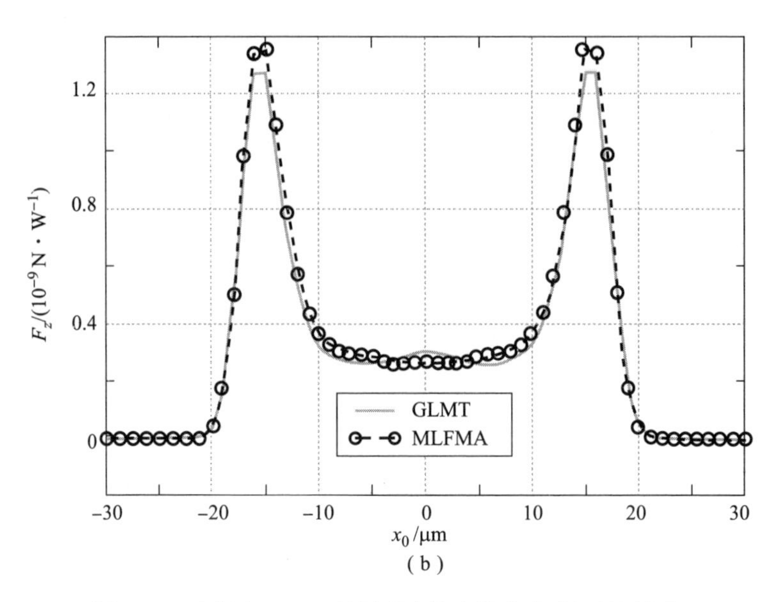

图 2. 11 半径为 16 μm 的圆形水滴离轴移动时辐射压力与偏离中心轴距离的变化情况（续）

（b）纵向分量

上面所进行的数值实验都是针对简单的球形目标中心轴随着坐标方向移动的变化情况。接下来讨论的是椭球形目标入射波方向旋转变化时辐射压力的变化情况。为此，我们计算了图 2. 12 所示的椭球体在两种不同的波束入射方向旋转情况下的辐射压力。第一种情况是波束的中心与粒子的中心重合，但是入射波方向沿着波束中心旋转。第二种情况是波束中心起始时与粒子的中心重合，但是之后以椭球体的最下端点为中心，入射波方向绕此旋转。球的组成材料为聚乙烯（$m = 1.59$），被放置于水中（$m = 1.33$）。不论是何种旋转方式，欧拉角都是 β 变化，而 $\alpha = \gamma = 0°$。在此情况下，入射波束的对称轴始终位于 xz 平面内。图 2. 13 和图 2. 14 分别是两种旋转方式下计算的辐射压力各个方向的分量。由于入射波束的对称性和粒子的对称性，辐射压力在 y 方向的分量始终为零。从两图的对比中可以看出，绕中心旋转时的辐射压力在 x 方向的分量始终为负，而绕着最底端旋转时，在 15° ~55°之间在 x 方向具有相反的作用力。这主要是因为，当入射波方向沿着椭球体的最底端旋转时，波束的中心位置发生偏移。此时，粒子体受到的辐射压力既有沿着波束传播方向的冲力，又有指向波束轴向的拉力。在某些角度，拉力与推力的合力使得粒子受到 $+x$ 方向的作用力。

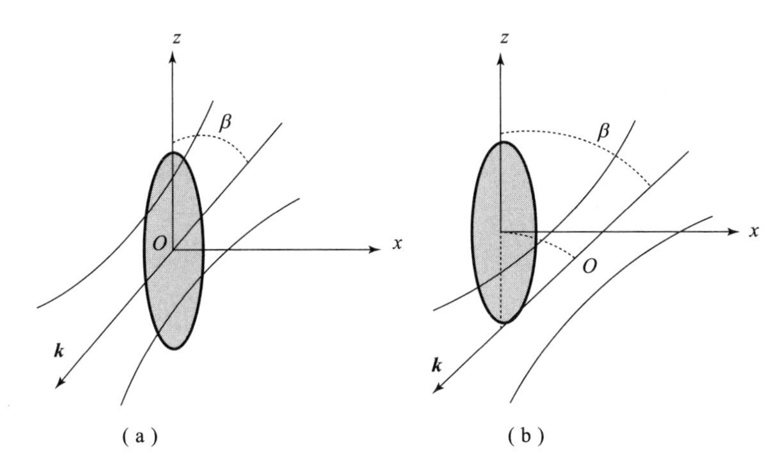

图 2.12　波束入射方向以不同位置为中心点旋转示意图
（a）中心旋转；（b）底端旋转

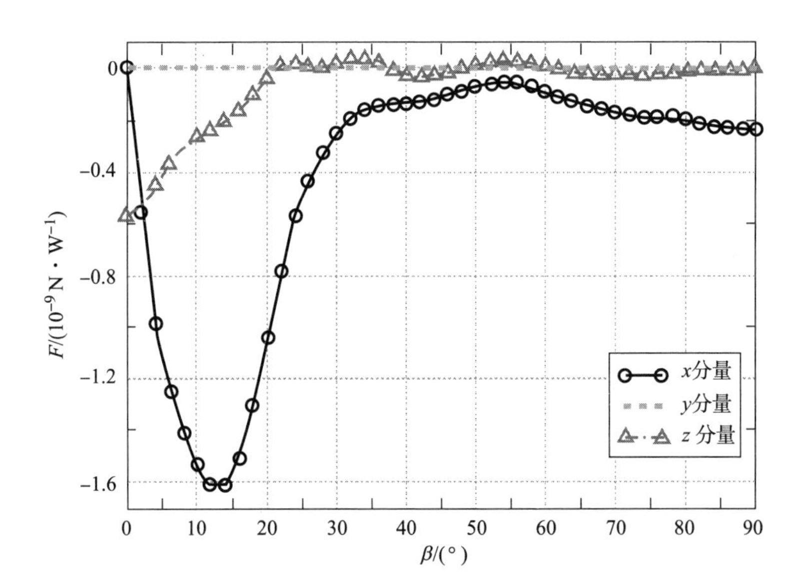

图 2.13　浸泡在水（$m=1.33$）中的尺寸为 $a=b=3\ \mu m$、$c=12\ \mu m$ 的聚乙烯（$m=1.59$）椭球体随入射波束方向变化辐射压力各分量变化情况（入射波长为 0.514 5 μm，束腰半径 $w_0=1.3\ \mu m$）

最后，我们将研究转向对不规则的非球形粒子辐射压力的计算上，来展示积分方程法结合多极子技术对复杂粒子辐射压力的计算能力。计算目标是一个对称的双面凹形盘状红血球细胞（$m=1.4$）。此细胞放置于水（$m=$

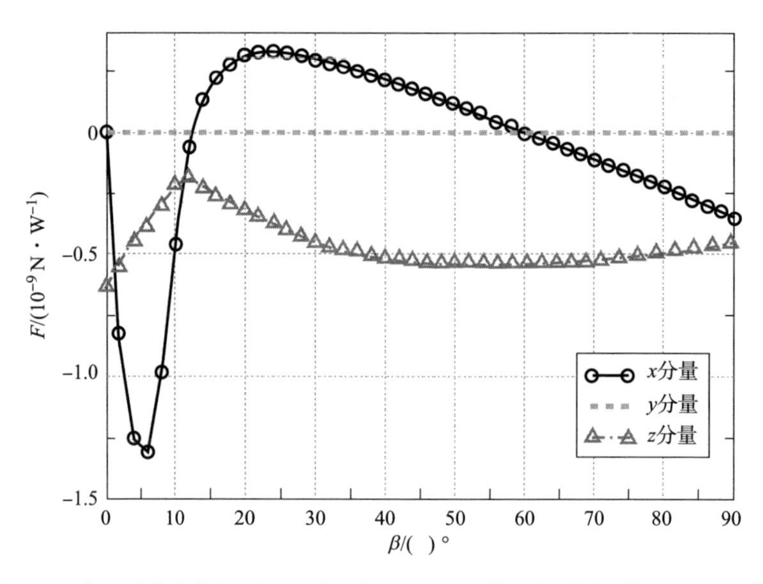

图 2.14 粒子波束参数与图 2.13 相同，只不过入射波绕着椭球体的最底端旋转

1.33）中，入射波高斯波的中心沿着 y 轴方向移动。入射波的波长分两种情况，一种波长为 0.514 5 μm，另一种波长为 1.064 μm。细胞的几何结构与文献［92］中的 $q=9$ 时完全相同。红细胞表面采用 ANSYS 软件的三角形剖分，如图 2.15 所示。图 2.16 展示了两种入射波长下辐射压力各方向分量随着波束中心移动变化曲线。从图中可以看出，辐射压力的 y 方向分量，也即波束对红细胞的垂直轴向拉力曲线形状相仿；波束的 z 方向分量在粒子与波束轴中心相聚不远时，方向相反，入射波长为 1.064 μm 时，波束将粒子推离，而当入射波长为 0.514 5 μm 时，粒子受到的 z 方向分量辐射压力逆着入射波方向。

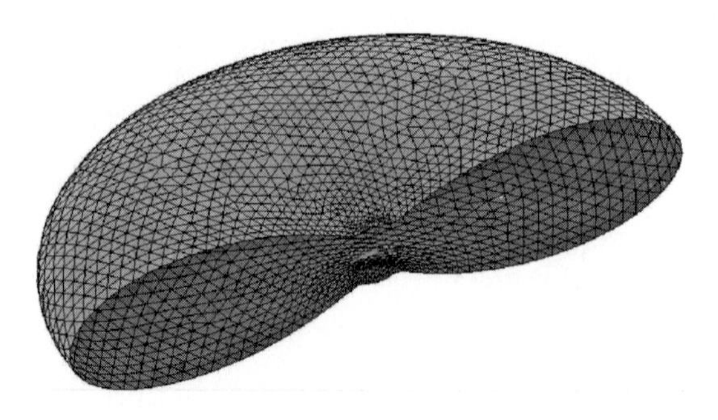

图 2.15 双凹形红细胞结构剖分示意图

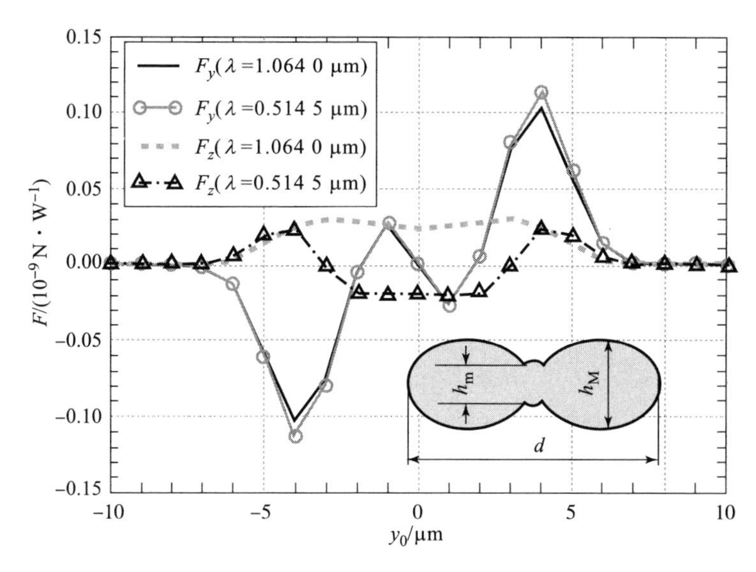

图 2.16　对称的双凹形盘状红血球细胞（$m=1.4$）放置于水（$m=1.33$）中在高斯波照射下的中心沿着 y 轴方向移动受力情况

粒子在有形波束中，由于辐射压力作用的不均匀性，除去粒子体在受到辐射力的作用下会产生移动外，其本身也会在力产生的扭矩作用下产生旋转，特别是对于长体或者是棒状的结构等。因此，除去辐射压力的作用，粒子所受到的辐射扭矩也对科研工作具有很重要的意义。接下来将研究面积分方程结合多层快速多极子技术对有形波束中粒子辐射扭矩的计算。与辐射压力的研究类似，首先是验证程序对辐射扭矩计算的精确性。选择的是 Xu 等在文献［96］中发表的 GLMT 计算椭球粒子辐射扭矩的计算结果。考虑一个类球体（$m=1.573$）在高斯波入射下随着入射波方向的变化，其所受到的辐射扭矩变化情况如图 2.17 所示。入射高斯波波长为 $\lambda=0.785\ \mu m$，束腰半径 $w_0=1\ \mu m$。我们分别计算了球体 $a/b=1.00$ 及轴比分别为 $a/b=1.05$、$a/b=1.10$ 的长椭球体的辐射扭矩，与文献［96］中图 2.17 的计算结果进行了对比。长椭球体的体积与半径为 $r=1\ \mu m$ 的体积相同。从图中可以看出，MLFMA 的计算结果与 GLMT 的计算结果吻合良好。

之后，我们计算如图 2.12 所示的椭球粒子体在波束入射方向旋转情况下的辐射扭矩情况。由于对称性，辐射扭矩在此情况下只有 y 方向分量。在此，我们规定，使粒子以 y 轴为旋转轴，逆时针旋转的扭矩为正，反之为负。计算的辐射扭矩在两种情况下随入射角度 β 的变化情况如图 2.18 所示。从图中可以看出，当入射波绕粒子中心旋转时，所受到的辐射扭矩总是正，

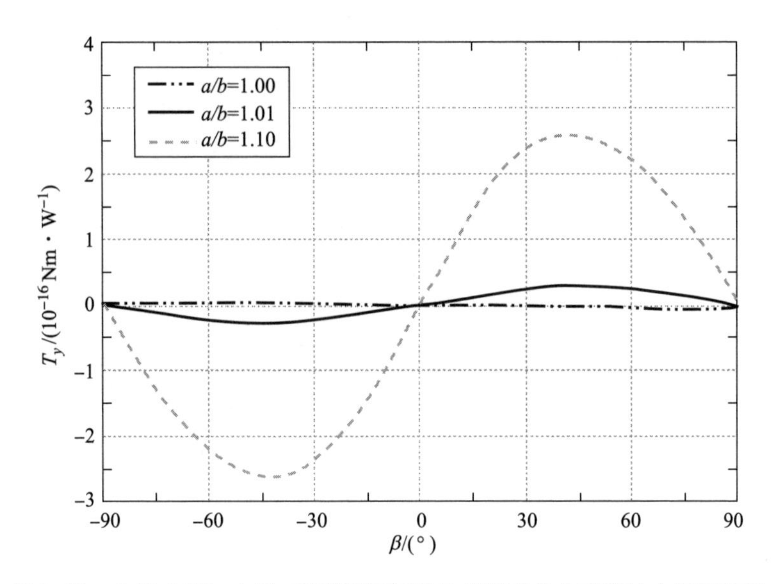

图 2.17 文献［96］中图三计算的不同轴比长椭球体在高斯波入射下辐射扭矩变化情况。入射波长为 0.785 μm，波束束腰为 1 μm，中心与粒子坐标系原点重合，椭球的体积与半径为 1 μm 的球体相同

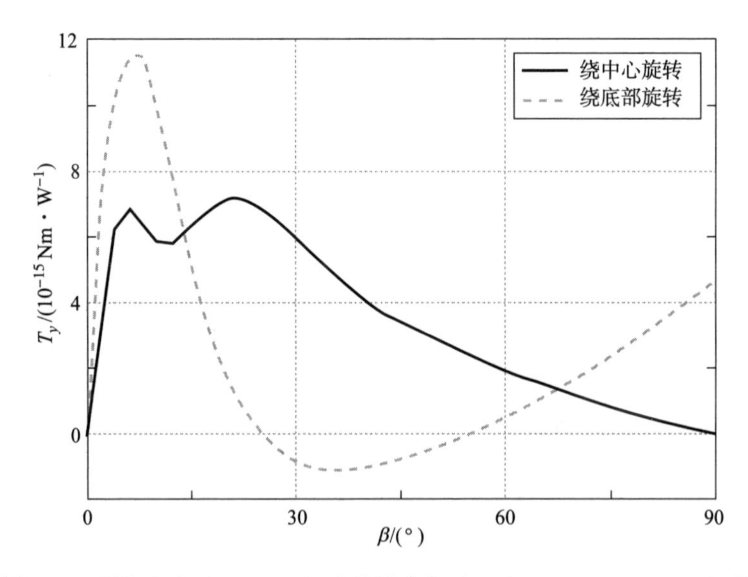

图 2.18 浸泡在水（$m=1.33$）中的尺寸为（$a=b=3$ μm，$c=12$ μm）的聚乙烯（$m=1.59$）椭球体随入射波束方向变化时辐射扭矩变化情况（入射波长为 0.514 5 μm，束腰半径 $w_0=1.3$ μm）

也即扭矩将使得粒子逆时针旋转。这个现象与前人的实验及仿真结果一致，也即高斯波束中的粒子总是试图将其长轴沿着波束的对阵轴对齐。当入射波束绕着粒子的最低点旋转时，在 25°~55°存在使得粒子沿着顺时针方向旋转的扭矩。这主要是因为当入射波沿着粒子的最低端点旋转时，除去使得其沿着逆时针方向旋转的冲击力，还有由于偏离波束轴带来的指向波束轴的拉力，此拉力将使粒子受到顺时针旋转的扭矩，并且后者在前面提到的角度范围内会大于前者，从而使粒子受到的扭矩为负。

进一步地，我们考虑图 2.15 所示的双凹形盘状红细胞当波束入射方向变化时，其辐射扭矩的变化情况。计算结果如图 2.19 所示。从图中可以看出，两种波长入射下，红细胞形粒子总是受到一个顺时针旋转的扭矩。这主要是因为红细胞粒子可以视作扁椭球体。与文献［96］中 GLMT 计算结论相同，长椭球正（负）的入射角度产生正（负）的扭矩，而扁椭球与此相反。

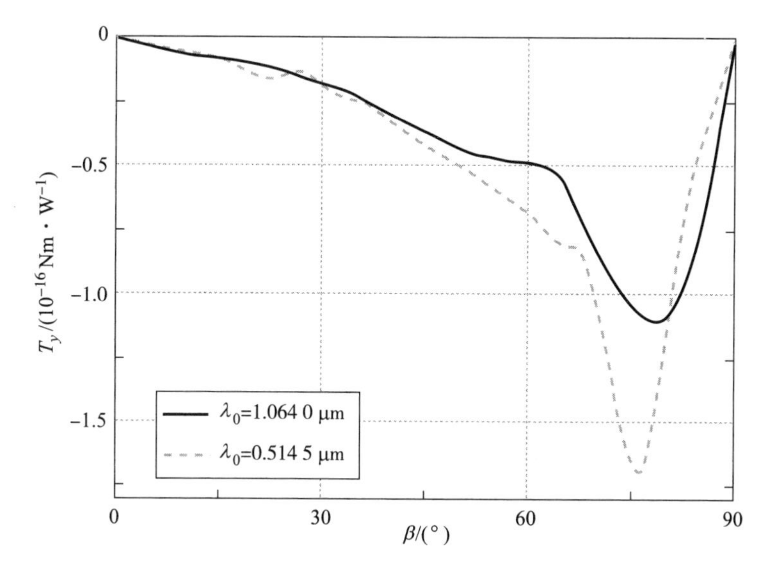

图 2.19　对称的双面凹形盘状红血球细胞（$m=1.4$）放置于水中（$m=1.33$），高斯波入射方向旋转照射下的辐射扭矩变化情况

最后，计算的目标是光驱动的电动机。其结构如图 2.20 所示。叶片由相对折射率为 $m = 1.58$ 的材料组成，整个电动机结构浸泡在水中。每个叶片的厚度为 1 μm，并且中心被挖去一个半径为 2 μm 的圆洞用来固定此电动机。入射的高斯波束波长为 1.07 μm，束腰半径 $w_0 = 3.6$ μm，入射方向沿着 $-z$ 方向。波束的中心与目标中心在 z 方向偏移 10 μm 且沿着 y 轴移动。由于对称性，辐射扭矩只有 x 方向的分量。计算结果如图 2.21 所示。

图 2.20　光驱动微型叶片结构示意图

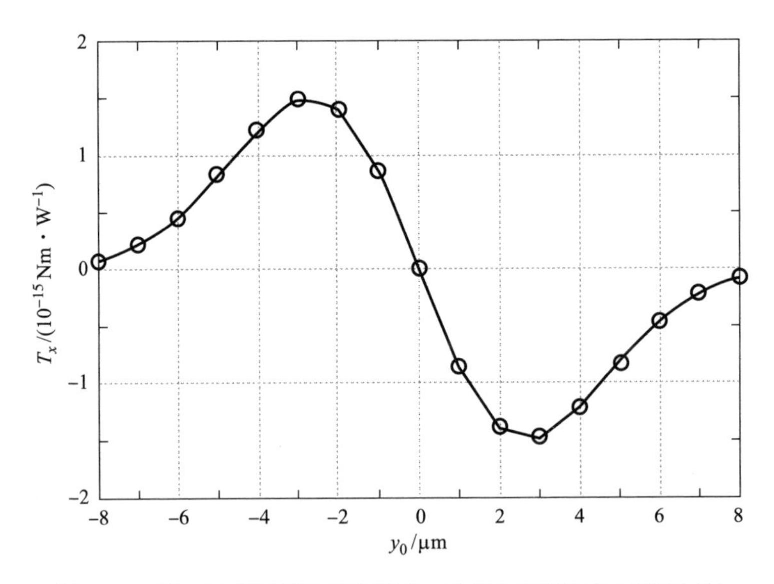

图 2.21　图 2.20 所示的微型光驱动电动机在高斯波束入射下辐射扭矩的变化情况。入射波波长 1.07 μm，高斯波束束腰半径 3.6 μm

2.4　软粒子体在波束中表面张力的计算

2.4.1　研究背景

粒子体在有形波束的照射下，会受到辐射压力的作用。此辐射压力可以在不发生任何物理接触的条件下，用来控制微小粒子的移动。自从光辐射压力被实验观察并用于操纵粒子后，各种不同的光学操纵设备被提出并实验验证。用一束高会聚的高斯波束操控粒子被称为光镊，而如果采用两束相对照射的波束来操纵粒子，则被称为光学担架。光控制技术自其产生之日起便引起了人们的广泛关注，并且在生物学、物理化学、软体材料物理等研究领域起到了越来越重要的作用。当一个软粒子体受到光照射时，光辐射压力在粒子体表面产生的张力将导致粒子发生形变。由于粒子表面所受到的张力往往并不是相同的，因此，粒子体将无法保持其原有形状。由于此张力的影响，即便起始时粒子的形状为球形，也将变形为任意形状。表面张力的分布及其在粒子体变形过程中的重新分布对于许多实际应用具有很重要的价值，例如研究细胞壁的弹性形变等[98]。

除了对有形波束照射下粒子体的辐射压力进行实验研究以外，各种不同的仿真计算方法也获得广泛应用。在上一节中已经介绍过各种数值方法的优点及其局限性。广义 Lorenz - Mie 理论（GLMT）是一种严格的解析方法。它被广泛应用于简单形状粒子，如球体、类球体、无限长圆柱等的计算。T 矩阵方法通常依赖于电磁场的矢量球函数展开（VSWF），通常被应用于轴对称结构粒子。离散偶极子方法（DDA）实际上是一种体积分方程法，可以应用于任意形状和非均匀材料的粒子。有限元方法（FEM）是采用泛函变分方法，其本身也具有很强的计算能力，然而目前其在辐射压力方面的计算应用很少。时域有限差分法（FDTD）可以求很宽频率范围内的解，对于薄的或者带有尖锐结构的目标，计算灵活性不足。DDA、FEM、FDTD 都是全波数值方法的一种，在理论上可以应用于任意形状的目标的仿真分析。同时，它们也可以被划分为体离散方法，因为在计算中，整个目标的体被划分为相应的体单元。因此，这三种方法都有体离散方法的优点，也即稳定、方便地计算任意材料组成，如不均匀、各向异性等结构。同时，也具有体离散方法的通病，即计算资源的需求随着目标尺寸的增加而增加很快，计算能力受到很大限制。据我们所知，目前还没有采用上述三种方法计算尺寸参数超过 100 的粒子体辐射压力或扭矩的报道。最近，我们提出了计算辐射压力与扭矩问题的多层快速多极子方法。此种计算方法基于介质体表面积分方程法，具有很高精确性及很强的计算能力，计算粒子尺寸参数可以超过 150。当采用了前面介绍的基于高性能分布式内存并行平台的 MPI 并行技术后，可以计算的粒子尺寸参数甚至可以超过 500。

上面所述的各种方法都是研究粒子整体的辐射压力的，对于粒子表面张力的计算则没有太多研究。在文献［100，101］中，研究者采用了射线光学法来计算近似的表面张力分布，然后通过弹性模理论来研究粒子的形变。Xu

等人用 GLMT 方法及几何光学法 GO 研究了均匀的球形粒子在高斯波束照射下的表面张力分布。稍后的一项工作计算了椭球粒子固定轴比情况下的表面张力分布[102]，然而在此工作中，椭球轴比的变化对表面张力的影响并没有给出相应的研究结论，而表面张力及波束入射情况对表面张力的分布影响很大。同时，在表面张力的影响下，球形粒子会变化为非球形粒子，变成任意形状。对非球形粒子的研究工作更为困难、更具挑战性。目前来看，GO 及 GLMT 对于此类不规则问题很难甚至无法获得精确解。理论上来说，全波数值方法可以对此类问题进行分析，但据我们所知，只有文献［104］中对平面波照射下的血球细胞表面张力进行了计算，但却不是有形波束照射下的研究。总体来说，目前的工作要么限制于规则粒子，如球体、椭球体等，要么计算结果限制于对称轴入射或平面波入射。

在此，我们将采用表面积分方程法结合多层快速多极子技术求解任意形状均匀离子体在任意波束照射下的表面张力分布情况。此方法与传统的解析方法如 GLMT 等相比，可以计算任意形状目标；与 GO 相比，可以计算目标尺寸与波长可比拟的情况，并且计算结果精确可靠；与 FDTD、DDA、FEM 等全波数值方法相比，可以计算更大的规模，方便研究轴比的影响。因此，此方法可以帮助我们对表面张力进行系统、深入的研究。

首先，我们研究轴比及不同波束入射方位对表面张力分布的影响。选择的粒子形状为轴比可控的长、扁椭球体。选择类球体可以方便控制粒子的形状，而且可以采用以开发的 GO 射线追踪对表面张力的分布进行定性分析，验证计算结果的正确性。更为重要的是，粒子的尺寸要与波长可比拟，以方便研究束腰半径等的影响。在此，选择的有形波束为高斯波束，而在多条波束入射下的情况，可以方便地通过叠加计算获得。之后，将采用此方法计算不规则形状的血球细胞在不同波束入射方位及束腰半径等情况下表面张力的分布。

2.4.2 粒子体表面张力的计算

与辐射压力和辐射扭矩的表面积分方程法结合多层快速多极子计算类似，对于粒子体表面张力的计算，首先求解积分方程，获得等效面上感应电磁流（$\boldsymbol{J}$，$\boldsymbol{M}$）。为保证计算具有较高的精度，我们仍然通过设置联合系数 $\alpha=1.0$，使得 JMCFIE 方程退化为 CTF 方程。方程的具体形式、离散及采用多极子加速的求解过程如前所述，在此不做详细介绍。下面主要介绍求得等效电磁流后，如何计算各点的表面张力。

对于处于任意形状波束入射下的软体粒子，其表面任意一点所受的表面张力可以按照如下公式进行计算：

$$\boldsymbol{F} = -\hat{\boldsymbol{n}} \cdot (\overleftrightarrow{\boldsymbol{T}}_2(\boldsymbol{r}_s) - \overleftrightarrow{\boldsymbol{T}}_1(\boldsymbol{r}_s)) \tag{2.66}$$

式中，$\hat{\boldsymbol{n}}$ 是粒子体表面的外法线方向。此处存在一个负号，是因为外（内）部的张力总是指向外（内）。

$$\overleftrightarrow{\boldsymbol{T}}(\boldsymbol{r}) = \frac{1}{2}\mathrm{Re}[\varepsilon_1 \boldsymbol{E}(\boldsymbol{r})\boldsymbol{E}^*(\boldsymbol{r}) + \mu_1 \boldsymbol{H}(\boldsymbol{r})\boldsymbol{H}^*(\boldsymbol{r}) - \frac{1}{2}(\varepsilon_1 |\boldsymbol{E}(\boldsymbol{r})|^2 + \mu_1 |\boldsymbol{H}(\boldsymbol{r})|^2)\overleftrightarrow{\boldsymbol{I}}] \tag{2.67}$$

是物体内外的时均麦克斯韦电磁张量。* 代表共轭；$\boldsymbol{E}(\boldsymbol{r})$ 和 $\boldsymbol{H}(\boldsymbol{r})$ 是总电场与总磁场。一旦等效面上的感应电磁流（$\boldsymbol{J}$，$\boldsymbol{M}$）通过求解 CTF 方程得出，则等效面外任意一点的散射场已知，总场可通过式（2.50）得到。

在等效面内，入射场为零。要求解表面上任意一点的表面张力，则还需要知道等效面内任意一点的散射场。根据边界条件，介质体表面切向电场连续，有：

$$\begin{aligned} \boldsymbol{E}_2^t &= \boldsymbol{E}_1^t = \hat{\boldsymbol{n}} \times (\boldsymbol{E}_1 \times \hat{\boldsymbol{n}}) \\ \boldsymbol{H}_2^t &= \boldsymbol{H}_1^t = \hat{\boldsymbol{n}} \times (\boldsymbol{H}_1 \times \hat{\boldsymbol{n}}) \end{aligned} \tag{2.68}$$

对于法向分量，有：

$$\begin{aligned} \varepsilon_2 \boldsymbol{E}_2^n &= \varepsilon_1 \boldsymbol{E}_1^n = \varepsilon_1 (\boldsymbol{E}_1 \cdot \hat{\boldsymbol{n}})\hat{\boldsymbol{n}} \\ \mu_2 \boldsymbol{H}_2^n &= \mu_1 \boldsymbol{H}_1^n = \mu_1 (\boldsymbol{H}_1 \cdot \hat{\boldsymbol{n}})\hat{\boldsymbol{n}} \end{aligned} \tag{2.69}$$

将以上边界条件代入式（2.68），可以知道对于表面上的任意一点，表面张力的切向分量为零，也即表面张力在表面上的任意一点都是沿着法线方向的。

本节提出的方法可以应用于任意形状波束的计算。在此，以选择高斯波束为例，与辐射压力与扭矩的计算相同，采用的是五阶 Davis - Barton 近似，波束的能量按照式（2.67）进行了归一化处理。

2.4.3　数值算例

本小节中，将采用积分方程结合多层快速多极子技术分析高斯波束入射下粒子体表面张力的分布情况。计算平台性能配置与 2.3 节的相同，都是在法国 CRIHAN 的高性能计算平台 ANTARES 上进行的。除了最后一个电大尺寸的长椭球粒子采用的是基于 MPI 的并行化肌酸外，其余算例都只是进行了 OpenMP 加速。

首先，验证程序计算的正确性。我们重复了 Xu 等人在文献［102］中采用 GLMT 计算的半径为 20 μm 的水滴 $m = 1.330 + 1.342 \times 10^{-7}\mathrm{i}$。入射的高斯波束腰半径为 16 μm。在此计算中，入射波的波长为 0.785 μm，其尺寸参数约为 160。整个水滴的表面被离散为 1 620 000 个三角形单元，总计 4 860 000 个未知数。采用多层快速多极子技术求解的表面张力分布如图 2.22 所示。这个结果与 CLMT 的计算结果很吻合。除此之外，还计算了文献［102］中的图 3 与图 5 中，束腰半径为 200 μm 的近似平面波入射及观察面为 yz 平面的情况。计算结果再次吻合得很好。此算例能充分说明采用介质积分方程结合多层快速多极子技术算法的精确性。

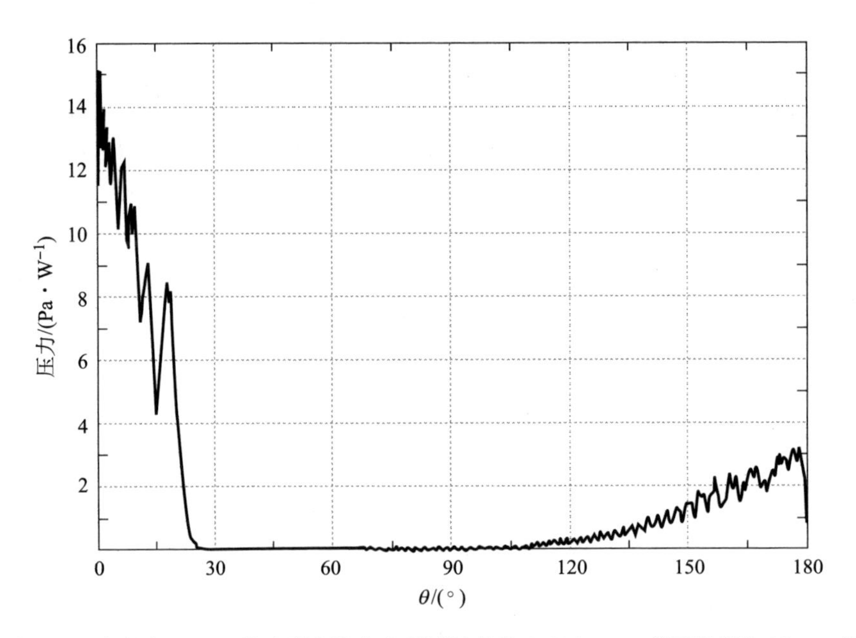

图 2.22　半径为 20 μm 的球形水滴在入射波波长为 0.785 μm、束腰半径为 16 μm 的高斯波束入射下表面张力分布。水滴的中心与波束中心重合。观察面为 xz 平面

接下来的几个例子将研究非球形粒子。首先选择椭球体来研究椭球轴比及束腰半径、不同的入射情况对表面张力分布情况的影响。首先考虑的是一个半径为 8 μm 的球形水滴。此球形水滴可以变形为不同轴比的椭球体而保持体积不变。标记 c 为此椭球体沿着 z 轴方向的半径，而 a 是沿着 xy 轴方向的椭球半径，此时，椭球轴比为 c/a。我们将研究不同轴比及不同入射情况下的表面张力。之后，会考虑一个更为复杂的模型，也即一个双凹面的盘状红细胞结构。最后，为了体现算法的计算能力，还将计算一个轴比为 2，尺寸参数达 640 的长椭球的表面张力分布。

在所有的计算中，入射波高斯波束的电场极化在 x 方向，研究目标为水滴时，入射波长为 0.785 μm，而当研究目标为红细胞时，入射波长为 0.632 8 μm。标记 β 为入射波与 $+z$ 轴之间的夹角。为了研究入射波束腰对表面张力的影响，我们选择了三个束腰半径：一个为束腰半径是 100 μm，此时入射波可

以近似为平面波；一个束腰半径为 2 μm，此时入射波为强会聚波束；对于最后一个算例，选择的束腰半径为 50 μm。由于表面张力只有法线方向，因此，只用俯仰角 θ 来表示物体表面的每一点。我们将分别研究表面张力在 xz、xz 平面上的分布。

首先是大波束入射，也即束腰半径为 100 μm 的情况。此时，可以采用几何光学中的射线追踪方法来辅助对表面张力的计算结果进行定性分析。当一束光线在椭球体中传播时，阶数大于 0，反射光和折射光产生的力的作用在同一个方向；当一束光线入射到球上时，此时光线的阶数为 0，反射光和折射光产生的力的作用方向相反。在几何光学中，我们认为，阶数为 0 和 1 的射线对表面张力有主要贡献作用，这主要是因为大部分的入射射线能量都集中于这两阶射线中。接下来将展示对于不同轴比的椭球体，其表面张力的变化情况及在对应情况下的射线追踪图示来进行分析。射线追踪方法采用的是文献［105］中 Ren 等开发的 VCRM 软件。

首先我们观察当半径为 8 μm 时球形水滴的表面张力。计算的表面张力在 xz 平面及此截面内的射线追踪图像如图 2.23 所示。由于表面张力沿着 z 轴对称，因此我们在图中只画出了 $\theta=0°\sim180°$ 的情况。从图中可以看出，射线（$p=1$）在 $+z$ 轴附近 ±20°范围内比较聚集，因此表面张力在此范围内较大。

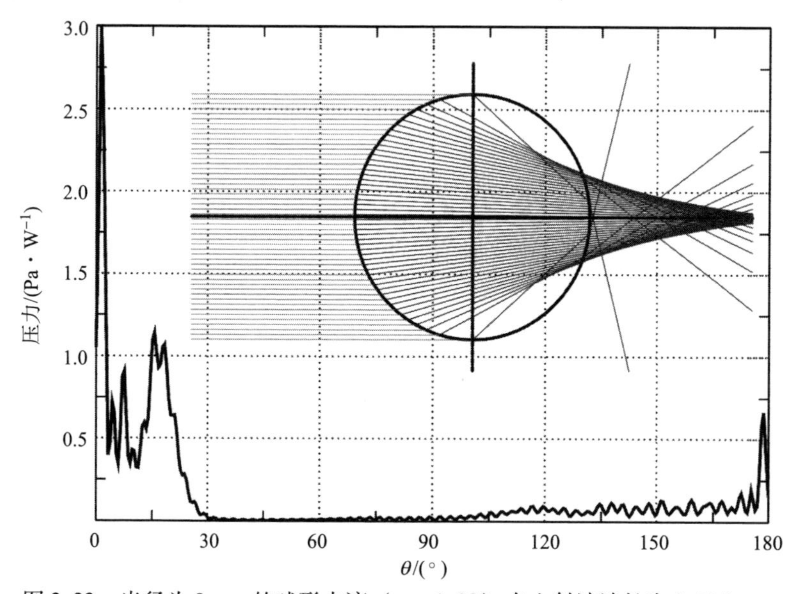

图 2.23　半径为 8 μm 的球形水滴（$m=1.33$）在入射波波长为 0.785 μm、束腰半径为 100 μm 的高斯波束入射下表面张力分布与射线追踪图示。水滴的中心与波束中心重合。观察面为 xz 平面

不同轴比的球体可以由同一个球体经过拉伸获得，此时所有的类球体具有相同的体积。首先考虑球体被拉伸为长椭球的情况。图 2.24 是轴比 $c/a=3/2$ 的长椭球表面张力的曲线。从图中可以看出，表面张力在 0°～10°范围内较大且迅速减小。同样，从 1 阶射线追踪可以看出，1 阶的射线也大多汇集到这个角度范围内，而在此范围外射线很少。除此之外，在 $+z$ 方向时，由于折射与反射的光线产生的力的作用是同向的，因此，在 0°时表面张力数值要比其他角度大很多，相比球体目标，最大值也要大很多。

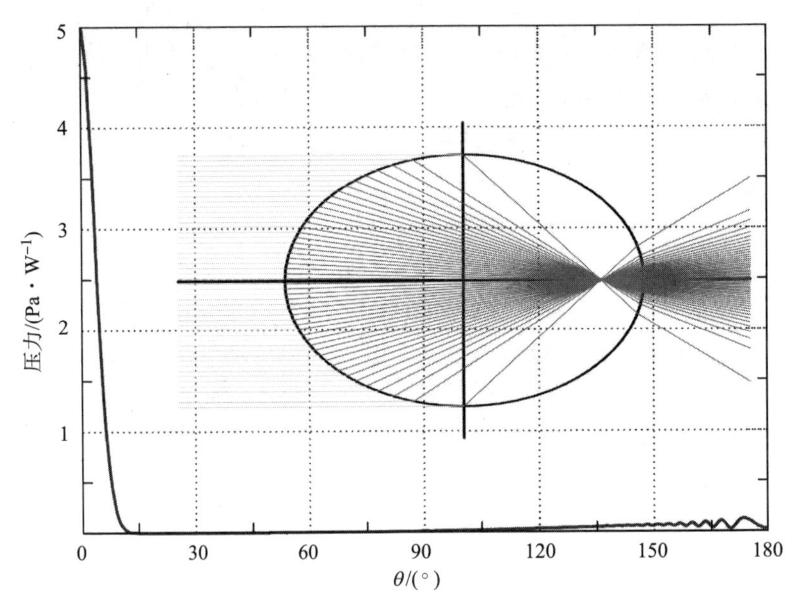

图 2.24　长椭球轴比 $c/a=3/2$ 时的表面张力分布与 0 和 1 阶射线追踪图示。此长椭球的体积与半径为 8 μm 的球体相同。其余的参数与图 2.23 相同

进一步地，增大椭球的轴比为 $c/a=2$。从图 2.25 中可以看出，表面张力的最大值不再位于对称轴附近，而是在偏离对称轴左右约 15°的方向（在图中标记为 A 点）。从射线追踪图中可以看出，有许多射线聚集于此方向。然而，由于到达此处的射线的入射/反射角度比球形粒子的情况下大，菲涅尔传输系数变得更小，因此表面张力的值要小于球体情况。

当进一步增大轴比 $c/a=5/2$ 时，与轴比为 2 时的情形类似，在对称轴的两侧约为 23°处各有一个极大值点。此极大值点也是由于 1 阶射线会聚形成的。然而，仔细观察发现，在两侧约 7°位置也存在一个极大值点，而此极大值点并非是 1 阶射线的汇聚所在。对此，增加射线追踪的阶数到 2 阶，如图 2.26 所示，从图中可以看出，2 阶射线在对称轴左、右两端各约 7°（B

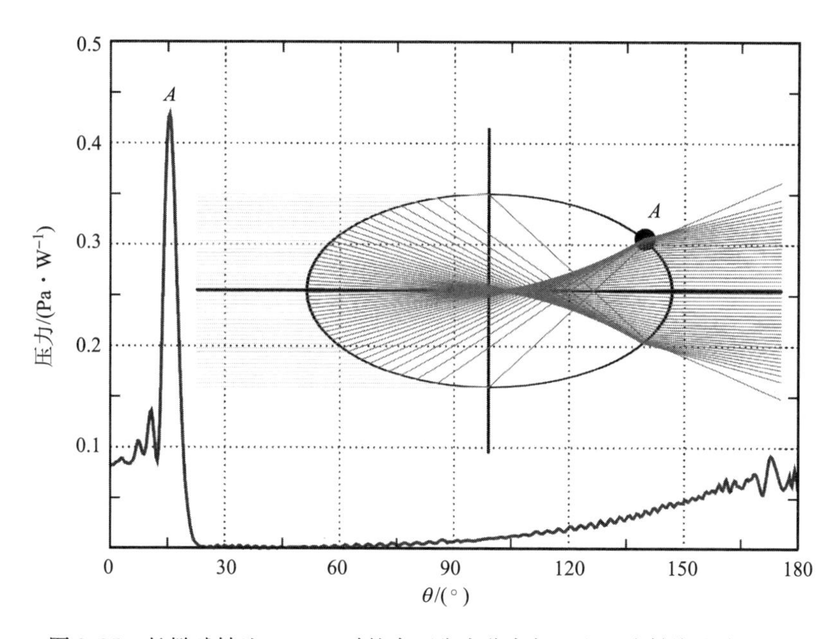

图 2.25 长椭球轴比 $c/a=2$ 时的表面张力分布与 0 和 1 阶射线追踪图示。此长椭球的体积与半径为 8 μm 的球体相同。其余的参数与图 2.23 相同

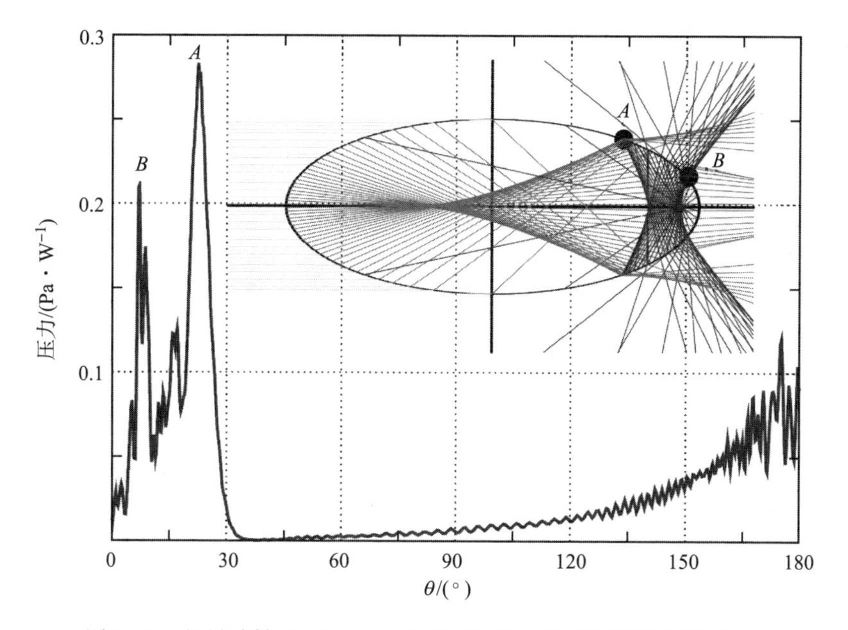

图 2.26 长椭球轴比 $c/a=5/2$ 时的表面张力分布与射线追踪图示。此长椭球的体积与半径为 8 μm 的球体相同。其余的参数与图 2.23 相同

点）会聚。进一步增加轴比为 $c/a=3$，如图 2. 27 所示，观察到表面张力的曲线形状类似，但是 2 阶射线的汇聚点（B 点）大于 1 阶射线的汇聚点（A 点）。这是因为在 B 点，折射与反射产生的力的作用比 A 点有更大的法线分量。从这两个例子中可以看出，虽然射线的主要能力由 0 阶和 1 阶构成，而 2 阶射线产生的表面张力有时会更大，特别是当许多 2 阶射线会聚于一点时。

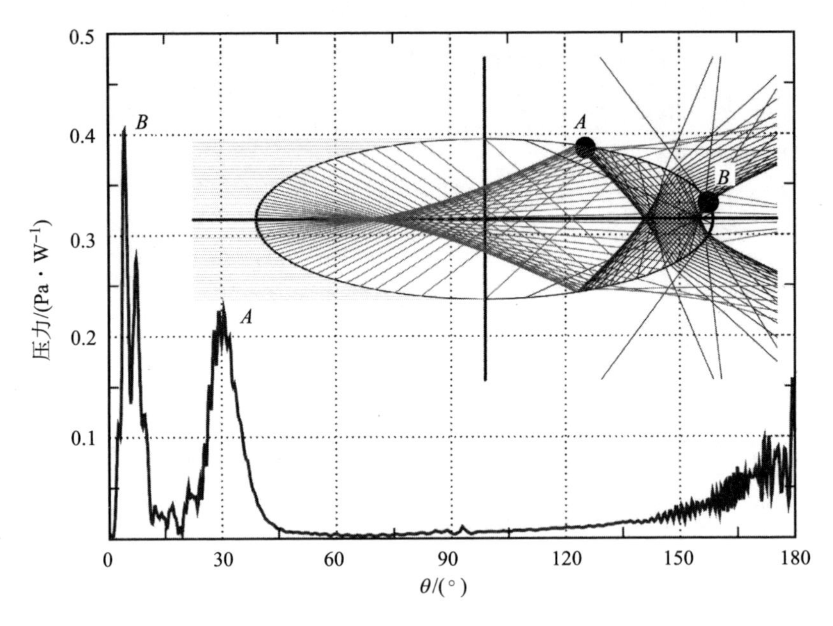

图 2. 27 长椭球轴比 $c/a=3$ 时的表面张力分布与射线追踪图示。此长椭球的体积与半径为 8 μm 的球体相同。其余的参数与图 2. 23 相同

对于扁椭球体的情况，射线追踪的情形类似，所有的光线都会汇聚于对称轴上沿着入射波入射方向远离椭球体的一点。在此，只展示了轴比为 2/3 时的射线追踪情况。图 2. 28 是表面张力随着轴比的变化而变化情况。在此图中，三条表面张力曲线形状类似，每条曲线有三个极值点，其中两个在扁椭球体的对称轴附近，一个是 1 阶射线的汇聚点。随着轴比的增大，此极值点向 $\theta=90°$ 方向靠近。

从上面的几个例子可以看出，表面张力的分布受粒子形状的影响很大。同时，对于某些情况，高阶射线的会聚点也会产生比较大的表面张力点。与球形粒子不同的是，入射角度 β 对表面张力也有很大影响。为了研究入射角度对表面张力的影响，选择轴比为 $c/a=2$ 的长椭球体并改变入射角度来观察其表面张力的变化情况，如图 2. 29 所示。与前面讨论的类似，0°入射时，1 阶射线的会聚点仍然是表面张力的极大值点，约为 15°；当增加入射角度 β

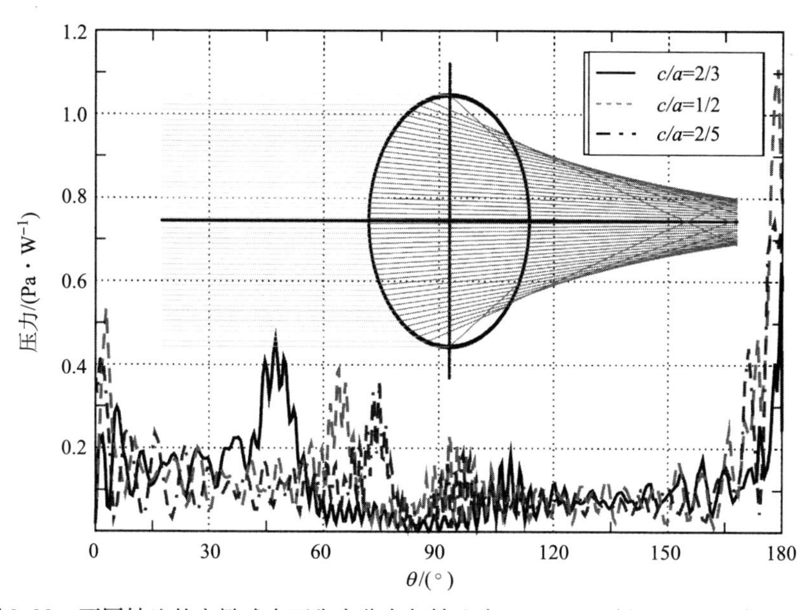

图 2.28　不同轴比的扁椭球表面张力分布与轴比为 $c/a=2/3$ 时的 0 和 1 阶射线追踪图示。所有扁椭球的体积与半径为 8 μm 的球体相同。其余的参数与图 2.23 相同

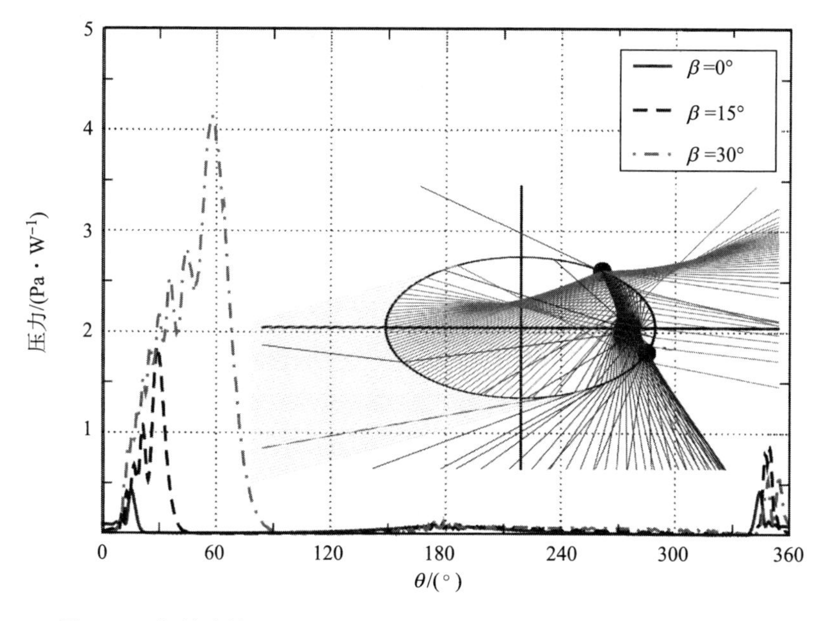

图 2.29　长椭球轴比 $c/a=2$ 时的表面张力分布随着入射角度 β 的变化情况与 $\beta=15°$ 时射线追踪图示。此长椭球的体积与半径为 8 μm 的球体相同。其余的参数与图 2.23 相同

到 15°及 30° 时，计算的表面张力如图 2. 29 所示。从图中可以看出，随着入射角度的增大，粒子体表面张力的极大值点所在位置及表面张力大小也随之增加。这个极大值点显然是由 1 阶射线汇集形成的。同时，存在另一个极大值点，大约在 345°方向。当入射角度为 0°时，这个极大值点是可能的，因为它是 1 阶射线的汇聚点，也即图 2. 25 中的 *A* 点。而当入射角度为 15°时，表面张力不再对称，此时，存在一个由 2 阶射线汇聚的点，也即图 2. 26 中的 *B* 点。类似地，当入射角度为 30°时，此汇聚点发生在 $\theta = 350°$。

另外，也计算了当观察面为 *yz* 平面时不同入射角度情况下表面张力的分布，如图 2. 30 所示。由于此时表面张力分布是对称的，因此，图中只给出了 $\theta = 0° \sim 180°$ 时的情况。从图中可以看出，当入射角度为 15°时，表面张力的最大值比其他两个入射角度情况下要大。

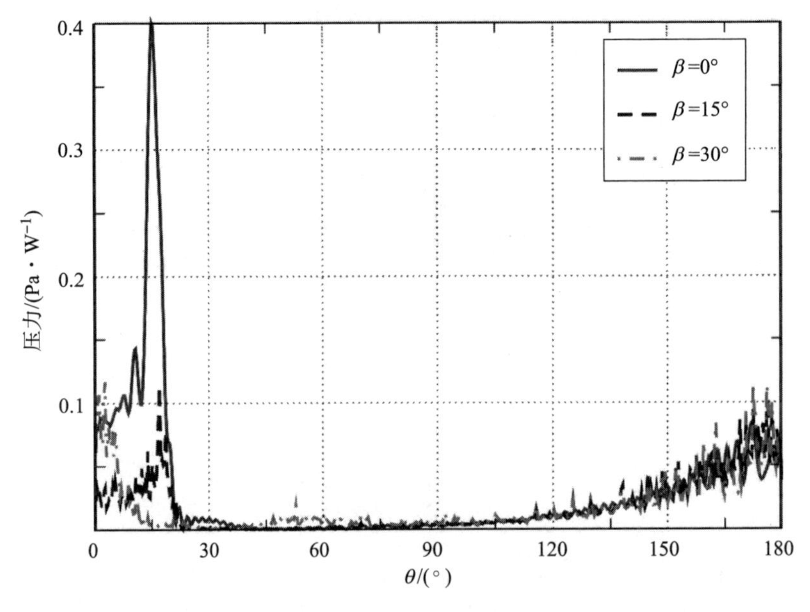

图 2. 30　长椭球轴比为 $c/a = 2$ 时的表面张力分布随着入射角度 β 的变化情况。观察平面为 *yz* 平面。其余的参数与图 2. 29 相同

当要研究细胞壁的弹性时，需要精确计算细胞的表面张力。如前所说，此类工作有重要的应用价值且极具挑战性。显而易见，当目标形状变得复杂时，表面张力的分布也会相应复杂化。此处采用本节提出的方法计算一个高斯波束入射下的双凹形盘状红细胞结构。此细胞相对折射率为 $m = 1.41$，浸泡于水（$m = 1.33$）中，入射高斯波的波长为 0. 632 8 μm，束腰半径为 100 μm。不同入射波方向的表面张力曲线如图 2. 31 所示。由于此细胞结构

很薄且被放置于水中，因此，当入射角度为0°时，表面张力在各个方向上的数值大小变化不大；当入射角度为45°时，由于此细胞结构的不规则性，表面张力的最大值点不再位于入射波传播方向的前向或后向，而是约位于 θ = 285° 处。当入射角度为90° 时，在入射波的前向也即 θ = 90° 处存在一个极大值点。与类球体不同的是，在垂直于入射波方向的两极方向 θ = 0° 及 θ = 180° 也存在较大值。当取观察面为 yz 平面时，如图 2. 32 所示，观察到 0°和 45°入射情况下在 θ = 80° 处有极大值点，而 45°和 90°入射情况下在 θ =40° 及 θ = 140° 处也存在极大值点。

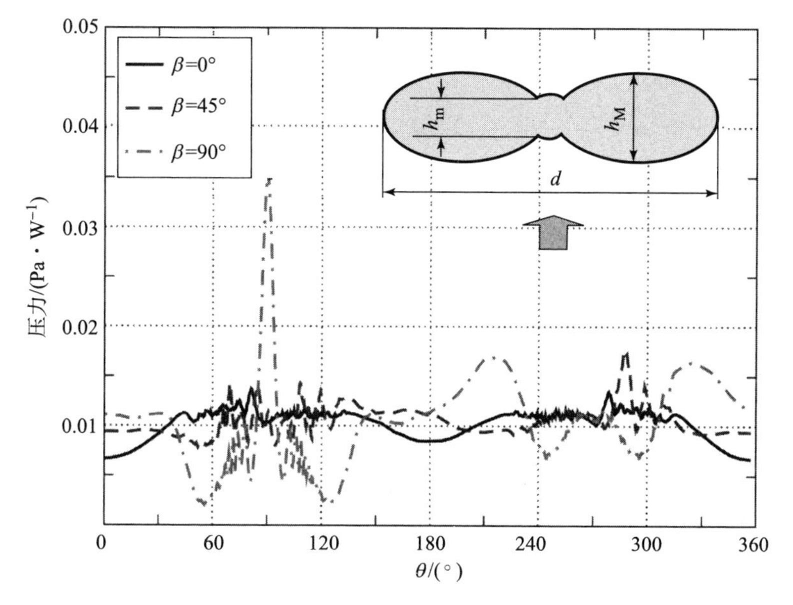

图 2. 31　对称的双凹形盘状红血球细胞（m = 1. 4）放置于水（m = 1. 33）中，在高斯波照射下表面张力分布情况。盘的直径为 8. 419 μm，最大厚度和最小厚度分别为 1. 765 μm 及 0. 718 μm

如果设置波束的束腰半径为 2 μm，此种情况下，高斯波束是强会聚。我们仍然可以借助射线追踪的帮助来进行定性分析，不同的是，此时需要假设射线所携带的能量随着离波束对称轴的距离增加而减小。同样地，依然从分析球体表面张力开始。计算的表面张力曲线如图 2. 33 所示。由于波束的束腰半径比粒子的半径相对较小，因此，表面张力主要是由近轴射线决定的。因此，表面张力的曲线具有两个极值点，都在波束的入射方向，并且快速地减小，直到基本为零。由于入射高斯波束强会聚，因此，计算出来的单位能量下的表面张力贡献要比弱会聚波束时大很多。

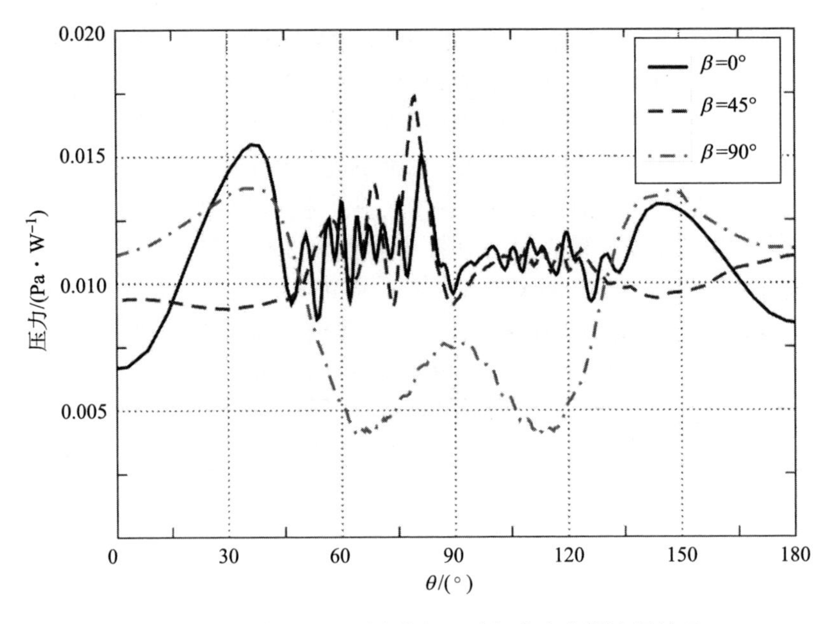

图 2. 32　对称的双凹形盘状红血球细胞在高斯波照射下表面张力分布情况。观察面为 yz 平面

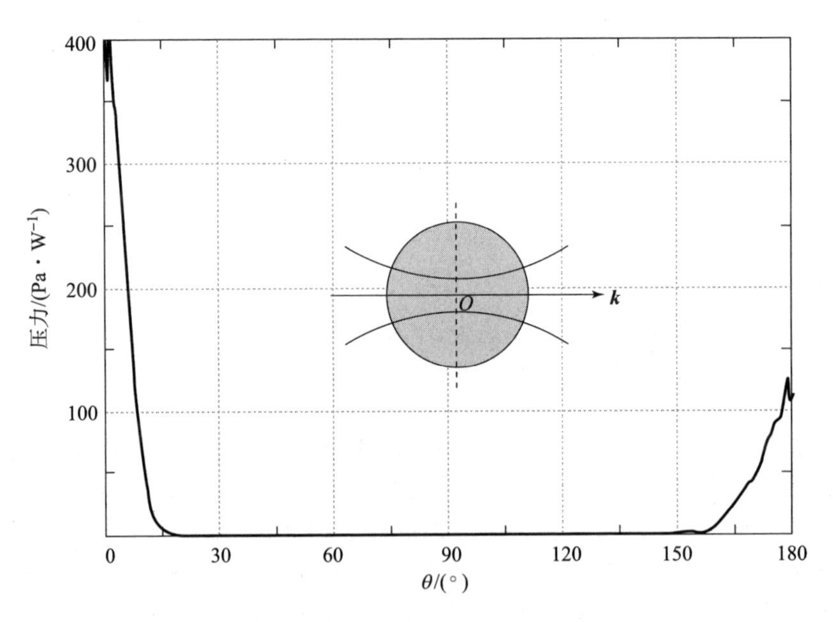

图 2. 33　半径为 8 μm 的球形水滴（m = 1. 33）在入射波波长为 0. 785 μm、束腰半径为 2 μm 的高斯波束入射下表面张力分布与射线追踪图示。水滴的中心与波束的中心重合。观察面为 xz 平面

接下来将研究表面张力随着轴比变化的情况，如图 2. 34 所示。与球体类似，椭球体的表面张力也是由近轴射线决定的。因此，与图 2. 33 类似，表面张力在入射波束未直接照射到的两极周围方向迅速减少。如图 2. 33 ~ 图 2. 39 所示，随着轴比的增加，1 阶射线将覆盖更大的区域，因此，阴影部分也即表面张力基本为零的区域将逐渐变小。另一个重要的现象是，对于轴比为$c/a=5/2$ 的情况下，靠近波束传播方向的极大值点不再位于 0° 位置上。我们相信这个极大值点是由 2 阶射线会聚形成的，因此此位置几乎与图 2. 26 中的 A 点位置完全一样。与图 2. 26 中的表面张力曲线不同的是，在观察角度为 23° 上的极大值点消失了。这主要是因为强会聚的波束能量几乎集中在离轴很近的一个小范围内，图 2. 26 中射线追踪所示的 23° 汇聚点主要是由离立轴较远的射线会聚而成的，此时能量很弱或几乎没有，导致此极大值点的消失。

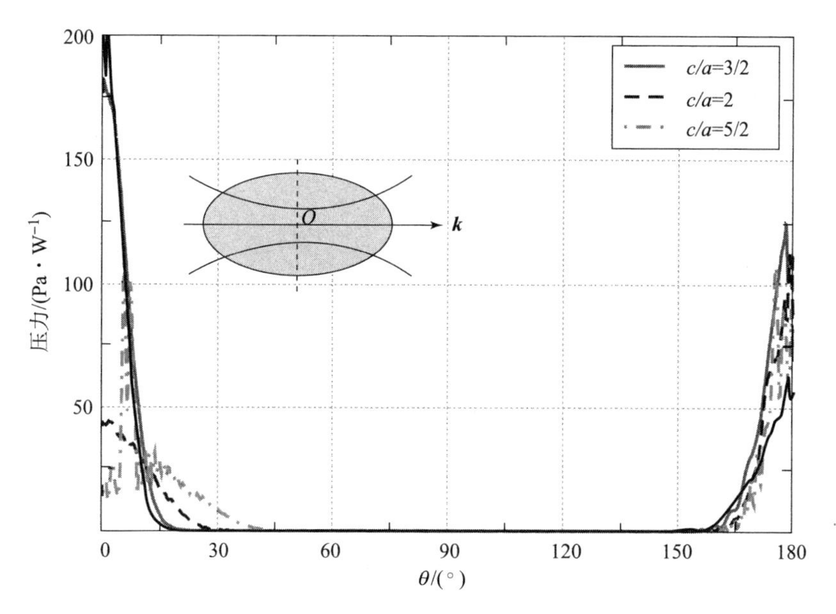

图 2. 34　不同轴比的长椭球表面张力分布图示。所有长椭球的体积与半径为 8 μm 的球体相同。其余的参数与图 2. 33 相同

即便是强会聚的波束入射，其在扁椭球体上产生的表面张力与平面波入射时类似，表面张力变化规律相近，如图 2. 35 所示。随着扁椭球体轴比的减小，入射波照射的表面曲率半径增大。当轴比足够小时，扁椭球甚至可以等效为两个平行的表面。对于不同轴比的情况，入射波束的传播前向与后向都存在极大值点。

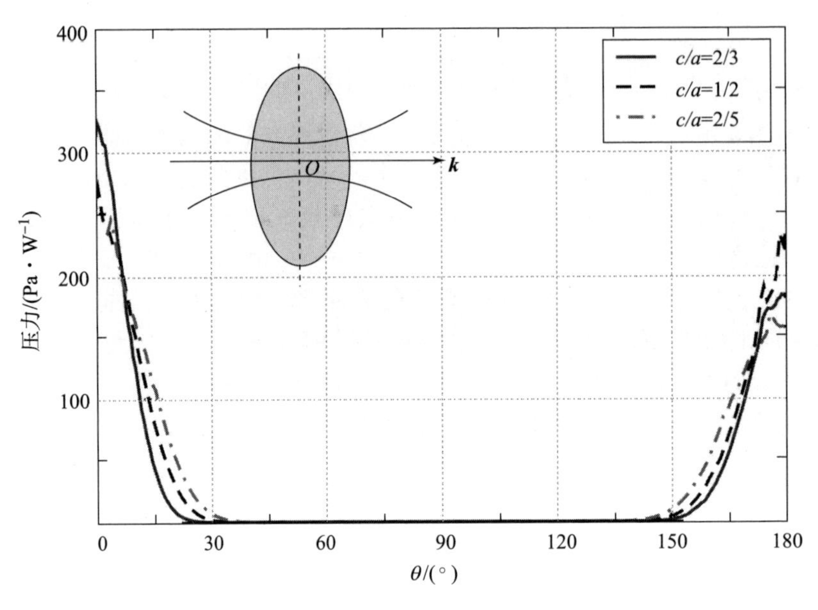

图 2.35 不同轴比的扁椭球表面张力分布图示。所有长椭球的体积与半径为 8 μm 的球体相同。其余的参数与图 2.33 相同

之后我们固定长椭球轴比为 $c/a = 2.0$ 并改变入射角度。当入射角度 β 增加时，如图 2.29 中的射线追踪图所示，更多的 1 阶射线将会聚于一点，并且此汇聚点将向两侧移动。因此，在图 2.36 中我们观察到表面张力的最大值变大且最大值点的观察角度增大。不同的是，这些最大点的位置与图 2.29 中平面波入射情况时并不完全相同，这主要是会聚波束能量分布不均匀造成的。在入射波传播的反方向，也即 $\theta = 0°$ 时存在一个极值点，这是 0 阶能量最强射线入射形成的。与大波束入射类似，2 阶射线会聚在 $\theta = 345°$ 左右，形成了一个极大值点。

与近似平面波的大波束入射不同的是，当改变入射波束的中心位置时，表面张力的分布也将发生巨大变化。在此，仍然研究固定轴比为 $c/a = 2$ 的椭球体。改变入射波束的中心，使其沿着 x 轴方向移动。由于对于此椭球来说，$a = b = 6.35$ μm，$c = 12.70$ μm，因此我们研究在轴、离轴但波束中心在粒子内、离轴且波束中心在粒子外三种情况。对应地，在此三种情况下，波束中心位置分别为（0，0，0）、（−6 μm，0，0）、（−8 μm，0，0）时的表面张力分布情况如图 2.37 所示。从图中可以看出，与在轴情况不同，离轴情况下表面张力的最大值位于 $\theta = 15°$ 左右，也就是图 2.25 中射线追踪图示里的 A 点。这主要是因为随着波束中心的移动，靠近波束对称轴的具有较

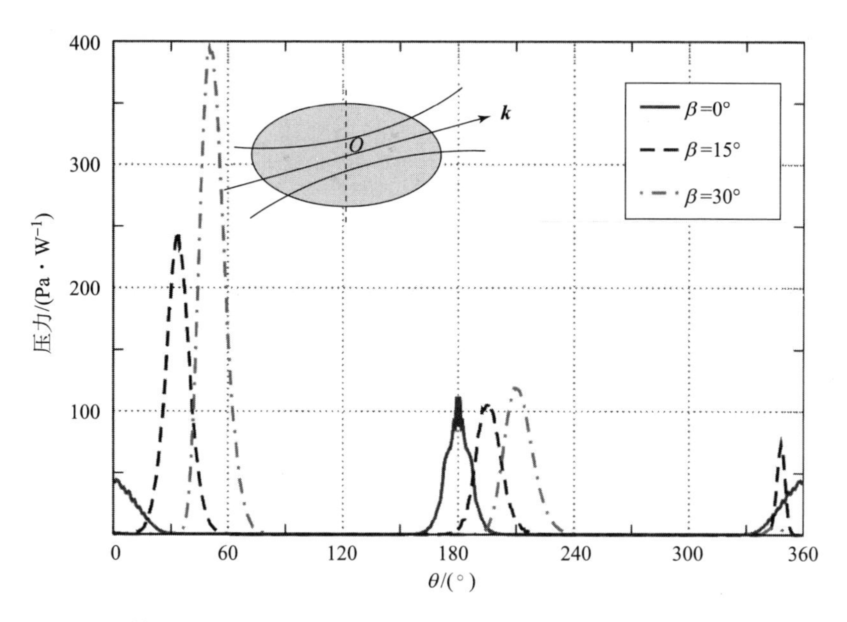

图 2.36　固定轴比 $c/a=2.0$ 的长椭球在不同入射方向高斯波束照射下的表面张力分布图示。所有长椭球的体积与半径为 8 μm 的球体相同。其余的参数与图 2.33 相同

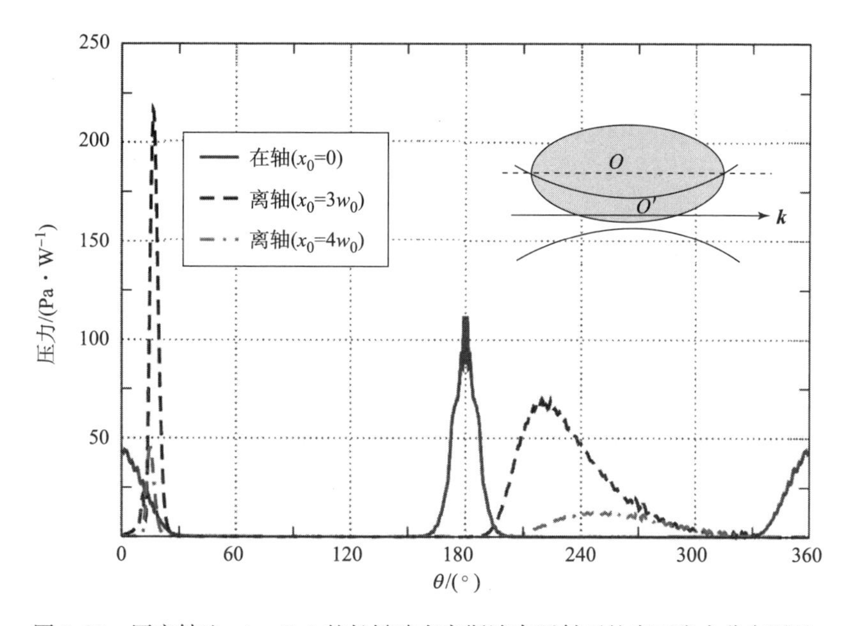

图 2.37　固定轴比 $c/a=2.0$ 的长椭球在高斯波束照射下的表面张力分布图示。高斯波束中心沿着 x 方向移动。所有长椭球的体积与半径为 8 μm 的球体相同。其余的参数与图 2.33 相同

强能量的射线远离长椭球体的对称轴。而图 2. 25 中的射线追踪图示告诉我们，偏离粒子对称轴的下半部分射线将汇聚于 A 点，几乎没有射线汇聚于对称轴。因为当波束中心在粒子外时，更少的离轴较近且具有较强能量的射线汇聚于 A 点，因此，相比起来，此时的表面张力要小于其他两种情况。

最后，将研究在会聚波束下，前面研究过的双凹形盘状红细胞粒子的表面张力分布情况，如图 2. 38 所示。仍然设置束腰半径为 2 μm，并计算在不同的入射角度下表面张力的变化。由于此波束是强会聚的，因此，当入射角度为 0° 时，与扁椭球情况类似，表面张力的最大值位于入射波方向上细胞的两个端点。此时，在其两侧，也即 $\theta = 90°$ 及 $\theta = 270°$ 位置，表面张力很小，几乎为 0。入射角度为 45°时的情况与 0°时的类似。当入射角度为 90°时，极大值点位于入射波传播方向上，也即 $\theta = 90°$ 及 $\theta = 270°$ ，同时也在 $\theta = 220°$ 和 $\theta = 320°$ 附近位置出现。此外，由于此粒子形状的不规则性，与类球体等粒子不同，当入射角度为 90°时，在所有的观察角度范围，都存在非零的表面张力。

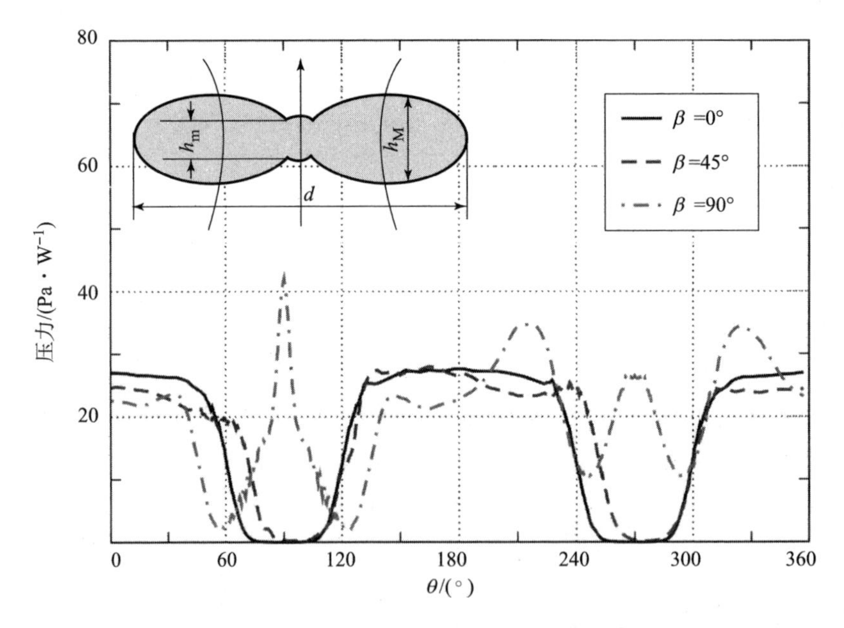

图 2. 38　图 2. 31 中的双凹形盘状红血球细胞在束腰半径为 2 μm 的强高斯波照射下表面张力分布情况。其他参数与图 2. 31 相同

最后，为了展示计算程序强大的计算能力，计算了一个等效体积为 50 μm，轴比为 $c/a = 2$ 的长椭球形水滴在入射波长为 0. 785 μm、束腰半径为 50 μm 的高斯波束入射情况下其表面张力分布情况。在此情况下，椭球粒子的半长

轴与半短轴长度分别为 79. 37 μm 及 39. 69 μm。入射角度为 15°。在此计算过程中，整个椭球的表面被剖分成 1 200 万个三角形，未知数量（边数）为 3 400 万个。计算的表面张力分布如图 2. 39 所示。计算采用了 50 个进程，每个进程 2 个线程，所需内存约为 250 GB，计算时间为 22 h。

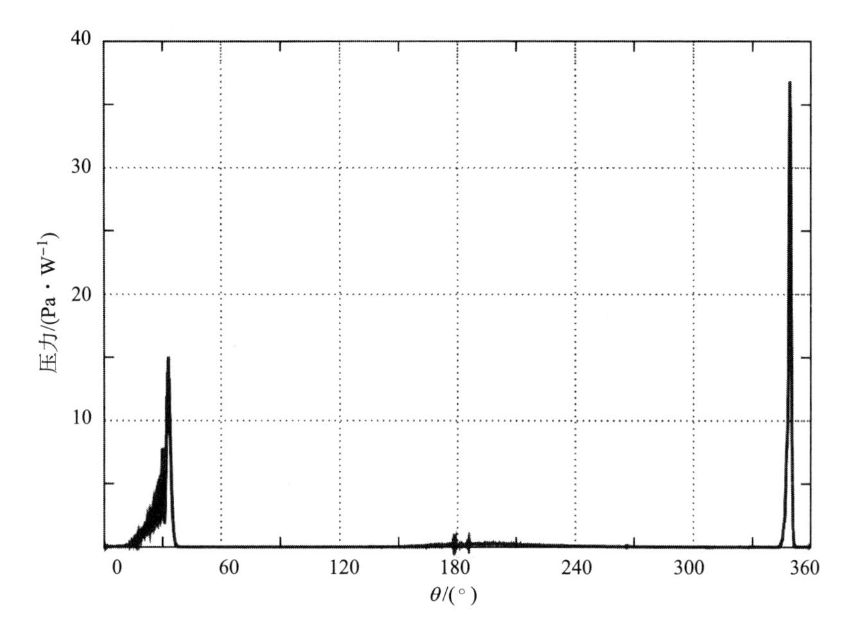

图 2. 39　轴比 $c/a=2$ 的长椭球形水滴在入射方向 15°高斯波束照射下的表面张力分布图示。长椭球的体积与半径为 50 μm 的球体相同。入射波长为 0. 785 μm，束腰半径为 50 μm

第3章

基于区域分解的有限元高效算法

3.1 有限元区域分解方法简介

面积分方程结合多层快速多极子技术求解计算均匀介质体散射问题相对高效，特别是当目标是均匀或者是分层均匀的时候，计算能力很强，但是对于各向异性目标、不均匀目标，则计算不太方便。本节将讨论基于区域分解的有限元高效方法。有限元法是计算电磁学领域的一种经典算法。它精确、通用、方便、稳定且数学基础牢固。有限元以微分方程为基础，离散的是对应微分方程和边界条件的泛函变分表达式。其最早用于飞机设计，随后迅速发展并应用到了工程结构分析中。所有电磁问题的求解，都可以归结为在给定边界条件下的电磁场边值问题的求解。有限元法用许多个子域来代表整个连续区域，利用含有未知系数的插值函数来表示子域内的场或位函数的分布，然后得到了整个系统的解。在有限元求解中，整体的目标首先被离散为小单元，如三角形、四面体等，离散单元选择比较灵活。有限元法最终形成的方程离散矩阵高度稀疏，这使得其矩阵形成与存储快捷简单。但此矩阵往往性态较差，采用迭代法难以高效求解。一般可以采用高效的稀疏矩阵直接求解方法如多波前法求解。

有限元方法的主要缺点包括两方面：一方面，有限元方法存在数值色散误差，并且此误差会随着目标增大而累积。虽然此误差可以通过采用高阶基函数或者是增加离散单元数获得改善，但这相当于变相带来了计算问题规模的增大。另一方面，有限元用于分析开域问题时，需要人为地引入一个边界条件来对计算域进行截断。一般来说，此截断方法可以采用吸收边界条件ABC或者是完全匹配吸收层PML近似实现[15-17]，然而，为了保证吸收边界的近似效果，此边界往往需要放置于距离目标体较远的地方；而且，其近似精度难以预先估计。这些都限制了有限元方法的实际应用。即便如此，作为一种经典方法，因其高效性、稳定性与灵活性，仍然被广泛应用于天线分析、微波电路设计等方面。

FEM离散电磁麦克斯韦方程形成的是非正定的稀疏矩阵，其性态差，难以高效迭代求解。而直接法，如多波前法、快速LU分解法等，具有较高的计算复杂度，计算内存和时间需求随目标规模快速增加。对于有限元这种体离散模式的方法而言，未知数与目标体积成正比，增加很快，计算规模受到很大限制。有限元区域分解技术，通过引入恰当的边界连接条件，将原有限元矩阵的求解转化为一个仅包含子区域交界面上未知量、性态良好的降维矩阵方程的迭代求解，从根本上降低了求解的计算复杂度。相比常用的多波前直接求解技术，可粗略认为有限元区域分解通过构建高效预处理，将原有限元矩阵直接求解得到波前满阵转换为迭代求解，从而实现了计算复杂度的降低。此外，区域分解自身的高并行度，使方法本身非常易于并行。

区域分解FEM根据子区域在角边处是否连接，可分为施瓦兹型（Schwarz）和撕裂对接型（finite element tearing and interconnecting，FETI）两类。施瓦兹型区域分解中，不同子区域间是完全分开的，通过交界面进行两个子区域间的信息交互；而FETI型在角边处仍然连接在一起，角边作为共用此边的所有子区域的公有变量（共形网格剖分）或基于公有变量思想进行特殊处理（非共形网格剖分）。在电磁领域中，有限元区域分解技术的基本思想都是借鉴其他领域如力学领域而来的，但因为求解的三维矢量麦克斯韦方程的复杂性，在子区域交界面上边界条件有不同形式，需要特别处理。

施瓦兹型区域分解有限元技术在电磁领域的应用开始较早。Després首先将基于Robin传输边界条件的施瓦兹型区域分解有限元应用于时谐麦克斯韦方程的求解[18]。此种方法在各子区域间交替迭代，每次迭代都要重新求解每个子区域的矩阵方程，因此对电大复杂问题计算效率难以保证。针对此问题，S. C. Lee等提出了基于辅助黏合变量的改进型施瓦兹区域分解FEM[19]。此方法在交界面上分别引入未知的等效电流，非常适合处理非共形网格。为进一步提高此方法的计算效率，M. Vouvakis等对上述改进型施瓦兹型区域分解有限元法进行了进一步优化[20]，通过在子区域方程两端乘上此子区域的逆矩阵来改善最终求解矩阵方程的性态，并将求解方程维度缩减为仅包含交界面上的辅助黏合变量。对于具有相同几何形状的子区域，若有限元网格离散相同，经合理编号后，可共用同一子区域逆矩阵。因此，这种方法非常适用于求解有限周期结构，如大规模天线阵列、频选阵列等。但对于电大复杂结构问题，此种方法的收敛性仍然存在一定问题。Z. Q. Lu等针对此方法的矩阵特点，提出了一种块对称超松弛（block symmetric successive over relaxation，SSOR）预处理技术[21]。此种预处理方式以子区域为单位，复用原区域分解各子区域逆矩阵，构建了最终区域分解形成的交界面上降维矩阵的近似LU分解。在每次迭代求解最终区域分解降维矩阵的过程中，均需要进行一个以子区域为单位的类 LU 分解前后向代入求解过程。此预处理矩阵求解过程可视为迭代残差按照子区域编号顺序依次在所有子区域内顺序传递，然后再进行一次反向传递，提高了方法的数值可扩展性。对二维扩展有限周期性结构的计算，可以保持最终矩阵方程系统的迭代收敛性随问题规模扩大基本不变。但是因预处理矩阵的求解是一个串行过程，无法采用多线程加速，因此是以牺牲每个进程内多线程的并行性为代价的。此外，对于三维任意周期形状划分的情形，预处理效果难以保证。2011 年，Z. Peng 和 J. F. Lee 等通过在交界面上采用完全二阶 Robin 传输边界条件，增加对倏逝模式波的收敛效果，并对角边进行附加项的特殊处理方式，在保持原施瓦兹区域分解网格处理灵活自由、高并行性的基础上，从根本上提高了其数值的可扩展性，形成了目前最为有效、实用的施瓦兹型非共形区域分解有限元实现方法[22]。

FETI 区域分解有限元首先由 C. Farhart 和 F. X. Roux 在结构力学领域提出[23]。C. T. Wolfe 等将其引入电磁领域并实现对矢量波动方程的求解[24]。FETI 在子区域交界面上引入描述边界连续条件的双重变量——拉格朗日乘子（Lagrange Multiplier，LM），经一系列数学变换，将原有限元系统变为关于交界面上双重变量的矩阵方程系统，此矩阵方程系统可采用迭代方法快速求解。在交界面方程系统求解后，各子区域内的场值可分别根据双重变量表示的边界条件独立求解。当存在三个以上子区域的共有角边时，传统的 FETI 区域分解技术处理存在问题。Y. J. Li 等基于 Dirichlet - Neuman 边界条件，于 2006 年提出了电磁领域的基于对偶 - 原始变量的有限元分撕裂对接方法（dual - primal finite element tearing and interconnecting method，FETI - DP）[25]，通过将角边作为全局变量，形成全局的角边预处理系统，加速最终交界面上双重变量方程系统的迭代收敛性，并取得良好效果。之后，又在此工作基础上，进一步将 Robin 传输边界条件引入 FETI - DP 方法中，在交界面上的两个区域内分别引入 LM，解决了子区域尺寸大时谐振导致的迭代收敛问题，提高该算法在高频问题上的数值可扩展性[26]。与施瓦兹型方法相比，撕裂对接法形成了一个稀疏的全局角边预处理系统。在每次所有子区域交界面降维矩阵的求解过程中，都需要依次进行全局角边系统的求解，可粗略地理解为迭代残差通过此全局角边系统同时传递到所有子区域。全局角边系统通常采用直接法进行求解，虽然角边系统的维度相比交界面和体未知量要少很多，但计算复杂度相对较高，随着矩阵规模的扩大，仍将成为整个算法的“瓶颈”。在目标尺寸比较小，如小于一亿未知量模拟目标时，全局角边求解所需的时间和内存占比相对较小，撕裂对接区域分解有限元的整体内存复杂度接近线性。

已发表的针对 FETI - DPEM 在电磁仿真方面应用的研究只是针对 2 维周

期性扩展问题，如天线阵列、频率选择表面等问题展开。然而，在实际应用中，物体在三个方向通常都具有很大的尺寸规模，也即在各个方向都需要进行子区域划分，也即3维扩展问题。对于此种情况下，FETI-DPEM算法的性能，包括迭代收敛情况、可扩展性等的研究尚不明晰。在此，将研究FETI-DPEM1和FETI-DPEM2在各种不同子区域类型、子区域尺寸等情况下的数值性能，为后面将FETI引入合元极算法中打下基础。

3.2　撕裂对接型区域分解有限元法

采用吸收边界截断的三维目标体散射问题可以由如下方程组确定：

$$\nabla\times\left(\frac{1}{\boldsymbol{\mu}_r}\nabla\times\boldsymbol{E}\right)-k_0\boldsymbol{\varepsilon}_r\boldsymbol{E}=-\mathrm{j}k_0Z_0\boldsymbol{J}_{\mathrm{imp}},\Omega\in R^3 \tag{3.1}$$

$$\hat{\boldsymbol{n}}\times\boldsymbol{E}=0,\text{在 }\partial\Omega_{\mathrm{PEC}}\text{ 面上} \tag{3.2}$$

$$\hat{\boldsymbol{n}}\times\nabla\times\boldsymbol{E}=0,\text{在 }\partial\Omega_{\mathrm{PMC}}\text{ 面上} \tag{3.3}$$

$$\hat{\boldsymbol{n}}\times\nabla\times\boldsymbol{E}+\mathrm{j}k_0\hat{\boldsymbol{n}}\times\hat{\boldsymbol{n}}\times\boldsymbol{E}=\boldsymbol{U},\text{在 }\partial\Omega_{\mathrm{ABC}}\text{ 面上} \tag{3.4}$$

式中，Z_0是自由空间波阻抗；k_0是自由空间波数；$\hat{\boldsymbol{n}}$是外法线方向矢量；$\boldsymbol{J}_{\mathrm{imp}}$是内部激励源；$\partial\Omega_{\mathrm{ABC}}$代表吸收边界截断面；$\boldsymbol{U}=\hat{\boldsymbol{n}}\times\nabla\times\boldsymbol{E}_{\mathrm{inc}}+\mathrm{j}k_0\hat{\boldsymbol{n}}\times\hat{\boldsymbol{n}}\times\boldsymbol{E}_{\mathrm{inc}}$，是边界激励。

当采用FETI对此问题进行求解时，同样需要将目标体分为许多不重叠的子区域$\Omega^p(p=1,2,\cdots,N_p)$，如图3.1所示。从图中可以看出，划分为子区域后，每条边的归属有三种情况：只在一个子区域内，称为内部边；被且仅被两个子区域共用，称为交界面上的边Γ_{ij}；被三个以上子区域共用，称为角边Γ_c。同时，在外部边界被两个子区域共用的边也被认为是角边。

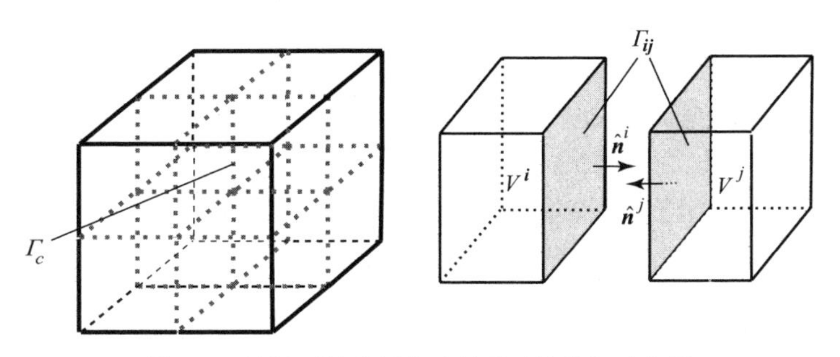

图3.1　目标区域进行非重叠子区域分解示意图

两个子区域交界面间存在边界条件。不同的边界条件衍生出了不同的FETI-DPEM方法。当两个子区域间边界条件采用的是Newman边界条件时，此方法简称为FETI-DPEM1。此时，在两个交界面上引入一套共用的未知量$\boldsymbol{\Lambda}$：

$$\hat{\boldsymbol{n}}^p \times \frac{1}{\boldsymbol{\mu}_r^p} \nabla \times \boldsymbol{E}^p = -\hat{\boldsymbol{n}}^q \times \frac{1}{\boldsymbol{\mu}_r^q} \nabla \times \boldsymbol{E}^q = \boldsymbol{\Lambda} \tag{3.5}$$

同时，两个交界面上也可以分别引入未知量 $\boldsymbol{\Lambda}$：

$$\hat{\boldsymbol{n}}^p \times \frac{1}{\boldsymbol{\mu}_r^p} \nabla \times \boldsymbol{E}^p + \alpha^p \hat{\boldsymbol{n}}^p \times \hat{\boldsymbol{n}}^p \times \boldsymbol{E}^p = \boldsymbol{\Lambda}^p \tag{3.6}$$

此时交界面间的关系可通过 Robin 传输边界条件确定。在 FETI 中，按照之前的边属性划分，每个子区域内的电场都可以重新划分为：

$$\boldsymbol{E}^p = [\boldsymbol{E}_V^p \quad \boldsymbol{E}_I^p \quad \boldsymbol{E}_c^p] = [\boldsymbol{E}_r^p \quad \boldsymbol{E}_c^p] \tag{3.7}$$

式中，下标 V、I、c 分别代表着子区域体内边、子区域交界面上的边及角边；$\boldsymbol{E}_r^p$ 是体内的边和交界面上的边的集合，称为局部变量；角边 $\boldsymbol{E}_c^p$ 是全局共有变量。按照此未知数分组方式进行分组后，则每个子区域内的有限元系数矩阵及右端项可以重写为：

$$\boldsymbol{K}^p = \begin{bmatrix} \boldsymbol{K}_{rr}^p \boldsymbol{K}_{rc}^p \\ \boldsymbol{K}_{cr}^p \boldsymbol{K}_{cc}^p \end{bmatrix}, \boldsymbol{f}^p = \begin{bmatrix} \boldsymbol{f}_r^p \\ \boldsymbol{f}_c^p \end{bmatrix} \tag{3.8}$$

式中

$$\boldsymbol{K}^p = \iint_{\Omega^p} \left[\frac{1}{\boldsymbol{\mu}_r^p} (\nabla \times \boldsymbol{N}^p) \cdot (\nabla \times \boldsymbol{N}^p)^{\mathrm{T}} - k_0^2 \boldsymbol{\varepsilon}_r \boldsymbol{N}^p \cdot \boldsymbol{N}^{p\mathrm{T}} \right] \mathrm{d}\Omega^p + \mathrm{j}k_0 \int_{\mathrm{ABC}} [(\hat{\boldsymbol{n}} \times \boldsymbol{N}^p) \cdot (\hat{\boldsymbol{n}} \times \boldsymbol{N}^p)^{\mathrm{T}}] \mathrm{d}S \tag{3.9}$$

$$\boldsymbol{f}^p = -\mathrm{j}k_0 Z_0 \int_{\Omega^p} \boldsymbol{N}^p \cdot \boldsymbol{J}_{\mathrm{imp}}^p \mathrm{d}\Omega^p - \int_{\partial\Omega^p} \boldsymbol{N}^p \cdot \boldsymbol{U} \mathrm{d}S \tag{3.10}$$

不论是采用 FETI－DPEM1 还是 FETI－DPEM2，首先，在每一个子区域内的有限元矩阵方程中，进行对 $\boldsymbol{E}_r^p$ 的消元操作，获得一个关于角边 $\boldsymbol{E}_c^p$ 的方程；之后，将所有子区域内的此方程进行叠加，组成一个关于角边的全局方程：

$$\widetilde{\boldsymbol{K}}_{cc} \boldsymbol{E}_c = \widetilde{\boldsymbol{f}}_c - \boldsymbol{F}_{rc}^{\mathrm{T}} \boldsymbol{\lambda} \tag{3.11}$$

式中，$\widetilde{\boldsymbol{K}}_{cc}$、$\boldsymbol{F}_{rc}^{\mathrm{T}}$、$\widetilde{\boldsymbol{f}}_c$ 的表达形式可以参考文献［25，26］。求解方程（3.11）获得 $\boldsymbol{E}_c$，并将之回代到每个子区域的方程内，可以得到 $\boldsymbol{E}_r^p$ 用 $\boldsymbol{\lambda}$ 表示的关系式。对于 FETI－DPEM1 来说，通过强加 $\boldsymbol{E}_I^p$ 相邻两个子区域交界面的电场连续性条件，可以获得最终的关于子区域交界面 $\boldsymbol{\lambda}$ 的方程组：

$$(\widetilde{\boldsymbol{K}}_{rr} + \widetilde{\boldsymbol{K}}_{rc} \widetilde{\boldsymbol{K}}_{cc}^{-1} \widetilde{\boldsymbol{K}}_{cr}) \boldsymbol{\lambda} = \widetilde{\boldsymbol{f}}_r - \widetilde{\boldsymbol{K}}_{rc} \widetilde{\boldsymbol{K}}_{cc}^{-1} \widetilde{\boldsymbol{f}}_c \tag{3.12}$$

式中，$\widetilde{\boldsymbol{K}}_{rr}$、$\widetilde{\boldsymbol{K}}_{rc}$、$\widetilde{\boldsymbol{K}}_{cr}$、$\widetilde{\boldsymbol{f}}_r$ 的表达式参考文献［25］。对于 FETI－DPEM2 来说，通过强加 $\boldsymbol{E}_I^p$ 相邻两个子区域交界面的电场与磁场连续性条件，获得的关于子区域交界面 $\boldsymbol{\lambda}$ 的方程组具有与式（3.12）相似的形式，只不过此时未知数目为 FETI－DPEM1 的两倍。具体的推导过程在此不做赘述，请参看文献［26］。

在方程（3.12）中，由于 $\tilde{\boldsymbol{K}}_{cc}^{-1}$ 的存在，其实际上相当于一个全局的预处理器，所以方程（3.12）一般具有良好的矩阵性态，可以实现快速的迭代求解。文献［25］和［26］中分别对 FETI - DPEM1 和 FETI - DPEM2 两种方法对2维周期性扩展结构的辐射问题的数值性能进行了研究。然而，对于 FETI - DPEM 方法对3维扩展性问题的数值性能研究得很少或几乎没有，特别是当子区域数目增加或者是材料参数变化的情况。本书将在下面进行详细的数值实验验证。

3.3　数值算例

为了研究 FETI - DPEM1 和 FETI - DPEM2 这两种 FETI - DPEM 方法的精确性、高效性及计算能力，本节将展示一系列的数值实验结果。所有的计算都是在一台高性能计算机上进行的。此计算机有两个 Intel X5650 2.66 GHz CPU，每个 CPU 含有6个核心，32 GB 内存。迭代求解器采用的是 GMRES，收敛判定残差为0.005。

首先进行的是程序正确性研究。我们计算了尺寸为1 m×1 m×1 m 的金属立方体0.3 GHz 下的双站 VV 极化 RCS。剖分边长约为0.05 m。在此计算中，有限元计算区域采用的是一个距离金属体0.5 m 远的立方体面进行截断。图3.2中给出了采用传统有限元法、区域分解有限元法，以及商业软件 FEKO 中提供的矩量法计算结果的对比，三者吻合良好，说明了程序的正确性。

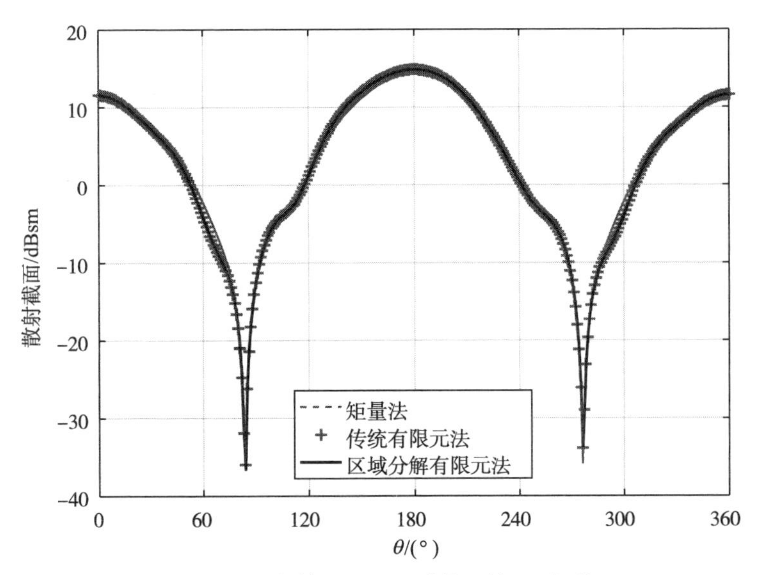

图3.2　金属立方体0.3 GHz 时的双站 VV 极化 RCS

为了研究这两种 FETI－DPEM 方法的效率与计算能力，接下来的数值实验计算目标为介质长方体。计算区域在 x、y 轴方向分别被划分为 M 段及 N 段，如图 3.3（a）所示，这种划分方式称为 2D 扩展区域分解。整个目标体还可以沿 x、y、z 方向分别划分为 M、N、L 段，如图 3.3（b）所示，这种划分方式称为 3D 扩展区域分解。

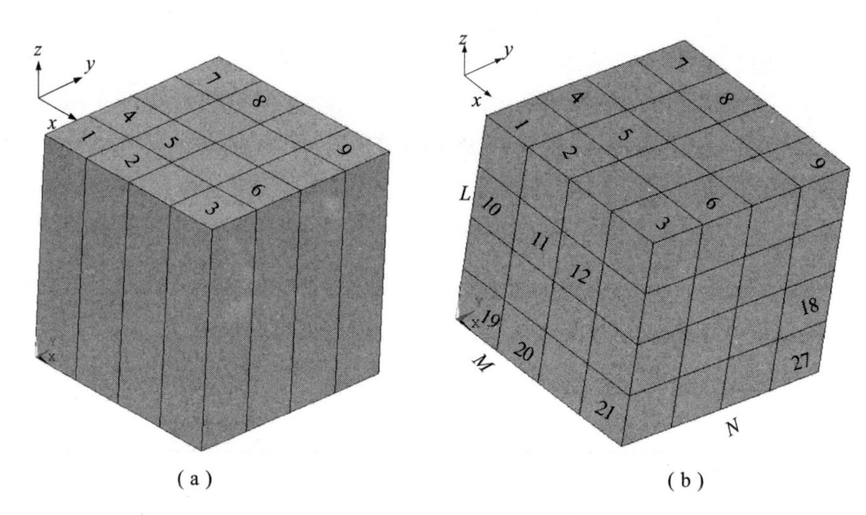

图 3.3 介质长方体区域划分

（a）2D 扩展区域分解；（b）3D 扩展区域分解

首先，研究的是进行 2D 扩展区域分解时的两种 FETI－DPEM 方法的性能。单个计算子区域是尺寸为 0.5 m 的介质立方体，其相对介电常数 ε_r = 4 。网格剖分固定为 0.05 波长。首先增加入射波频率，从 0.3 GHz 增加到 0.6 GHz，FETI－DPEM1 和 FETI－DPEM2 两种方法求解的迭代步数随频率变化及子区域数目的变化情况如图 3.4 所示。从图中可以看出，FETI－DPEM2 的迭代步数随频率增大及子区域数目增加而基本保持不变，而 FETI－DPEM1 随着两者变化，其迭代步数增加，特别是对于高频情况。由此得出的结论与文献［25，26］的一致。

接下来研究 FETI 方法对 3D 扩展区域分解的数值性能。首先固定每个子区域的尺寸为 0.2 m×0.2 m×0.2 m，入射波频率为 0.3 GHz，并同时增加 M、N、L。表 3.1 列出了两种方法的迭代步数。从表中可以看出，两种方法的迭代步数随着子区域数目的增加而增加，FETI－DPEM1 比 FETI－DPEM2 增加更快。之后，固定子区域尺寸为 0.5 m×0.5 m×0.5 m 并使 L 从 1 变化到 3。图 3.5 展示了对不同 L，FETI－DPEM2 求解的迭代步数随着子区域数目增加的变化。从图中可以看出，对于 2D 扩展区域分解，迭代步数保持基本不变；

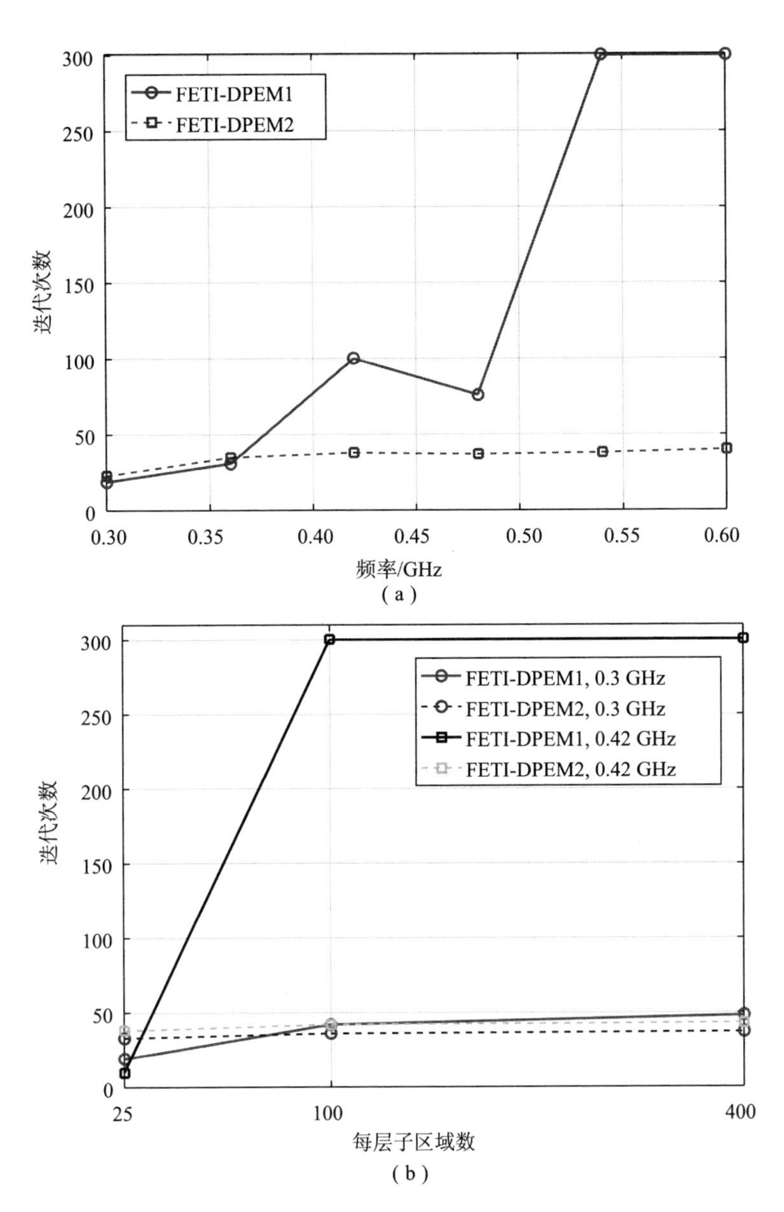

图 3.4　FETI－DPEM1 和 FETI－DPEM2 计算迭代步数

(a) 频率增加；(b) 子区域数增加

而对于 3D 扩展区域分解，迭代步数不再保持不变，而是随着子区域数目的增加而增大。并且，增加的速度随着不同的入射波方向而变化。为排除由于子区域数目增加原因，我们进行了另一个对比，也即比较 10×10，$L = 3$ 及

30×10，$L=1$。此两者的子区域数目完全相同，但迭代步数一个为58，另一个为25，后者基本与图3.5中的迭代步数相同。对于$L=1$的情况，迭代步数虽略有增加，但基本上变化不大。在此，我们猜测，Robin传输边界条件能较好地模拟垂直于入射波方向的两个子区域交界面电场与磁场的关系，而对于入射波传播方向，两个子区域交界面间的关系较差。

表3.1 迭代步数随着子区域数目变化情况

M、N、L	子区域数	FETI - DPEM1		FETI - DPEM2	
		未知量数目	迭代步数	未知量数目	迭代步数
3、3、3	27	2 160	37	4 320	40
5、5、5	125	12 000	359	24 000	69
10、10、10	1 000	108 000	>500	21 600	127

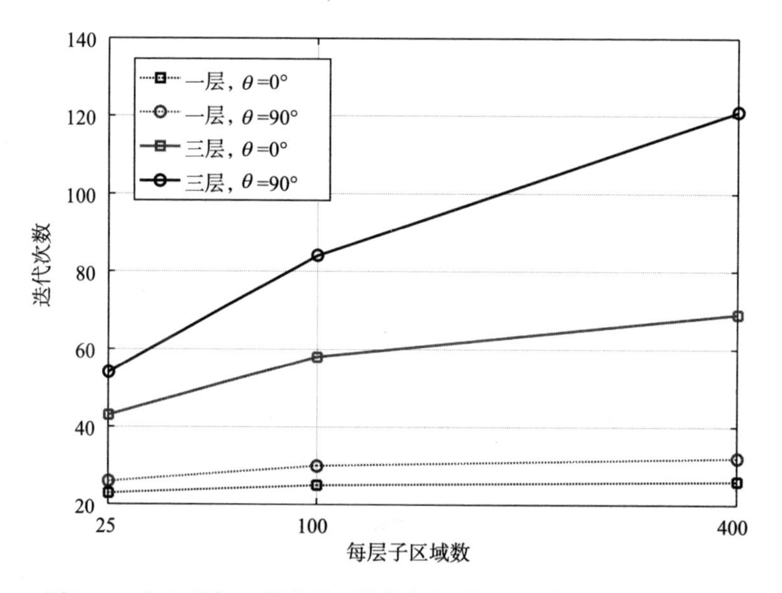

图3.5 对于不同L，随着子区域数目的增加，迭代步数变化的情况

接下来将研究材料参数对FETI - DPEM2性能的影响。计算目标是尺寸为1 m×1 m×1 m的介质立方体。分别计算了当相对介电常数为$\varepsilon_r=4$及$\varepsilon_r=9$时两种情况。网格剖分设置为0.05 m及0.025 m。子区域尺寸固定为0.5 m×0.5 m×0.5 m，总共64个子区域。这两种情况下，FETI - DPEM2的迭代步数分别为105及321。这表明FETI的性能跟求解区域的材料参数有很大关系。在此，值得提出的是，以上所有的计算中，参数α都被设置为jk_0。

实际上，这个参数可以进行调整，以获得更好的收敛效果。表3.2中给出了不同参数时的FETI－DPEM2的迭代步数。从表中可以看出，FETI－DPEM2的最好收敛效果可以通过设定$\alpha = \mathrm{j}k = \mathrm{j}\sqrt{\mu_r\mu_0\varepsilon_r\varepsilon_0}$获得。

表3.2　不同材料参数不同系数设置迭代收敛步数变化情况

α	$\mathrm{j}k_0$	$1.5\mathrm{j}k_0$	$2\mathrm{j}k_0$	$2.5\mathrm{j}k_0$	$3\mathrm{j}k_0$	$3.5\mathrm{j}k_0$
$\varepsilon_r = 4$	105	87	84	86	93	103
$\varepsilon_r = 9$	321	254	233	228	232	250

为了进一步研究材料不均匀性对FETI－DPEM2的影响，我们计算了一个不均匀的介质块，如图3.6所示。这个介质立方块由四部分组成，每一块的相对介电常数分别为$\varepsilon_r=2$、3、4、5。每一层的厚度都为0.5 m。图3.7展示了迭代步数随着α的变化情况。从图中可以看出，FETI－DPEM2的最好性能可以通过设置$\alpha = \mathrm{j}k$获得，其中，k可以通过传播常数在不同材料中的平均获得，$k = (k_1 + k_2 + k_3 + k_4)/4 = 1.84k_0$。

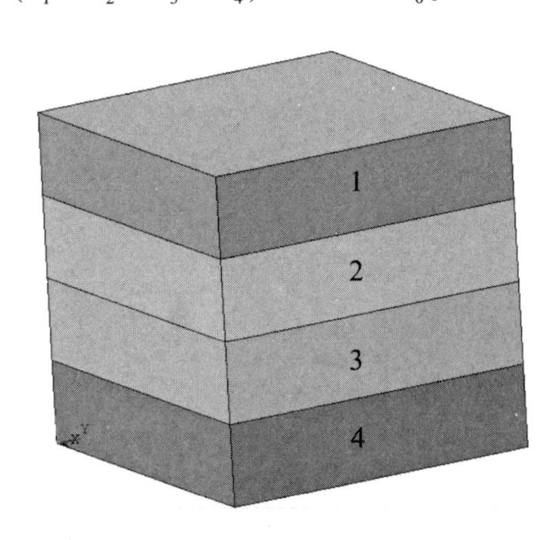

图3.6　由四种材料组成的不均匀介质立方体

最后，为了展示FETI－DPEM方法的强大计算能力，我们计算了一个大的介质长方体。此长方体尺寸为10 m×10 m×5 m，入射波频率0.3 GHz。一共考虑了3种不同的材料填充：均匀、无耗不均匀、有耗不均匀。对于均匀介质体填充情况，相对介电常数为$\varepsilon_r = 2$；对于无耗不均匀情况，此介质体由相对介电常数分别为$\varepsilon_r = 2$和$\varepsilon_r = 4$、厚度为0.5 m的两层材料周期性重复组成；对于有耗不均匀情况，其相对介电常数分别为$\varepsilon_r = 2$及$\varepsilon_r = 4 - \mathrm{j}$。这三种介质长方体的双站VV极化RCS如图3.8所示。在此计算中，子区

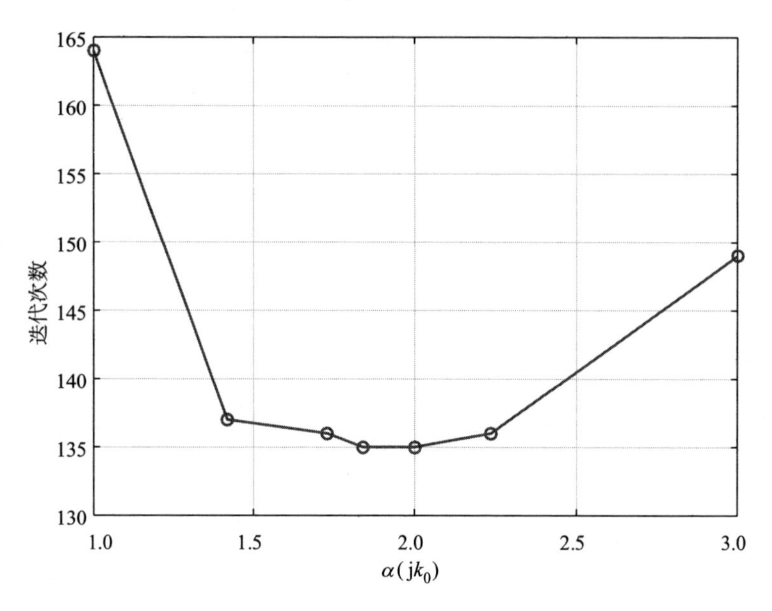

图 3.7　迭代步数随不同参数选择的变化情况

域尺寸为0.5 m×0.5 m×0.5 m，吸收边界被放置于距离物体表面0.5 m处。总共22×22×12个子区域。计算所需详细资源见表3.3。

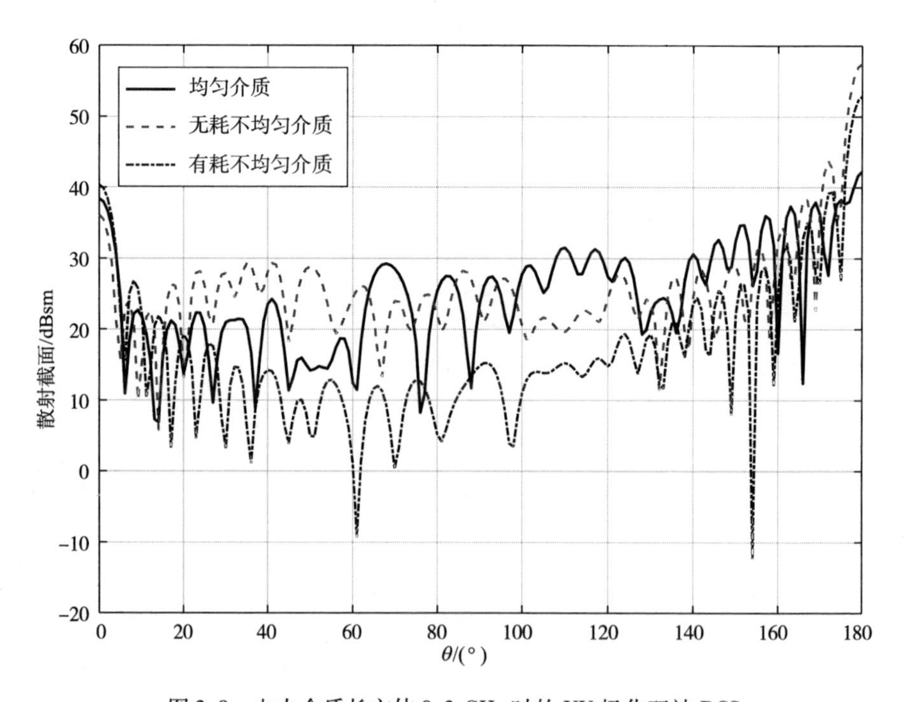

图 3.8　电大介质长方体0.3 GHz时的VV极化双站RCS

表 3.3　图 3.8 的计算资源统计

材料参数	Dual 未知量 /(×10^6)	角边未知量 /(×10^6)	总未知量 /(×10^6)	内存 /GB	迭代步数	计算时间 /min
均匀	9.2	0.2	41	8.2	215	323
无耗不均匀					388	481
有耗不均匀					54	105

第4章

基于高阶有限元的合元极技术

4.1 高阶合元极算法简介

目前，在计算电磁学领域，最为常用的全波数值算法分类包括有限元（FEM）、矩量法离散积分方程（MoM）、有限差分法（FDTD）三种。此三种方法各有其优缺点。积分方程法可以分为体积分方程与面积分方程两部分。面积分方程网格离散限制于整个求解目标的表面，采用三角形单元离散，未知数与表面积相关，因此，其未知数随目标尺寸增加相对缓慢，计算能力强，但同时，面离散又使得其对材料参数变化的处理灵活性不足；体积分方程离散整个计算目标，因此具有通用性，对于不均匀结构目标仍然可以进行仿真计算，但其计算效率受到很大限制，尤其是对于含有电大金属体，如飞机等目标的计算，效率很低；有限元和有限差分法胜在灵活性、稳定性，可以很方便地实现不同材料参数的设定，而且对于金属体部分无须进行离散。但是这两种方法都需要采用完全匹配吸收层（PML）或者吸收边界（ABC）对无限大求解域进行人为截断，此吸收边界需远离计算目标，并且对于复杂外形结构目标体，这种近似截断的精确性无法估计，在部分场合，计算精确性无法满足需求。尤其是具有较大需求的实际目标，如隐身飞机等，既含有涂层体，又带有深腔结构，外形复杂，雷达散射截面（RCS）又很低，采用单一算法通常难以甚至无法满足实际应用需求。

为满足实际应用需求，解决单一算法的局限性，近年来，各种不同的混合方法被相继提出。相比单一算法来说，混合算法能在计算精度、计算规模、计算效率三方面取得比单一算法更加优良的性能。而合元极算法更是混合方法中的翘楚。合元极算法（FE - BI - MLFMA），即混合有限元（FEM）、边界元（BI）、多层快速多极子（MLFMA）算法的简称[9]，就其本质来讲，它是一种混合法，因而兼具有限元的灵活稳定性与边界积分方程的精确性，同时又有多层快速多极子的加速作用，因此对于复杂涂层、腔体结构等目标的仿真分析具有很强的计算能力。作为一种混合法，合元极算法的求解域又可以视为独立的两部分，即有限元计算域与边界元计算域，此两者通过等效原理结合。因此，各种针对单一算法求解的加速技术，可以很容易地引入合元极算法中。

合元极算法的计算思路通常将计算目标分为两个计算域：一个为有限元计算域，采用体剖分，有限元计算域通常包括涂层等非金属部分；另一个为边界积分方程计算域，通常为包裹整个有限元计算域表面所在的无限大自由空间。为保证收敛性与计算精确性，通常采用电场积分方程与磁场积分方程联合形成的联合积分方程。内部有限元与外部边界元计算域在交界面上通过等效原理联合起来。通过求解最终离散形成的矩阵方程，则此电磁问题可解。合元极技术最早被应用于涂层体散射问题的计算，之后又被相继推广到复杂目标散射问题的计算中。

对于任何一种算法来说，无论其理论基础多么完备，最终实际应用中的计算能力才是决定其价值的关键。自合元极算法提出至今，广大学者们的研究主要集中在提高算法效率上。算法效率包括计算时间与内存需求两部分。提高计算效率的手段包括采用新型基函数、开发新算法及并行化实现三类。高阶算法是提高算法计算能力最直接、最常用的手段。高阶算法包括高阶基函数与高阶曲面单元两部分。高阶基函数的采用，可以使我们使用较少的单元实现对目标的离散，减少未知数目，从而提高计算效率；但是这往往带来对目标几何模拟精确性的降低。此时，高阶曲面元的采用可以提高对目标几何模拟的精确性。在合元极算法中，有限元采用的是体离散模式，而且由于有限元的数值色散误差，要求对目标的离散采用细密的网格剖分；而边界积分方程是对整个闭合面的等效电磁流进行离散，对网格的剖分要求相比有限元剖分要稀疏得多。若两者采用相同的网格剖分，要么难以达到计算精度需求，要么降低整个算法的效率。对此，我们采用的是对内部有限元区域进行高阶离散，而外部积分方程区域采用低阶的（RWG）基函数进行离散。两者之间通过耦合矩阵进行连接，称为高阶合元极算法[109]。本章主要研究的是高阶合元极算法在电大深腔中的散射问题，以及在不均匀结构如复合目标等方面的应用。

4.2 电大深腔散射问题的并行高阶合元极计算

4.2.1 研究背景

电大深腔目标的散射计算是一类极为重要的电磁计算问题。这是因为，一方面，此类问题具有广泛的应用背景，像飞机的进气道就属此类问题；另一方面，含电大深腔结构目标的电磁散射现象较为复杂，由于腔体结构的存在，使得入射波存在多次反射，很难精确、高效计算。腔体散射问题本身便是计算电磁学中一个极具挑战性的难题，而实际应用中，通常腔体内部存在其他结构，如飞机进气道中便存在发动机叶片等，这使得对此问题的计算变得更为艰难。很多学者都曾用不同方法尝试解决此问题。早期，由于计算机计算能力较弱，大多采用高频近似方法[110-113]。实践表明，这种方法精度和通用性都较差。其后，为了能计算复杂电大深腔目标，不同混合高频近似与全波数值方法相继被提出[114-116]。但实践表明，在实际应用中，很多时候这类方法依然面临计算精度与效率的挑战，尤其是腔体含有复杂结构的情况。近年来，由于计算机的迅猛发展，基于全波数值方法的各种快速算法相继被提出[117-119]，为彻底解决此类问题提供了可能。

在本节中，我们将讨论如何采用前面介绍过的高阶合元极算法，结合高性能的 MPI 并行技术，实现对电大尺寸腔体散射问题的计算。高阶基函数的采用可以有效地降低有限元离散的数值色散误差，对于深腔问题极为有效；并行算法的采用可以将一个庞大的计算问题均分到不同的处理器上同时进行计算，使得计算的效率获得很大提高。即便是采用高效的并行技术结合高阶基函数，对整个腔体问题形成的合元极矩阵方程的直接求解仍然是不现实的。因此，我们采用的是 Jin 等人提出的专门针对腔体散射问题计算的按层消去算法，通过利用腔体几何外形的重复性和有限元算法的局部性，对腔体分段分层逐步消元，最终实现对电大复杂腔体目标散射问题的计算[109]。同时，腔体结构往往是口径不均匀的，对于此类问题，我们提出首先将腔体分段，各段间引入连接层，消元过程从腔体底部逐段进行，直到消元到口径面获得电磁场关系矩阵的处理方式。数值结果表明，采用上面所提各技术手段的电大深腔散射问题的并行高阶合元极算法具有很强的计算能力和很高的实际应用价值。

4.2.2 腔体散射问题的按层消去算法

图 4.1 所示为一个电大深腔目标的散射模型。根据高阶合元极算法，求解域分为内区域和外区域：内区域为腔体内部 V_a，其边界为腔体的内壁和开口腔体表面 S_a、外区域为 S_e 和 S_a 所围闭合曲面以外的自由空间。对于内部区域，采用高阶有限元进行建模分析，对于外部区域，采用矩量法进行建模分析，然后根据等效原理，将内外区域方程结合起来得到最终可求解的矩阵方程。为了加速矩阵向量相乘，将多层快速多极子技术应用于加速离散矩阵中矩量法满阵与矢量的相乘。这便是混合有限元、矩量法、快速多极子的合元极方法求解腔体散射问题的整个思路。具体如下：

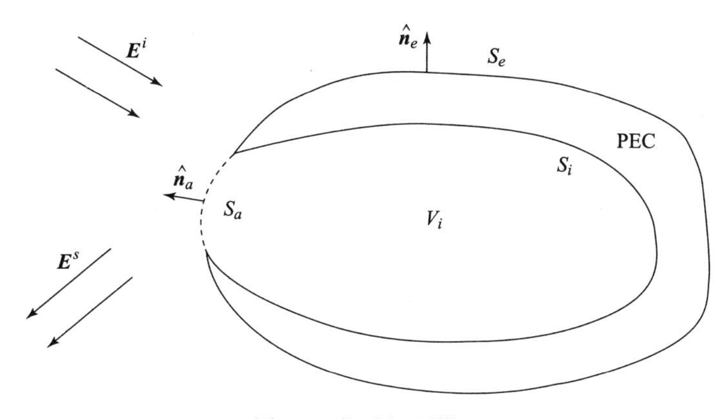

图 4.1　深腔问题模型

内部区域的电场满足泛函变分

$$\boldsymbol{F}(\boldsymbol{E}) = \frac{1}{2}\int_{V_i}[(\nabla\times \boldsymbol{E})\cdot(\boldsymbol{\mu}_r^{-1}\nabla\times \boldsymbol{E}) - k_0^2\boldsymbol{E}\cdot\boldsymbol{\varepsilon}_r\cdot\boldsymbol{E}]\mathrm{d}V + \mathrm{j}k_0\int_{S_a}(\boldsymbol{E}\times\bar{\boldsymbol{H}})\cdot\hat{\boldsymbol{n}}_a\mathrm{d}S \tag{4.1}$$

式中，$\bar{\boldsymbol{H}} = Z_0\boldsymbol{H}$，$Z_0$ 是自由空间波阻抗；k_0 是自由空间波数；$\hat{\boldsymbol{n}}_a$ 是 S_a 的外法线方向矢量。

利用高阶有限元可离散为

$$\begin{bmatrix}\boldsymbol{K}_{cc} & \boldsymbol{K}_{ca} & 0\\ \boldsymbol{K}_{ac} & \boldsymbol{K}_{aa} & \boldsymbol{B}_{aa}\end{bmatrix}\begin{Bmatrix}\boldsymbol{E}_c\\ \boldsymbol{E}_a\\ \boldsymbol{H}_a\end{Bmatrix} = \{0\} \tag{4.2}$$

式中，$\boldsymbol{E}_a$、$\boldsymbol{H}_a$ 代表腔体开口处的未知量；$\boldsymbol{E}_c$ 代表腔体内部的未知量。

要求解上述方程，还需确定 $\boldsymbol{E}_a$ 与 $\boldsymbol{H}_a$ 的关系。此关系可由边界上的电场积分方程

$$\hat{\boldsymbol{n}}_e\times\boldsymbol{E} + \hat{\boldsymbol{n}}_e\times\left\{\begin{aligned}&-\int_{S_a}\nabla G\times(\hat{\boldsymbol{n}}_e\times\boldsymbol{E})\mathrm{d}S' + \\ &\mathrm{j}k_0Z_0\int_{S_a+S_e}\left(1+\frac{1}{k_0^2}\nabla\nabla'\cdot\right)(\hat{\boldsymbol{n}}_e\times\boldsymbol{H})G\mathrm{d}S'\end{aligned}\right\} = \hat{\boldsymbol{n}}_e\times\boldsymbol{E}^i \tag{4.3}$$

或磁场积分方程

$$\hat{\boldsymbol{n}}_e\times\boldsymbol{H} - \hat{\boldsymbol{n}}_e\times\left\{\begin{aligned}&\int_{S_a+S_e}\nabla G\times(\hat{\boldsymbol{n}}_e\times\boldsymbol{H})\mathrm{d}S' + \\ &\mathrm{j}k_0Y_0\int_{S_a}\left(1+\frac{1}{k_0^2}\nabla\nabla'\cdot\right)(\hat{\boldsymbol{n}}_e\times\boldsymbol{E})G\mathrm{d}S'\end{aligned}\right\} = \hat{\boldsymbol{n}}_e\times\boldsymbol{H}^i \tag{4.4}$$

确定。

为了消除内谐振问题，通常使用联合积分方程。用矩量法离散联合积分方程可得

$$\begin{bmatrix} \boldsymbol{P}_{aa} & \boldsymbol{Q}_{aa} & \boldsymbol{Q}_{ae} \\ \boldsymbol{P}_{ea} & \boldsymbol{Q}_{ea} & \boldsymbol{Q}_{ee} \end{bmatrix} \begin{Bmatrix} \boldsymbol{E}_a \\ \boldsymbol{H}_a \\ \boldsymbol{H}_e \end{Bmatrix} = \begin{Bmatrix} b_a \\ \boldsymbol{b}_e \end{Bmatrix} \tag{4.5}$$

联立式（4.1）和式（4.2），便可得到最终可求解的线性方程组。由于此最终方程组性态很差，迭代收敛速度慢，因此，可以采用合元极的分解算法求解。也即先由式（4.2）得到关系 $\boldsymbol{E}_a = \boldsymbol{M}\boldsymbol{H}_a$，然后将此关系代入式（4.5），得到下列性态很好的线性方程组

$$\begin{bmatrix} \boldsymbol{P}_{aa}\boldsymbol{M} + \boldsymbol{Q}_{aa} & \boldsymbol{Q}_{ae} \\ \boldsymbol{P}_{ea}\boldsymbol{M} + \boldsymbol{Q}_{ea} & \boldsymbol{Q}_{ee} \end{bmatrix} \begin{Bmatrix} \boldsymbol{H}_a \\ \boldsymbol{H}_e \end{Bmatrix} = \begin{Bmatrix} b_a \\ b_e \end{Bmatrix} \tag{4.6}$$

最后采用迭代求解器（譬如 GMRES）求解方程（4.6）。由于可用多层快速多极子技术加快矩阵 $\boldsymbol{P}_{aa}$、$\boldsymbol{P}_{ea}$、$\boldsymbol{Q}_{aa}$、$\boldsymbol{Q}_{ae}$、$\boldsymbol{Q}_{ea}$、$\boldsymbol{Q}_{ee}$ 与矢量的相乘，因此，此算法中，方程（4.6）的求解一般来说是高效的。算法的瓶颈在于计算 $\boldsymbol{M}$，因为对于电大深腔，方程未知数个数极大，而 $\boldsymbol{M}$ 是通过直接求解而得的。若采用直接法求解整个腔体内部的有限元稀疏矩阵，即便是采用目前极为高效先进的基于多波前技术的稀疏矩阵求解器，庞大的内存需求与计算时间依然难以承受。对此，文献［109］提出了一种新型的按层消去算法。其实现过程为：首先，对任意深腔结果，按照其几何特性，将其分为 N 层，如图 4.2 所示。

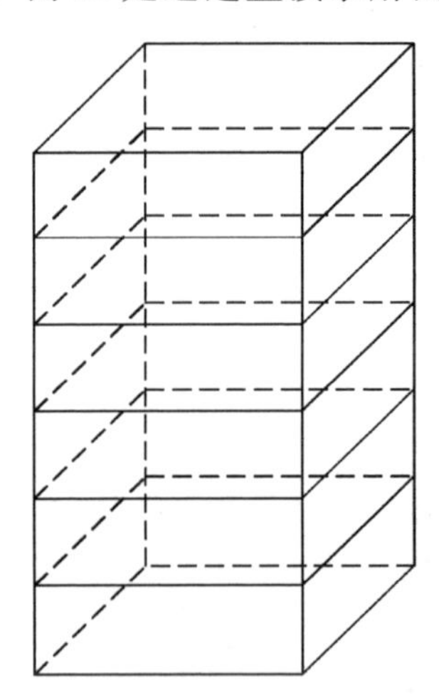
图 4.2 腔体按照结构特性分为 N 层

将腔体的每一层分为上表面、下表面、每层腔体中间三个部分，并采用高阶有限元对其进行离散，则每一层的有限元矩阵方程为

$$\begin{bmatrix} \boldsymbol{K}_{11}^{(i)} & \boldsymbol{K}_{10}^{(i)} & \boldsymbol{K}_{12}^{(i)} \\ \boldsymbol{K}_{01}^{(i)} & \boldsymbol{K}_{00}^{(i)} & \boldsymbol{K}_{02}^{(i)} \\ \boldsymbol{K}_{21}^{(i)} & \boldsymbol{K}_{20}^{(i)} & \boldsymbol{K}_{22}^{(i)} \end{bmatrix} \begin{bmatrix} \{\boldsymbol{E}\}_1^{(i)} \\ \{\boldsymbol{E}\}_0^{(i)} \\ \{\boldsymbol{E}\}_2^{(i)} \end{bmatrix} = \begin{bmatrix} \{c\}_1^{(i)} \\ \{c\}_0^{(i)} \\ \{c\}_2^{(i)} \end{bmatrix} \tag{4.7}$$

将上表面、每层腔体中间、下表面分别作为一个整体，消去中间未知变量，可得关于每层面上未知数的方程。

$$\begin{bmatrix} \boldsymbol{P}_{11}^{i} & \boldsymbol{P}_{12}^{i} \\ \boldsymbol{P}_{21}^{i} & \boldsymbol{P}_{22}^{i} \end{bmatrix} = \begin{bmatrix} \{c\}_1^i \\ \{c\}_1^i \end{bmatrix} \tag{4.8}$$

其中

$$\begin{aligned} \boldsymbol{P}_{11}^{i} &= \boldsymbol{K}_{11}^{i} - \boldsymbol{K}_{10}^{i}(\boldsymbol{K}_{00}^{i})^{-1}\boldsymbol{K}_{01}^{i} \\ \boldsymbol{P}_{12}^{i} &= \boldsymbol{K}_{12}^{i} - \boldsymbol{K}_{10}^{i}(\boldsymbol{K}_{00}^{i})^{-1}\boldsymbol{K}_{02}^{i} \\ \boldsymbol{P}_{21}^{i} &= \boldsymbol{K}_{21}^{i} - \boldsymbol{K}_{20}^{i}(\boldsymbol{K}_{00}^{i})^{-1}\boldsymbol{K}_{01}^{i} \\ \boldsymbol{P}_{22}^{i} &= \boldsymbol{K}_{22}^{i} - \boldsymbol{K}_{20}^{i}(\boldsymbol{K}_{00}^{i})^{-1}\boldsymbol{K}_{02}^{i} - \boldsymbol{K}_{10}^{(i-1)}(\boldsymbol{K}_{00}^{(i-1)})^{-1}\boldsymbol{K}_{01}^{(i-1)} \end{aligned} \tag{4.9}$$

此消元过程可在每一层间同时进行且相互独立，因此可完全并行进行。如果腔是均匀的，每一层消元过程便完全一致，只需计算一层便可。这里假定腔体结构均匀。对于不均匀结构腔体，可以按照其结构特性，将其分为具有相同结构的数段，其中每组均匀段可以按照此处介绍的方法进行消元。具体分段方式将在后面简单讨论。当所有层都完成消元后，腔体的有限元方程变为：

$$\begin{bmatrix} \boldsymbol{P}_{11}^{(n-1)} & \boldsymbol{P}_{12}^{(n-1)} & & & & \\ \boldsymbol{P}_{21}^{(n-1)} & \boldsymbol{P}_{22}^{(n-1)} & \boldsymbol{P}_{12}^{(n-2)} & & & \\ & \boldsymbol{P}_{21}^{(n-2)} & \boldsymbol{P}_{22}^{(n-2)} & & & \\ & & & \ddots & & \\ & & & & \boldsymbol{P}_{22}^{(2)} & \boldsymbol{P}_{12}^{(1)} \\ & & & & \boldsymbol{P}_{21}^{(1)} & \boldsymbol{P}_{22}^{(1)} \end{bmatrix} \begin{bmatrix} \{\boldsymbol{E}\}_1^{(n-1)} \\ \{\boldsymbol{E}\}_2^{(n-1)} \\ \{\boldsymbol{E}\}_1^{(n-2)} \\ \vdots \\ \{\boldsymbol{E}\}_2^{(2)} \\ \{\boldsymbol{E}\}_1^{(2)} \end{bmatrix} = \begin{bmatrix} c \\ 0 \\ 0 \\ 0 \\ \vdots \\ 0 \end{bmatrix} \tag{4.10}$$

这样，消元后的未知数分布便如图4.3所示。用同样方法消去标号为偶数面上的未知数，这样面数目便可减少一半。此过程可反复进行，经过 $\lg(n-1)$ 次消元后，就可以得到最终的矩阵 $\boldsymbol{M}$。对于完全不均匀腔体，消元过程只能从底部开始逐层进行，经过 $n-1$ 次消元后，可得最终的矩阵 $\boldsymbol{M}$。

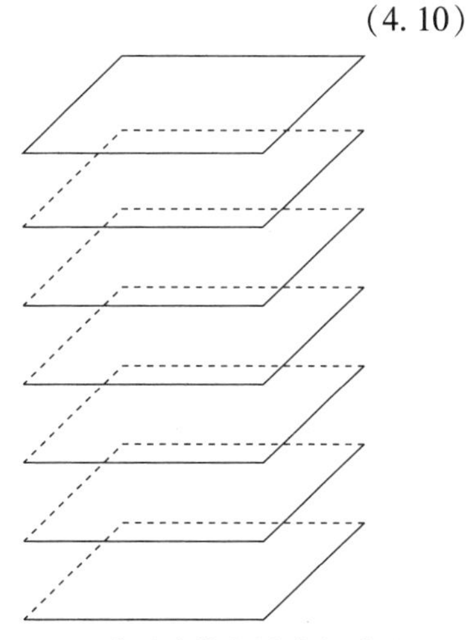
图4.3　分层腔体由层减少到面

由以上表述可知，要计算矩阵 $\boldsymbol{M}$，需计算 $(\boldsymbol{K}_{00}^{i})^{-1}$ 和 $(\boldsymbol{P}_{22}^{i})^{-1}$ 。在合元极算法中，由于矩量法部分可采用多重快速多极子技术加速矩阵向量相乘，并且在多极子技术中，不显式存储离散得到的所有矩量法矩阵，而只存储其中的近相互作用矩阵，因此，相比于有限元部分，矩量法部分计算效率要高得多。数值实验表明，对于电大深腔，此求逆过程极费时间和内存，是整个电大深腔高阶合元极算法的瓶颈。为了消除此瓶颈，需并行处理。由于 $\boldsymbol{K}_{00}^{i}$ 是稀疏矩阵，故本书采用基于并行多波前求解算法的 MUMPS 软件计算 $(\boldsymbol{K}_{00}^{i})^{-1}$。对于稀疏矩阵的求逆，多波前算法具有高效性。但数值实验表明，如果依然用 MUMPS 软件计算满阵 $(\boldsymbol{P}_{22}^{i})^{-1}$，不仅负载不平衡，而且如果用单精度计算，计算精度较差。这是因为 $(\boldsymbol{P}_{22}^{i})^{-1}$ 是满阵，其性态与 $\boldsymbol{K}_{00}^{i}$ 有很大不同。因此本书采用基于并行 LU 分解算法的 SCALAPACK 软件计算 $(\boldsymbol{P}_{22}^{i})^{-1}$。

为了提高计算效率，本书采用 SCALAPACK 软件推荐的 2D block - cyclic 分块分布式存储方式。显然，此种分布式存储的并行计算效率与矩阵分块大小相关。为此，我们以计算尺寸为 $D = 5\lambda$，$h = 6\lambda$ 的圆柱腔散射过程中的 $(\boldsymbol{P}_{22}^{i})^{-1}$ 为例，来做一些数值实验。此实验中，$\boldsymbol{P}_{22}^{i}$ 的维数为 2 040。表 4.1 列出了采用不同大小分块方式后所需的计算时间。由表 4.1 可以看出，矩阵分块大小存在一个并不非常敏感的相对优值。而且，进一步数值实验表明，此相对优值对矩阵维数依赖较小，更多取决于计算机的具体配置。大量测试表明，在很多计算平台上，矩阵块大小取 100×100 时，效率近似最优。

表 4.1 分块大小与计算时间关系

分块大小	计算时间/s
1 020	120
510	109
255	108.5
102	104.47
51	102.7
1	>120

由于此针对电大深腔散射问题计算的算法是按层实现的，因此，相应的网格剖分也是分层实现的。对于均匀口径的腔体，首先将整个腔体结构分成很多相同的层，然后采用建模及网格剖分软件，如 ANSYS 等对这一层进行剖分。由于有限元的局部性，每层组装形成的矩阵相同。同时，又需保证口径面的衔接，这就要求对这种具有重复性的层进行网格剖分时，必须保证上下表面的网格剖分完全相同。之后，通过适当的编号手段获取对应边、面的对应关系。这可以通过 ANSYS 剖分工具中的网格映射剖分功能——mapped

功能实现。

对于非均匀结构腔体，如空腔带柱结构等，按照其结构特征，将其分为数个具有均匀结构的段，不同段之间通过连接层实现匹配。我们以一个带有金属圆柱的圆柱形空腔结构为例，来说明段与层的划分。如图 4.4 所示，此带柱空腔可以分为三层，从底部开始，分别编号为 1、2、3。第一段为整个带有金属圆柱部分，此段可分为数层；第二段为金属圆柱与不带柱部分的接合部位，仅有一层，其下表面为金属圆柱与空气的接合处，上表面为空气；第三层是剩余的不含金属圆柱的部分，也可以划分为相同的数层。按照此分类方法，在进行剖分时，第 1、3 段按照均匀腔体结构进行网格剖分，保证上下表面网格匹配；第 2 段下表面非金属部分与 1 段上表面匹配，金属部分随意自由划分网格，上表面与第 3 段下表面网格剖分匹配。计算消元过程从下往上按照分段编号依次进行，每段可按照上文所述的按层消去算法进行消元，直到获得最上层口径面的矩阵，$M = N = 10, L = 1$。

图 4.4　圆柱带柱腔体分段结构示意图

以上便是根据按层消去算法采用高阶合元极技术求解腔体散射问题的简要实现过程。具体编程实现的程序层次图如图 4.5 所示。通过图 4.5，读者可以对计算腔体散射问题的高阶合元极算法有简单、概括的认识。

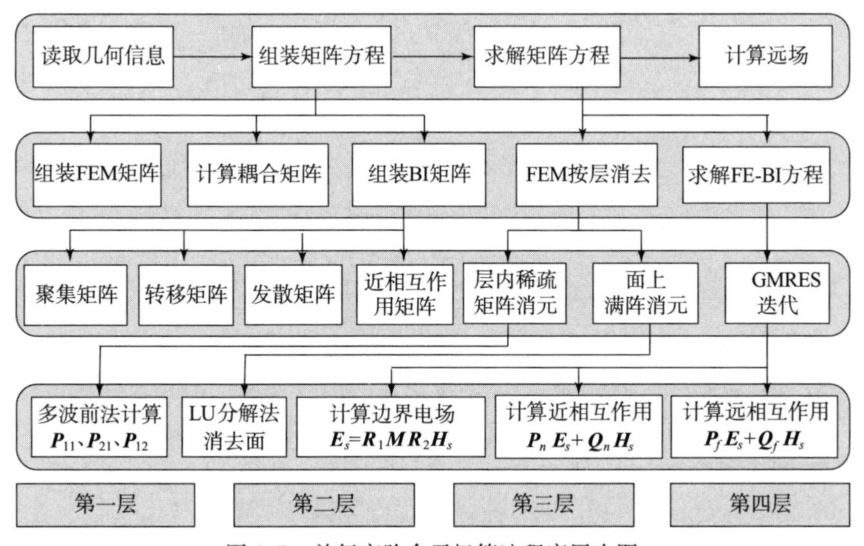

图 4.5　并行高阶合元极算法程序层次图

4.2.3 数值算例

为了验证本书提出的并行合元极算法在计算电大带腔目标散射问题上的精度、效率和通用性，本书进行了一些数值实验。计算平台为北京理工大学电磁仿真中心刘辉并行集群。刘辉并行集群为 IBM 刀片式 Linux 高性能计算机集群，共有 32 个结点，每个结点配有 3.0 GHz 英特尔至强处理器及 4 GB 内存，结点间通过 Myrinet 交换机和 KVM 键盘切换器连接。

首先，研究本书并行合元极算法的并行效率。计算目标为口径面尺寸为 $15\lambda\times15\lambda$、高为 2λ 的矩形空腔。在此算例中，口径表面所用未知数个数为 22 700，腔内所用未知数个数为 617 316。我们用不同结点数目计算了此腔的 RCS。图 4.6 表示出了不同结点数目的并行效率。由于腔体较大，起始结点数目只能为 4。因此图 4.6 中的计算效率是以 4 个结点的计算时间为标准来计算的。

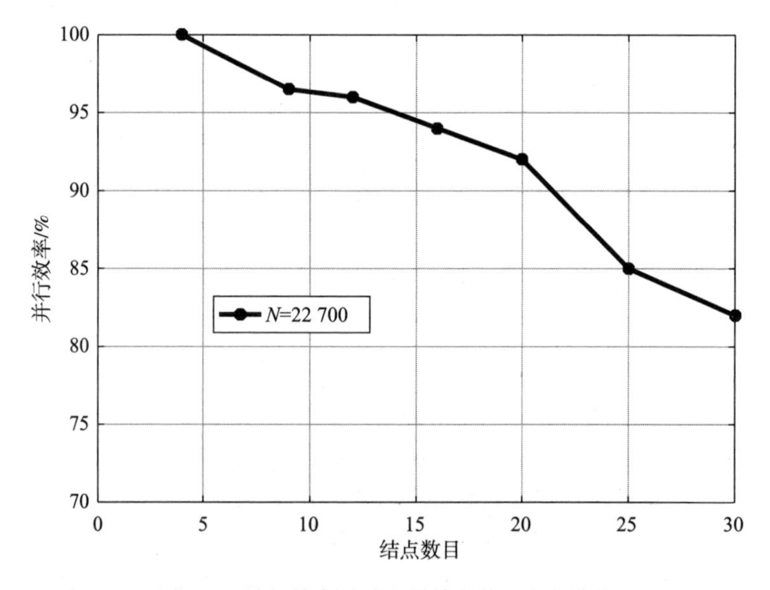

图 4.6　并行效率随处理器结点数目变化曲线

其次，研究了本书并行合元极算法的精度及通用性。为此，加工了图 4.7 所示的内带柱体的圆柱腔体和不带柱体的圆柱空腔。图 4.8 ~ 图 4.10 给出了模型在不同频率下实验数据与计算结果的比较。由图可见，计算结果与实验数据吻合得较好。

再次，为展示此并行高阶合元极算法对复杂结构腔体模型的计算能力，计算了一个带有发动机叶片模型的圆柱形飞机进气道模型[119]，此模型的几

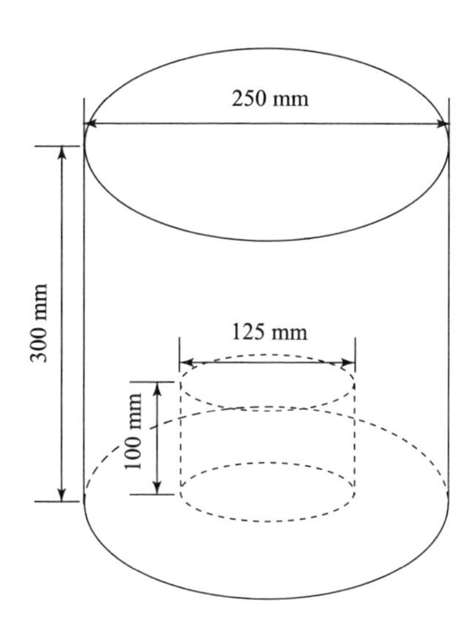

图4.7　圆柱带金属柱腔体几何尺寸

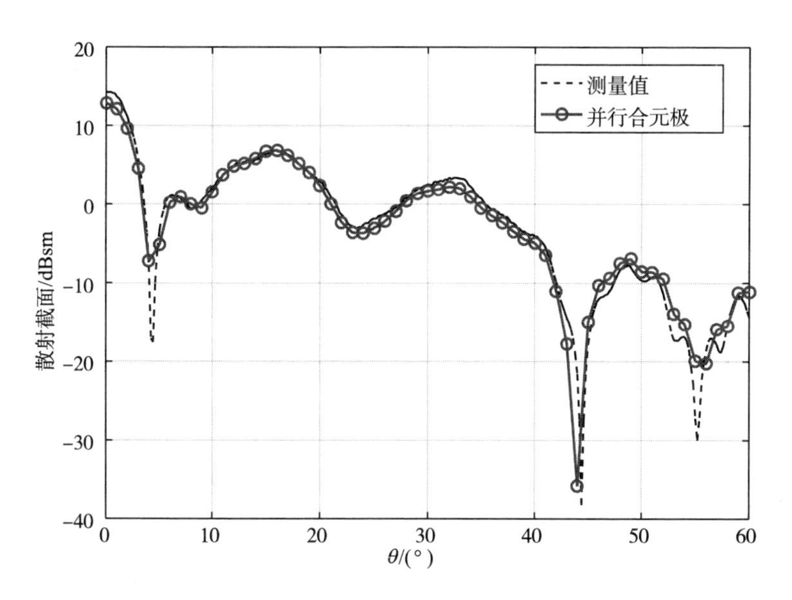

图4.8　圆柱空腔9 GHz时单站RCS与测量值的比较

何结构及采用ANSYS建模剖分后如图4.11所示。按照前面所述的分段方法，此模型仍然可以分为三段，每段剖分后的未知数目见表4.2。从表中可以看出，表面未知数最多的面出现于连接层下表面，导致此层成为整个计算模型的瓶颈。这主要是因为，在合元极计算腔体问题的按层消去算法中，主要的CPU计算时间分为两部分，一部分是层内稀疏有限元矩阵的分解，另一

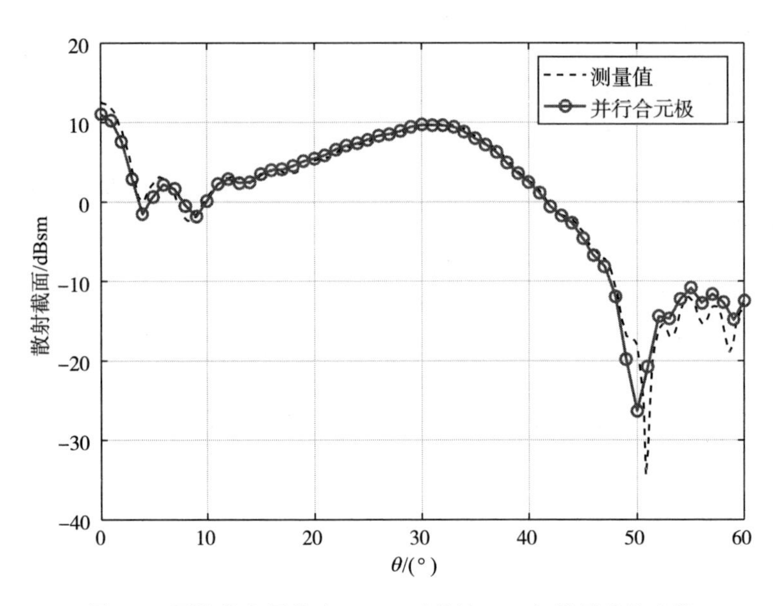

图 4.9　圆柱带金属柱腔 9 GHz 时单站 RCS 与测量值的比较

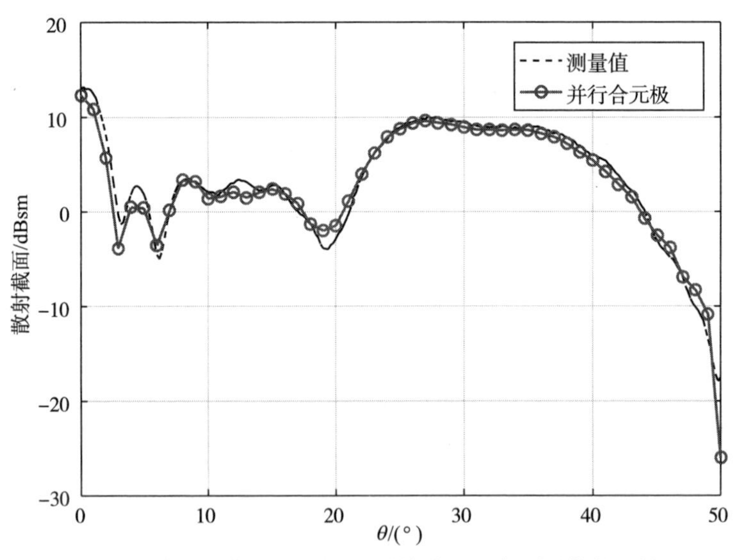

图 4.10　圆柱带柱腔 12 GHz 时单站 RCS 与测量值的比较

部分是口径面上未知数的消元过程。数值实验表明，后者是满阵的分解且其所需的时间要远大于前者。更进一步的研究表明，过渡层的存在，会极大地减少模拟此腔体模型所需的未知数。相比于不采用过渡层而采用均匀网格剖分，也即第三段中每层上、下表面的未知数等同于过渡层下表面未知数目，过渡层的采用将使得第三段结构中每层上、下表面的未知数目减少约 50%。

这将极大地减少内存和 CPU 时间需求。在此计算中，整个腔体被划分为 30 层，第一段 10 层为带叶片结构部分；第二段 1 层为过渡层；第三段 19 层为空腔。采用 2 阶插值型基函数离散获得的总的未知数目是 613 632。图 4.12 所示是计算所得的单站 RCS 与测量值的比较。从图中可以看出，我们的数值结果与测量结果吻合良好，除了 32°～38°之间存在偏差，但结果与 Jin 等人的仿真计算结果吻合。为了进一步展示此高阶合元极算法的计算能力，腔体的空气部分被涂敷了厚度为 0.3 波长、介质参数为 $\varepsilon=1.0$、$\mu=4-\mathrm{j}$ 的涂层。图 4.13 所示是涂敷与未涂敷情况下计算的单站 RCS 的对比结果。

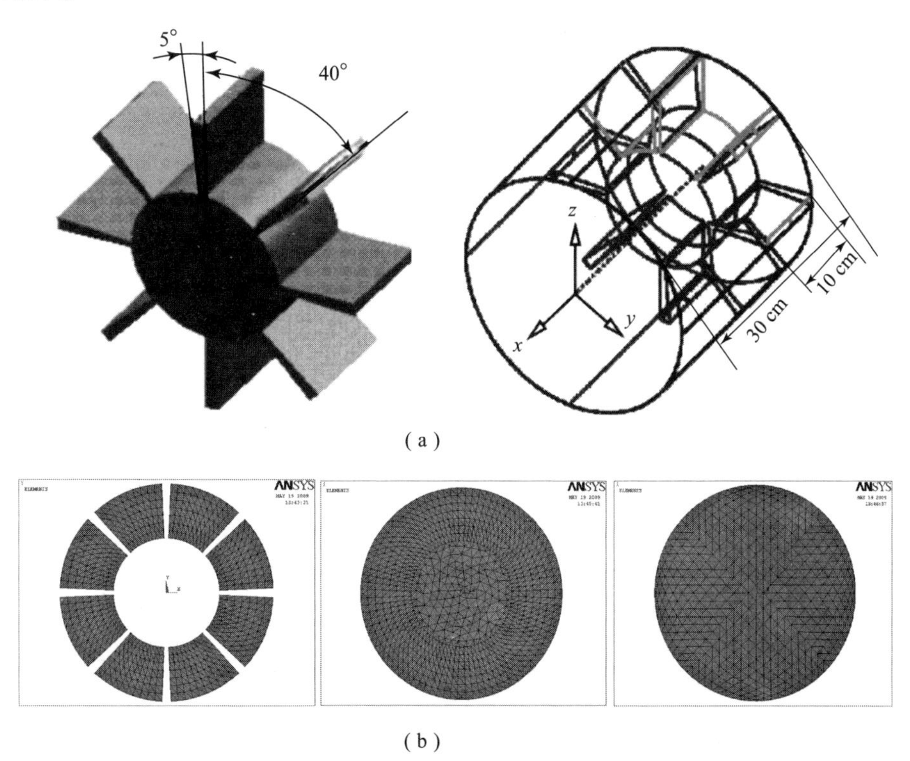

图 4.11　带有发动机叶片的飞机进气道模型与 ANSYS 剖分示意图

表 4.2　不同段的未知数目统计情况

分段编号	下表面未知数目	上表面未知数目	内部未知数目	总未知数
1	5 872	5 872	20 314	32 058
2	8 096	4 494	17 854	30 444
3	4 494	4 494	12 868	21 856

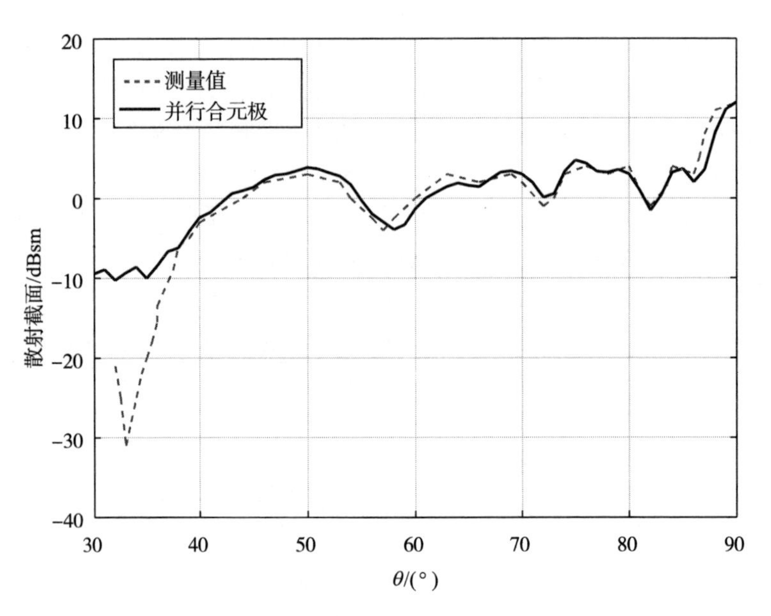

图 4.12 带有发动机叶片结构的飞机进气道模型在
8 GHz 时的单站 RCS 与测量值比较（VV 极化）

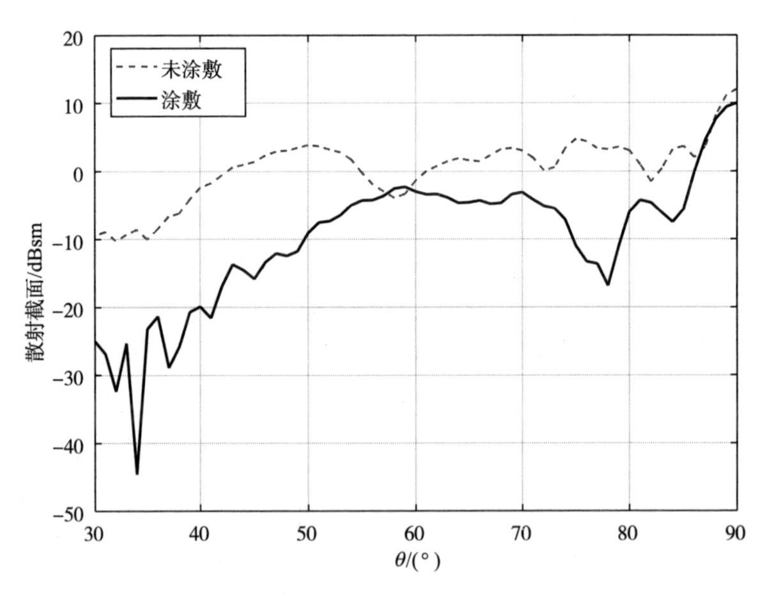

图 4.13 涂敷与未涂敷情况下飞机进气道模型在
8 GHz 时的单站 RCS 比较（VV 极化）

最后，为了展示此并行算法的强大计算能力，我们计算了一个电大且深的深腔，一个尺寸为 $15\lambda \times 15\lambda \times 100\lambda$ 的矩形空腔。计算所得的双站 RCS 如图4.14 所示。在此计算中，腔体口径面上的未知数目为14 560，采用4 阶矢量基函数离散，总的有限元未知数目为 19 808 800，采用 31 个节点进行计算，总的计算时间约为 6 h。

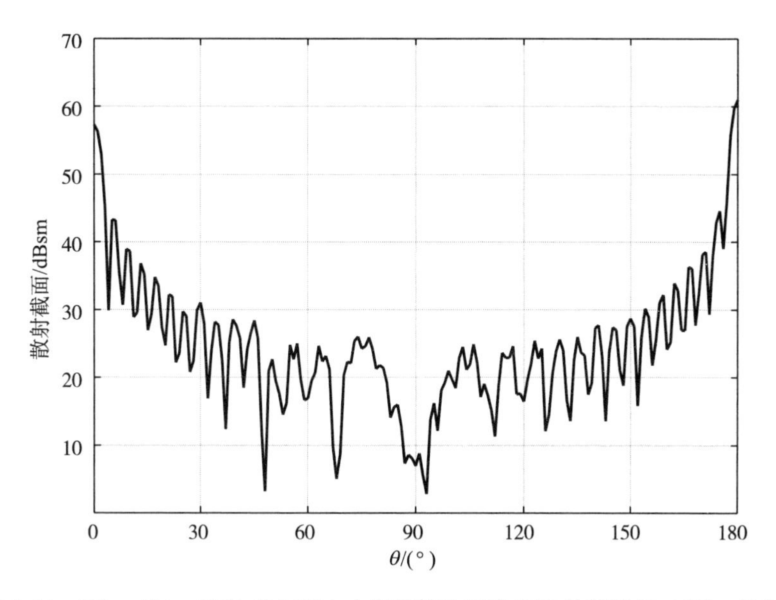

图4.14 $15\lambda \times 15\lambda \times 100\lambda$ 的矩形电大深腔结构双战 RCS 计算结果（VV－极化）

4.3 深腔散射问题的凹形合元极算法

4.3.1 研究背景

计算深腔散射问题的按层消去合元极算法对电大深腔散射问题具有很强的计算能力，并且已被广泛应用于各种复杂结构腔体散射问题的计算。最近，我们又实现了按层消去算法的 MPI 并行化，针对算法形成矩阵的特性，将满阵求解与稀疏矩阵求解技术合理结合，配合有限元高阶技术，极大地提高了算法的计算能力。然而，大量的数值实验表明，即便是采用了按层消去算法结合并行技术，合元极算法对腔体散射问题的计算仍然面临诸多挑战。首先，实际应用中的腔体，如飞机进气道模型等，电大且深，而有限元方法的数值色散误差使得合元极算法对此类电大深腔的模拟计算能力受到限制。更为重要的是，实际应用中的许多腔体目标，如带有发动机叶片的飞机进气道模型，通常只是很小的一部分含有难以用积分方程模拟的复杂或者不均匀结构而大部分空间为与背景空间自由空间相同的空气填充。这使得之前提出的按层消去算法对此类腔体散射问题的计算变得不再那么高效。为了解决这个问题，在此，我们尝试采用凹形合元极算法进行计算。在传统的合元极算法中，边界积分方程的截断面通常选择的是包围整个腔体结构的凹形闭合面，因此，整个腔体空间都需要采用有限元方法进行模拟，在此处提出的凹形合元极算法中，积分方程截断曲面选择的是凹形面，只有很小的腔体不均匀部分或者是带有复杂结构部分采用高阶有限元方法进行模拟，而之前采用有限元方法进行模拟的中空部分采用积分方程法进行模拟。在此凹形合元极算法中，由于有限元模拟空间被限制于很小的区域，避免了有限元方法带来的数值色散误差及效率降低等问题。然而，当在一个凹形表面建立联合积分方程时，最终离散形成的矩阵方程系统的性态通常比传统合元极算法要差，特别是对于电大复杂结构腔体。为了解决收敛问题，需要采用稳定、高效的预处理技术。数值实验表明，基于稀疏近似逆（SAI）的预处理方法具有高效、稳定、易于并行等优点。因此，在凹形合元极算法中，采用 SAI 技术构建积分方程的预处理矩阵，以此来提高迭代求解效率。数值实验表明，结合高效的预处理技术，凹形合元极算法对不均匀的电大且深腔体散射问题有很强的计算能力，特别是实际应用中的许多不均匀口径腔体。

4.3.2 腔体散射计算的凹形合元极算法

考虑一个任意形状深腔散射问题。当采用合元极方法来计算深腔散射问题时，如前所述，通常计算区域分为腔体内与腔体外两部分。内部区域是腔体部分，表示为 V_i，以腔体的内壁 S_i 及面 S_c 为边界；外部区域是在 S_o 及 S_c 外的整个自由空间。在传统的合元极算法中，S_c 通常选择的是腔体的开口面，如图 4.15（a）所示。因此，整个边界是凸形的。这种方法构建的有限元计算区域当腔体电大且深时，通常很大。即使采用之前所说的高效的按层消去算法，其计算时间复杂度通常难以忍受。而凹形合元极算法的截断边界面 S_c 选择的是一个如图 4.15（b）所示的向内凹进的曲面，此曲面只包围很小一部分含有复杂或者不均匀结构。因此，形成的边界面使得即使对电大不均匀且深的腔体结构，有限元的计算区域也可能很小。

与传统的高阶合元极方法类似，对内部区域采用高阶曲面基函数进行模拟，对外部采用零阶的 RWG 基函数进行模拟。内部区域的场满足泛函变分问题。当采用高阶曲面基函数进行离散后，获得的矩阵方程具有如下形式：

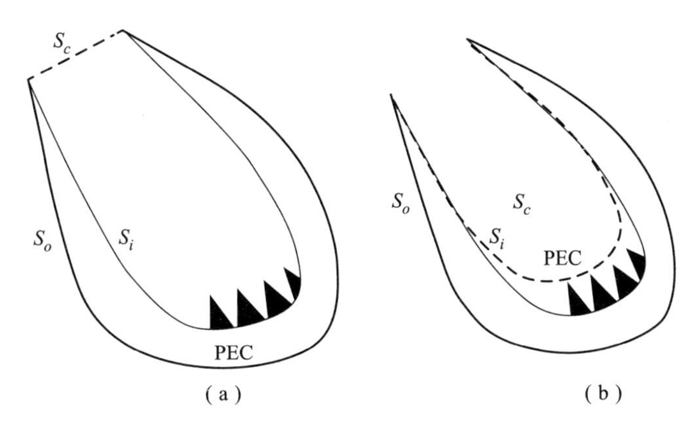

图4.15 深腔散射问题的合元极截断曲面选择
(a) 凸形；(b) 凹形

$$\begin{bmatrix} \boldsymbol{K}_{ii} & \boldsymbol{K}_{ic} & 0 \\ \boldsymbol{K}_{ci} & \boldsymbol{K}_{cc} & \boldsymbol{B}_{cc} \end{bmatrix} \begin{Bmatrix} \boldsymbol{E}_i \\ \boldsymbol{E}_c \\ \boldsymbol{H}_c \end{Bmatrix} = \{0\} \tag{4.11}$$

此处 $\boldsymbol{E}_c$ 和 $\boldsymbol{H}_c$ 表示在选定的表面 S_c 上的未知量；$\boldsymbol{E}_i$ 代表的是腔体内部区域的电场未知量。外部区域的电磁场可以通过联合场积分方程离散获得矩阵方程为：

$$\begin{bmatrix} \boldsymbol{P}_{cc} & \boldsymbol{Q}_{cc} & \boldsymbol{Q}_{co} \\ \boldsymbol{P}_{oc} & \boldsymbol{Q}_{oc} & \boldsymbol{Q}_{oo} \end{bmatrix} \begin{Bmatrix} \boldsymbol{E}_c \\ \boldsymbol{H}_c \\ \boldsymbol{H}_o \end{Bmatrix} = \begin{Bmatrix} b_c \\ b_o \end{Bmatrix} \tag{4.12}$$

最终的矩阵方程系统可以通过联立方程（4.11）与方程（4.12）获得。由此形成的矩阵方程系统性态差，很难直接高效、快速求解。通常，首先对有限元矩阵方程系统进行按层消去算法，获得口径面上的电磁场关系式 $\boldsymbol{E}_c = \boldsymbol{M}\boldsymbol{H}_c$。之后，将此关系式代入方程（4.12）中，得到：

$$\begin{bmatrix} \boldsymbol{P}_{cc}\boldsymbol{M} + \boldsymbol{Q}_{cc} & \boldsymbol{Q}_{co} \\ \boldsymbol{P}_{oc}\boldsymbol{M} + \boldsymbol{Q}_{oc} & \boldsymbol{Q}_{oo} \end{bmatrix} \begin{Bmatrix} \boldsymbol{H}_c \\ \boldsymbol{H}_o \end{Bmatrix} = \begin{Bmatrix} b_c \\ b_o \end{Bmatrix} \tag{4.13}$$

在传统的合元极算法中，方程（4.13）通常具有较好的矩阵性态，可以采用迭代求解器如 GMRES 等实现快速迭代求解。同时，可以采用多层快速多极子技术来加速迭代求解过程中的矩阵矢量乘积，如矢量与 $\boldsymbol{P}_{cc}$、$\boldsymbol{P}_{oc}$、$\boldsymbol{Q}_{cc}$、$\boldsymbol{Q}_{co}$、$\boldsymbol{Q}_{oc}$ 及 $\boldsymbol{Q}_{oo}$ 等的乘积。然而，数值实验表明，对于此处提出的凹形合元极算法，由于边界积分方程等效面向内凹进，方程（4.13）的矩阵性态要比凸形合元极算法相对较差。为解决此问题，需要采用一种高效的预处理技术来加速迭代收敛性。

通常来说，在多层快速多极子技术中，比较常用的预处理技术包括两种：一种是基于不完全 LU 分解（ILU）的预处理构建技术；另一类是基于稀疏近似逆（SAI）技术构建的预处理。通常，SAI 技术更适用于并行实现。而此处，由于凹形等效面的采用，使得积分方程未知量大大增加，取代有限元部分成为整个凹形合元极算法的计算“瓶颈”，特别是对于电大且深的腔体。因此，除了对有限元部分采用并行的按层消去算法外，有必要采用并行多层快速多极子技术来增强算法的计算能力。因此，我们采用 SAI 预处理技术来构建预处理器。在方程系统（4.13）中，通常 $\boldsymbol{M}$ 矩阵不是显式存储的，因此，无法直接采用 SAI 技术构建整个矩阵的预处理器。然而，由于矩阵 $\boldsymbol{P}_{cc}\boldsymbol{M}$ 及 $\boldsymbol{P}_{oc}\boldsymbol{M}$ 只是涉及选择的表面 S_c，通常它们的贡献相对较弱，在某种意义上可以忽略。更为重要的是，Q 矩阵包括了矩阵相互作用中比较强的部分。因此，我们有理由相信，只对 Q 矩阵的近相互作用部分采用 SAI 技术构建预处理便能达到很好的预处理效果。最终，我们选择的预处理矩阵为：

$$\begin{bmatrix} \boldsymbol{Q}_{cc} & \boldsymbol{Q}_{co} \\ \boldsymbol{Q}_{oc} & \boldsymbol{Q}_{oo} \end{bmatrix} \tag{4.14}$$

4.3.3 数值算例

为研究验证提出的凹形合元极算法的数值性能，接下来将进行一系列的数值实验。所有的计算都是在北京理工大学电磁仿真中心刘徽并行平台上进行的。它有 32 个计算节点，每个节点是 Xeon MP 3.0 GHz 处理器，每个节点有 4 GB 内存。

第一个算例首先验证提出的凹形合元极算法的精确性，也即凹形曲面减小有限元计算区域对减小数值色散误差乃至提高整体精度的效果。我们计算的是砖形腔体单站 VV 极化 RCS。如图 4.16 所示，此腔体的外口径为 $2\lambda \times 2\lambda \times 11\lambda$，内部开矩形腔尺寸为 $1\lambda \times 1\lambda \times 10\lambda$。由于此腔体内部中空，可以选择整个内部腔体面作为边界面的一部分。此时，内部腔体壁面与外部成为一个闭合的凹形曲面，有限元计算域为零。因此，不需要进行任何的有限元离散。在传统的合元极算法上，我们选择的是整个外表面与腔体口径面形成的凸形面来作为内部有限元计算域与外部边界积分方程计算域的分界面。我们采用两种合元极方法以不同的剖分网格进行计算，例如，平均边长为 0.1 波长。图 4.17 所示是两种合元极方法计算所得的 RCS 比较结果。从图中可以看出，两种方法计算结果在 30° ~ 35°之间及 43° ~ 45°之间存在较大差异。为了验证两种方法计算结果的精度，采用传统凸形合元极方法，使用更加细密的网格剖分，如平均边长为 0. 06 波长，进行了计算。计算结果表明，粗剖分的凹形合元极算法计算结果比采用粗剖分的凸形合元极方法与细网格剖分吻合得更好。这也意味着凹形合元极算法要比传统的凸形合元极算法更能减小有限元色散误差，具有更好的精确性。

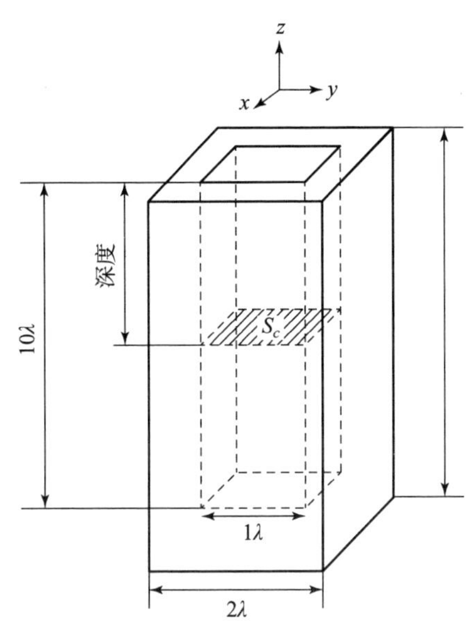

图 4. 16　一个有厚度的砖形腔体结构示意图

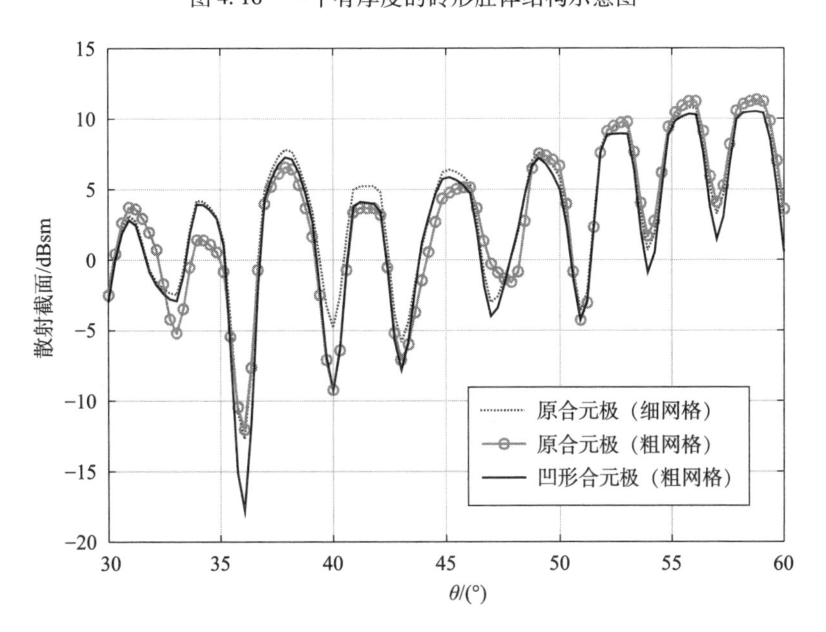

图 4. 17　采用不同计算方法计算图 4. 16 中腔体的 RCS 结果对比

接下来我们将研究提出的凹形合元极算法的数值性能与凹面选择的关系。我们计算了图 4. 16 中的砖形腔体的双站 VV 极化 RCS。计算中固定剖分 0. 1 波长，但是选择不同的凹形面。我们选择凹面沿着腔体向其底部移动，分别为 2 波长、8 波长。GMRES 采用及未采用 SAI 预处理时的迭代收敛情况如图 4. 18 所示。在此过程中，构建 SAI 预处理的时间分别为 155 s、1 400 s。从图中可以看出，曲面向内凹陷得越厉害，GMRES 迭代所需的步数越多，而构建预处理所需的时间也越长。

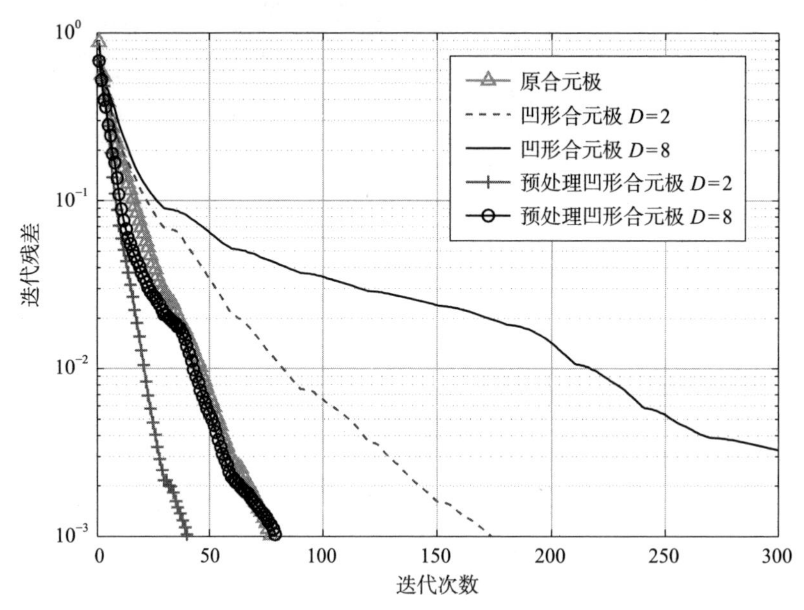

图 4. 18　不同凹面深度选择时迭代收敛步数变化情况

上面的数值实验表明，凹形曲面的选择可能导致 GMRES 迭代求解的收敛性变差，同时，构建预处理的时间变长。然而，同时可以使得方法更灵活高效，特别是对于复杂的不均匀腔体。下面将对此进行进一步的研究。第二个目标是一个带有发动机叶片的飞机进气道模型，如图 4. 11 所示。之前我们曾经提出，对于此类腔体问题的传统凹形合元极计算，可以采用分段的方式进行。在这种分三段的网格剖分形式中，第二层，也即所谓的连接层，它的引入是为了获得更高的计算效率。在这种计算中，连接层往往成为计算的瓶颈，因为此层的下表面往往剖分得比较密，未知量很多。这个计算瓶颈可以通过采用凹形合元极算法来消除。例如，选择凹面的 $15\lambda \times 15\lambda \times 100\lambda$ 为与发动机叶片最上端平齐的口径面。此时，连接层不复存在，而且，只需要计算叶片与腔体内壁包围形成的数个小空间。ANSYS 网格剖分如图 4. 19 所示。具体的计算资源需求见表 4. 3。从表中我们可以看出，采用凹形合元极

时，每层上下地面上的最大未知数目将从 20 632 减少到 14 400，将近 30%，因此可以提高计算效率及内存需求将减少为 1/3。图 4.20 所示是计算的单站 VV 极化 RCS 与测量结果的比较。从图中可以看出，两者吻合得很好。

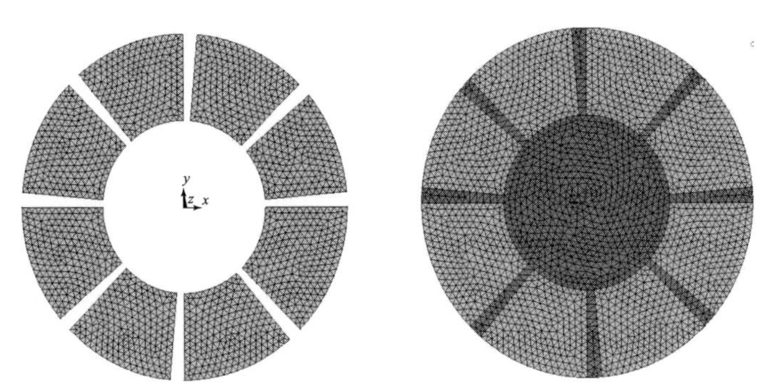

图 4.19　带叶片的飞机进气道模型剖分示意图

表 4.3　带有叶片结构的飞机进气道模型计算资源统计

层类型	面上未知数目	有限元未知数	矩量法未知数	计算 ***M*** 时间/s	构建预处理时间/s	迭代步数	迭代时间/s
第一层	14 400	571 328	58 116	5 308	58.7	169	645

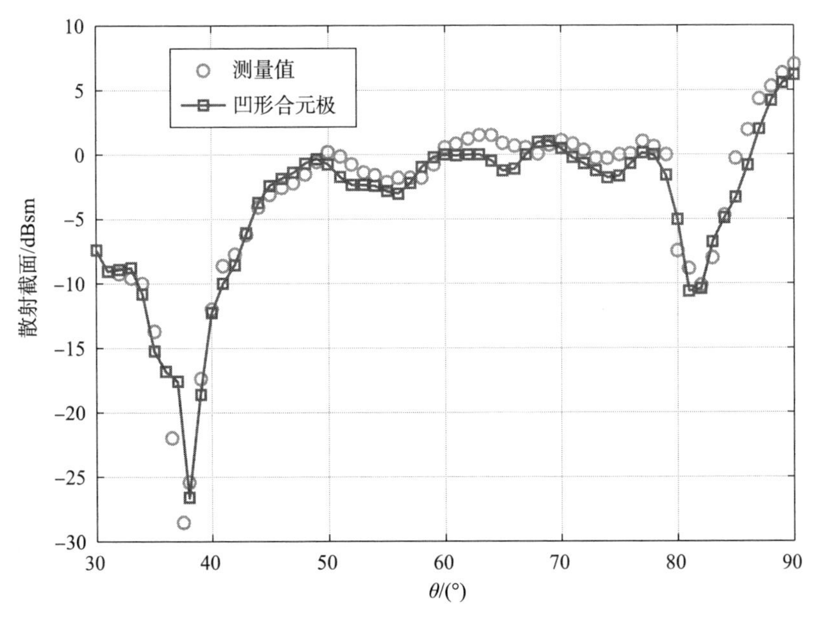

图 4.20　带有叶片的飞机进气道模型在 6 GHz 时 VV 极化单站 RCS 计算结果与测量结果对比

为了进一步提高凹形合元极算法的计算能力，我们对其进行了并行化处理，具体的多层快速多极子与有限元的并行化实现过程参看文献［120］。为了展示其强大的计算能力，我们计算了如图 4.21 所示的电大且深的喇叭状腔体。此腔体的几何尺寸如图 4.21 所示。腔体底部内壁涂有 $\varepsilon_r = 3.0$ 介质。介质共涂有 5 层，每层厚度 0.2 波长。相邻的两个介质环间距 0.2 波长。若采用传统的凸形合元极算法进行计算，则难以实现。我们采用本节提出的凹形合元极算法进行计算，选择整个内壁的不均匀部分、涂层的整个上表面及外部表面作为此喇叭状腔体的内外区域分界面。具体的计算资源统计见表 4.4。同时，我们估计了采用传统的凸形合元极方法进行计算所需的内存与计算时间等计算资源。从表中可以看出，传统凸形合元极算法的计算瓶颈在某种意义上采用凹形合元极算法后可以消除。图 4.22 是计算所得的涂层及无涂层时的 VV 极化双站 RCS 结果。

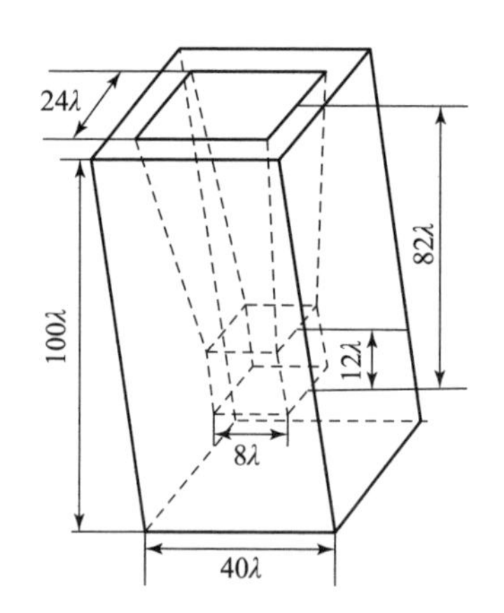

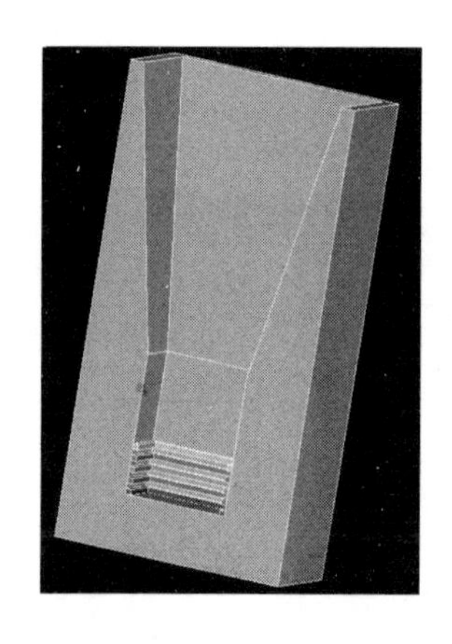

图 4.21　一个电大且深的喇叭状涂层腔体几何结构示意图

表 4.4　计算图 4.21 所示的电大喇叭状腔体所需计算资源统计

合元极算法	面上满阵维数	层内未知数	分层数	内存/GB	***M*** 矩阵计算时间/s
凸形	145 440	663 840	410	>707	>221 400
凹形	16 160	73 760	10	8.74	5 400

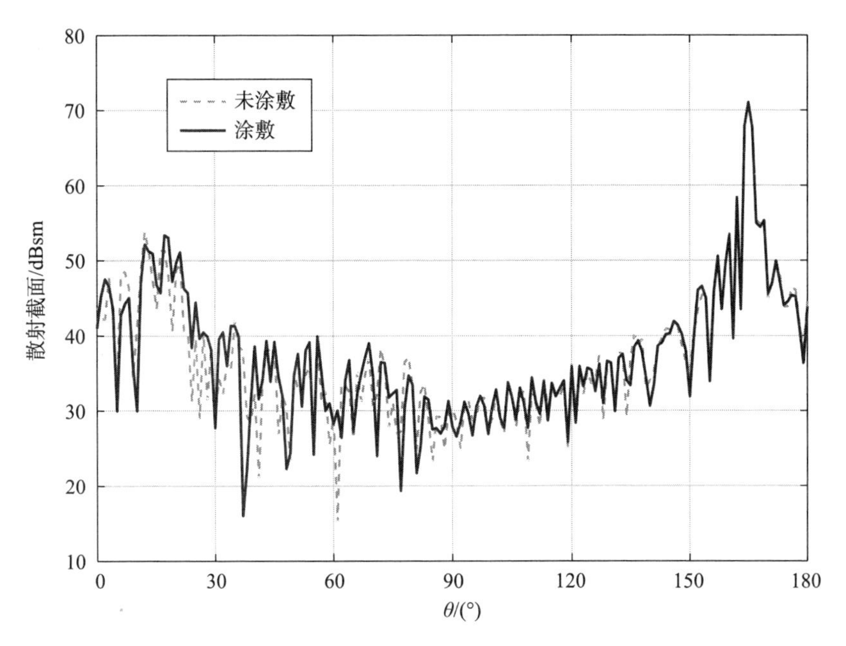

图 4.22　涂敷与未涂敷的电大喇叭深腔结构 VV 极化双站 RCS 计算结果对比

4.4　高阶合元极预处理技术

4.4.1　研究背景

研究工作表明，合元极算法是一种计算开域问题，如辐射、散射等问题的通用、精确、高效的混合算法。由于合元极算法中采用有限元算法，在计算区域规模很大的情况下，存在严重的数值色散误差，因此，需要采用高阶的有限元基函数。矢量有限元基函数可以分为插值型与叠加型两种[122-125]。其中，插值型基函数是通过一阶基函数乘正交多项式构建的，因此具有较好的矩阵性态；而叠加型基函数的优点在于其各阶基函数间的叠层嵌套特性，高阶的基函数包含较低阶的基函数，因此可以方便地在不同的计算区域采用不同阶的基函数。同时，叠加型基函数为矩阵方程的高效求解提供了可能。因此，叠加型基函数在有限元方法中更为常用。

由于合元极算法的特殊性，其最终形成的矩阵方程既包含稀疏的性态差的有限元矩阵，又包含性态好的矩量法离散边界积分方程形成的满阵。针对合元极矩阵特性，提出的各种求解最终矩阵方程的方法使得各种合元极算法可以分为两种：一种是传统合元极算法（CA），它直接对形成的矩阵方程进行迭代求解。由于矩阵性太差，这种方法往往收敛很慢。为提高其计算效率，通常人们采用预处理方法。但是预处理方法通常需要对有限元矩阵进行LU分解。另外一种方法是合元极的分解算法（DA）。这种算法首先将合元极的计算区域分为有限元计算区域与积分方程计算区域两部分。然后，将有限元矩阵方程进行快速稀疏矩阵分解，并将获得的关系代入积分方程离散后的关系式中。最后，对获得的矩阵方程进行迭代求解。数值结果表明，这种方法通常收敛很快，但是计算规模受到稀疏矩阵分解所需内存及时间的限制。即便是采用目前最为高效的多波前求解器来实现此稀疏矩阵分解，对于电大尺寸问题，资源需求仍然难以承受。因此，无论是CA还是DA，两种方法都受到庞大的有限元矩阵分解需求的限制。

实现合元极算法高效求解的关键是实现对有限元矩阵的高效求解。在文献［48］中，提出了一种针对高阶叠加型基函数的p类乘性施瓦兹预处理器。在此预处理器中，有限元未知数首先按照阶数分为不同的组。然后，通过p类乘性施瓦兹方法构建此矩阵的近似逆。在构建过程中，需要对不同阶分组进行不完全LU分解（ILU）。然而，ILU预处理的性能对于离散矢量波方程形成的有限元矩阵无法保证，特别是当计算域为电大情况时。

最近，一种基于代数多层不完全LU分解的预处理（MIB－ILU）被应用于非正定的有限元线性稀疏矩阵系统[47]。这种多层不完全LU分解技术首先将原有限元矩阵重排成叠加型的多层结构。之后，采用基于逆的不完全LU丢弃策略构建一个稳定的预处理器。数值实验表明，此多层不完全LU分解技术具有很高的效率，并且能极大地减少内存需求。这种方法实际上是一种h型的多层乘性施瓦兹预处理技术。这种h－MUS预处理器已经被应用于合元极的DA算法，并形成了一种称为双重迭代（TIA）的计算方法[126]。然而，此种方法对于电大目标的计算时，仍然存在瓶颈。

在此，我们提出了一种新型的预处理技术h－p－MUS。这种预处理方法将p－MUS与h－MUS结合起来，兼具两者之长，对电大尺寸目标的计算能力有很大提高。

4.4.2 h－p－MUS预处理技术及其在合元极中的应用

与腔体散射问题类似，采用合元极算法对任意复杂结构目标进行离散后的矩阵方程可以写成如下形式：

$$\begin{bmatrix} \boldsymbol{K}_{\mathrm{II}} & \boldsymbol{K}_{\mathrm{IS}} & 0 \\ \boldsymbol{K}_{\mathrm{SI}} & \boldsymbol{K}_{\mathrm{SS}} & \boldsymbol{B} \\ 0 & \boldsymbol{P} & \boldsymbol{Q} \end{bmatrix} \begin{Bmatrix} \boldsymbol{E}_{\mathrm{I}} \\ \boldsymbol{E}_{\mathrm{S}} \\ \boldsymbol{H}_{\mathrm{S}} \end{Bmatrix} = \begin{Bmatrix} 0 \\ 0 \\ b \end{Bmatrix} \tag{4.15}$$

式中，$\boldsymbol{K}_{\mathrm{II}}$、$\boldsymbol{K}_{\mathrm{IS}}$、$\boldsymbol{K}_{\mathrm{SI}}$、$\boldsymbol{K}_{\mathrm{SS}}$是有限元稀疏矩阵；$\boldsymbol{P}$ 和 $\boldsymbol{Q}$ 是边界积分方程离散后形成的满阵；$\boldsymbol{K}_{\mathrm{II}}$是对称矩阵；$\boldsymbol{B}$ 是反对称矩阵。由于有限元方法在计算目标具有电大尺寸时，其色散误差严重，因此，采用高阶基函数进行模拟。其中，高阶叠加型基函数具有叠加特性，而且可以采用高效的矩阵求解方法，因此，在本书中，采用的是高达 3 阶的叠加型基函数。

方程（4.15）可以采用直接法例如快速多波前法进行求解。然而直接法求解器可以进行求解的未知数个数严重受限于其计算复杂度 $O(N^b)$，$1<b<3$，并且往往大于 2。方程（4.15）也可以采用迭代法求解，并且在求解过程中可以采用多极子技术加速矩阵矢量乘，使计算复杂度减小到 $O(N\log_2 N)$。然而由于整个矩阵部分稀疏部分满阵，并且性态很差，此种方法往往收敛性很差，收敛缓慢，甚至不收敛。因此，要实现对方程（4.15）的高效求解，构建一个好的预处理器尤为重要。

为了对高阶叠加型基函数形成的有限元矩阵构建一个好的预处理器，我们首先对其应用乘性施瓦兹方法。首先，将有限元矩阵按照基函数的阶数分成不同的组。下面以 2 阶叠加型基函数为例。方程（4.15）中的有限元矩阵

$$\boldsymbol{K}=\begin{bmatrix}\boldsymbol{K}_{\mathrm{II}} & \boldsymbol{K}_{\mathrm{IS}}\\ \boldsymbol{K}_{\mathrm{SI}} & \boldsymbol{K}_{\mathrm{SS}}\end{bmatrix} \tag{4.16}$$

可以改写为：

$$\boldsymbol{K}=\begin{bmatrix}\boldsymbol{K}_{11} & \boldsymbol{K}_{12}\\ \boldsymbol{K}_{21} & \boldsymbol{K}_{22}\end{bmatrix} \tag{4.17}$$

式中，下标“1”“2”分别代表着 1 阶、2 阶有限元基函数。之后，可以将改写后的有限元矩阵分解为：

$$\begin{bmatrix}\boldsymbol{K}_{11} & \boldsymbol{K}_{12}\\ \boldsymbol{K}_{21} & \boldsymbol{K}_{22}\end{bmatrix}=\begin{bmatrix}\boldsymbol{I} & 0\\ \boldsymbol{K}_{21}\boldsymbol{K}_{11}^{-1} & \boldsymbol{I}\end{bmatrix}\begin{bmatrix}\boldsymbol{K}_{11} & 0\\ 0 & \boldsymbol{K}_{22}-\boldsymbol{K}_{21}\boldsymbol{K}_{11}^{-1}\boldsymbol{K}_{12}\end{bmatrix}\begin{bmatrix}\boldsymbol{I} & \boldsymbol{K}_{11}^{-1}\boldsymbol{K}_{12}\\ 0 & \boldsymbol{I}\end{bmatrix} \tag{4.18}$$

根据乘性施瓦兹方法，预处理矩阵，也即 $\boldsymbol{K}$ 矩阵的近似为：

$$\boldsymbol{M}=\begin{bmatrix}\boldsymbol{I} & 0\\ \boldsymbol{K}_{21}\boldsymbol{K}_{11}^{-1} & \boldsymbol{I}\end{bmatrix}\begin{bmatrix}\boldsymbol{K}_{11} & 0\\ 0 & \boldsymbol{K}_{22}\end{bmatrix}\begin{bmatrix}\boldsymbol{I} & \boldsymbol{K}_{11}^{-1}\boldsymbol{K}_{12}\\ 0 & \boldsymbol{I}\end{bmatrix} \tag{4.19}$$

此矩阵的逆可以很容易地写出，则可以获得 $\boldsymbol{K}$ 矩阵的预处理矩阵为：

$$\boldsymbol{M}^{-1}=\begin{bmatrix}\boldsymbol{I} & -\boldsymbol{K}_{11}^{-1}\boldsymbol{K}_{12}\\ 0 & \boldsymbol{I}\end{bmatrix}\begin{bmatrix}\boldsymbol{K}_{11}^{-1} & 0\\ 0 & \boldsymbol{K}_{22}^{-1}\end{bmatrix}\begin{bmatrix}\boldsymbol{I} & 0\\ -\boldsymbol{K}_{21}\boldsymbol{K}_{11}^{-1} & \boldsymbol{I}\end{bmatrix} \tag{4.20}$$

上述过程可以很容易推广到其他阶数的有限元矩阵，例如，三阶有限元矩阵的预处理矩阵及其逆矩阵分别为：

$$M = \begin{bmatrix} I & K_{12}K_{22}^{-1} & K_{13}K_{33}^{-1} \\ & I & K_{23}K_{33}^{-1} \\ & & I \end{bmatrix} \begin{bmatrix} K_{11} & & \\ & K_{22} & \\ & & K_{33} \end{bmatrix} \begin{bmatrix} I & & \\ K_{22}^{-1}K_{21} & I & \\ K_{33}^{-1}K_{31} & K_{33}^{-1}K_{32} & I \end{bmatrix} \tag{4.21}$$

$$M^{-1} = \begin{bmatrix} I & & \\ -\tilde{K}_{22}^{-1}K_{21} & I & \\ -\tilde{K}_{33}^{-1}K_{31} + \tilde{K}_{33}^{-1}K_{32}\tilde{K}_{22}^{-1}K_{21} & -\tilde{K}_{33}^{-1}K_{32} & I \end{bmatrix} \begin{bmatrix} \tilde{K}_{11}^{-1} & & \\ & \tilde{K}_{22}^{-1} & \\ & & \tilde{K}_{33}^{-1} \end{bmatrix} \cdot \begin{bmatrix} I & -K_{12}\tilde{K}_{22}^{-1} & -K_{13}\tilde{K}_{33}^{-1} + K_{12}\tilde{K}_{22}^{-1}K_{23}\tilde{K}_{33}^{-1} \\ & I & -K_{23}\tilde{K}_{33}^{-1} \\ & & I \end{bmatrix} \tag{4.22}$$

因在此预处理矩阵的构建过程中，是按照基函数的阶数进行分组的，因此，这种预处理器被称为 p 类乘性施瓦兹预处理器（p－MUS）。需要指出的是，获得方程（4.20）的过程中，我们丢弃了耦合项 $-K_{21}K_{11}^{-1}K_{12}$，因此，各阶基函数之间的正交性越好，此预处理矩阵的近似效果就越佳。为此，实际应用中，我们对叠加型基函数进行了正交化处理。

从方程（4.20）可以看出，要构建此 p－MUS 预处理器，即 M^{-1}，需要获得各阶有限元子矩阵的逆。当目标尺寸很大时，此子矩阵的求逆依然需要很大的计算资源支持。因为此处的求逆是作为预处理矩阵使用的，对最终计算结果的精度不会产生很大影响。因此，通常采用近似方法如 ILU 获得此子矩阵的近似逆即可。在本书中，采用 h－MUS 代替传统的 ILU 来获得此子矩阵的近似逆，由此形成的预处理矩阵称为 h－p－MUS。

在 h－MUS 中，按照基于逆的丢弃策略，矩阵 K 中的行与列可以分为分解的与延迟的两类。与代数多重网格对应，分解的行与列对应于细网格，而延迟的对应于粗网格。也即，原矩阵可以重新排列为

$$K = \begin{bmatrix} K_{FF} & K_{FC} \\ K_{CF} & K_{CC} \end{bmatrix} \tag{4.23}$$

因此，可以得到原矩阵的逆为

$$K^{-1} = \begin{bmatrix} I & -\tilde{K}_{FF}^{-1}K_{FC} \\ 0 & I \end{bmatrix} \begin{bmatrix} \tilde{K}_{FF}^{-1} & 0 \\ 0 & (S_{CC})^{-1} \end{bmatrix} \begin{bmatrix} I & 0 \\ -K_{CF}\tilde{K}_{FF}^{-1} & I \end{bmatrix} \tag{4.24}$$

式中，$S_{CC} = K_{CC} - K_{CF}K_{FF}^{-1}K_{FC}$，则此求逆问题变为对 S_{CC} 的求逆问题。换言之，需要对粗网格上的问题继续进行上述分解过程。这个过程递归进行，直到获得一个多层的结构。这便是 h－MUS 预处理的实施过程。

接下来考虑此 h－p－MUS 在合元极中的应用。据前所述，合元极矩阵

的求解分为两种方法：一种是传统方法（CA），一种是分解算法（DA）。双重迭代算法（TIA）实际上是一种DA算法，只不过是将DA中的稀疏矩阵直接法求解替换为h－MUS预处理的迭代求解。在此提出的h－p－MUS预处理依然可以仿照h－MUS预处理在TIA中的作用，构成一种双重迭代算法。另一种处理方式是构建一个针对CA算法的预处理器。将有限元求解域与积分方程求解域作为两个独立域，然后采用加性施瓦兹方法构建一个针对整个合元极方程的块对角预处理矩阵。其中有限元矩阵部分采用h－p－MUS求得近似逆，而边界积分方程采用任意一种近似求逆方法如SAI、ILU皆可。在此，我们主要研究的是针对合元极中有限元矩阵的h－p－MUS预处理效果，因此只对积分方程部分做简单的对角归一化处理。

4.4.3　数值算例

为展示本书提出的预处理技术的精确性、高效性与稳定性，在本节中，进行了一系列的数值实验。所有的计算都是在一台IBM服务器上进行的。CPU为Xeon MP 3.66 GHz，16 GB内存。预处理器的性能一般包括构建预处理器所需时间、内存等，而预处理效果的好坏可以通过预处理后此方程的迭代收敛情况反映出来。在接下来的数值算例中，首先单独考察h－p－MUS对有限元矩阵的预处理效果，进行一系列的数值实验，对h－p－MUS、p－MUS、h－MUS三种预处理的性能及预处理效果进行对比。之后，再通过一系列涂敷复合目标RCS进行计算，展示h－p－MUS应用于合元极算法后对合元极算法性能的提升。迭代求解器为GMRES。

首先，研究基函数的正交性对p－MUS预处理效果的影响。为此，对比了三阶基函数正交化与未正交化的情况下，计算了不同目标时的填充因子，并采用迭代法GMRES求解了有限元矩阵方程的迭代步数，具体情况见表4.5。从表中可以看出，采用正交化后的基函数，矩阵的填充因子与迭代步数都要小于未正交化时，p－MUS预处理效果更佳。这也与我们前面的分析吻合。

表4.5　计算不同目标时，正交化与未正交基函数的数值性能对比

计算目标	基函数	填充因子	迭代步数
腔体	未正交化	4.88	17
	正交化	2.74	11
介质球	未正交化	4.05	37
	正交化	2.82	17

之后，将研究提出的 h－p－MUS 预处理的数值性能。表 4.6 中列出了对一个介质球体进行离散并对获得的有限元矩阵进行预处理及迭代求解时的详细情况。从表中可以看出，构建 h－p－MUS 预处理器所需的填充因子约是 p－MUS 的一半，而其构建时间比 p－MUS 少 25%。并且，h－p－MUS 的预处理性能比 p－MUS 的好。因此，总的计算时间包括预处理构建及迭代时间，h－p－MUS 比 p－MUS 要少约 40%。表 4.7 列出了 h－MUS 与 h－p－MUS 预处理器计算不同目标时的比较。从表中可以看出，h－p－MUS 预处理器的填充因子分别是 h－MUS 所需填充因子的 50% 和 73%。虽然 h－p－MUS 的预处理效果和 h－MUS 的预处理效果类似，总的计算时间前者要比后者少很多。这主要是因为，h－MUS 预处理矩阵构建时间随着矩阵维数增大而增加很快。

表 4.6 对介质球目标计算时，p－MUS 与 h－p－MUS 性能对比

阶数	未知数	非零元素数目	填充因子		计算时间/s		迭代步数	
			p－MUS	h－p－MUS	p－MUS	h－p－MUS	p－MUS	h－p－MUS
1	17 024	269 312	22.0	10.6	14.9	8.1	37	26
2	73 472	2 048 000	7.0	4.0	22.6	16.2		
3	171 392	7 328 768	2.0	1.1	24.9	23.1		
总计	261 888	9 646 080	3.6	2.0	197.7	114.6		

表 4.7 对不同目标计算时，h－MUS 与 h－p－MUS 性能对比

目标	未知数	非零元素数目	填充因子		迭代步数		计算时间/s	
			h－MUS	h－p－MUS	h－MUS	h－p－MUS	h－MUS	h－p－MUS
腔体	8 273	712 129	5.8	2.9	8	6	39	5
介质球	78 528	6 548 544	3.7	2.7	22	20	134.9	45.3

从以上算例可以看出，h－p－MUS 预处理器的性能及预处理效果要远好于 p－MUS 和 h－MUS 预处理，其兼具两者所长。接下来的数值算例将研究此 h－p－MUS 预处理器应用于合元极后，将其应用于不均匀结构，如复合体、涂敷体，并研究其数值性能。在此，将 h－p－MUS 应用于合元极双重迭代算法（TIA）及传统合元极算法（CA）中。

第一个计算目标，如图 4.23 所示，是一个复合圆柱体。其构成为一个

半径 0.5 m、高 0.5 m 的金属柱放置于具有相同尺寸的，相对介电常数 ε_r = 3.0 − 4.0j 的介质圆柱上，之后，这两个圆柱又被厚度为 0.1 m，相对介电常数为 ε_r = 4.5 − 9.0j 的介质层包裹起来。图 4.24 所示是计算的 0.3 GHz 时的单站 VV 极化 RCS 计算结果，分别采用了 DA、h − p − MUS − TIA、h − p − MUS − CA 三种方法计算，计算结果与文献［127］中的高阶多层快速多极子方法进行了比较。从图中可以看出，各种方法间吻合良好。图 4.25 是采用 CA、DA、h − p − MUS − TIA 及 h − p − MUS − CA 求解时的 GMRES 收敛情况，从图中可以看出，h − p − MUS − CA 的收敛速度与 h − p − MUS − TIA 的相当，比未预处理的 CA 要快很多。表 4.8 中列出了各种方法计算资源统计。从表中可以看出，h − p − MUS − CA 的内存需求与 h − p − MUS − TIA 的相同，比采用直接法要少；而计算时间则要少得多。

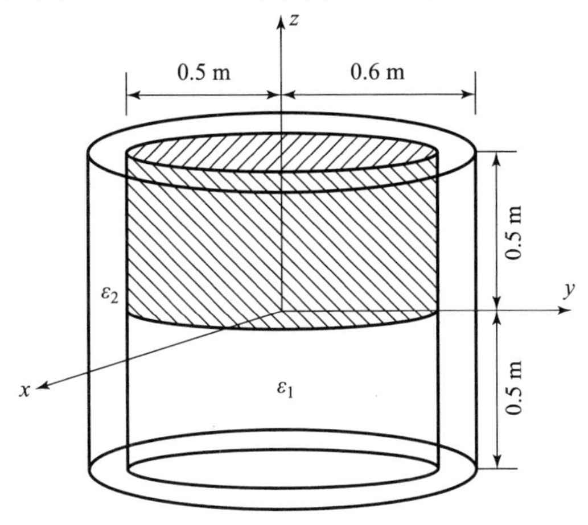

图 4.23　由金属及两种介质组成的复合圆柱

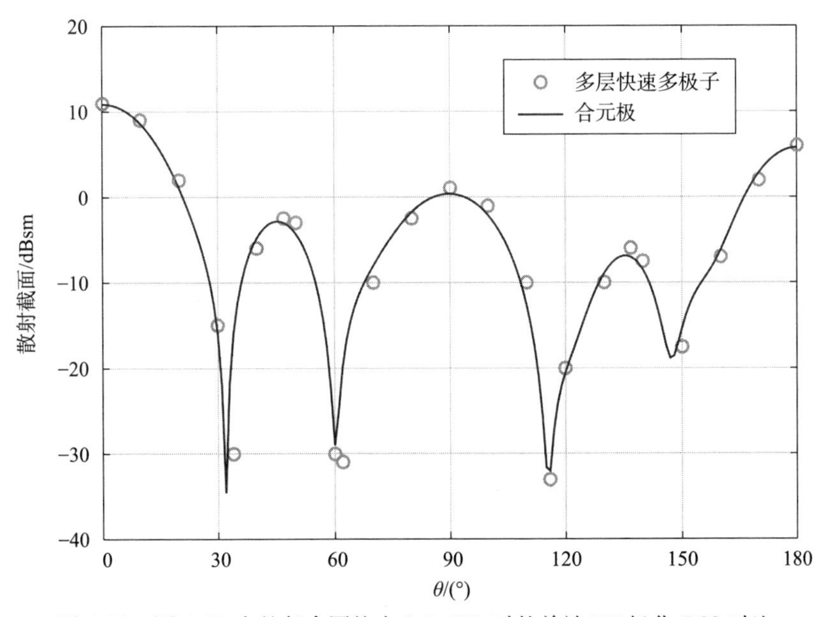

图 4.24　图 4.23 中的复合圆柱在 0.3 GHz 时的单站 VV 极化 RCS 对比

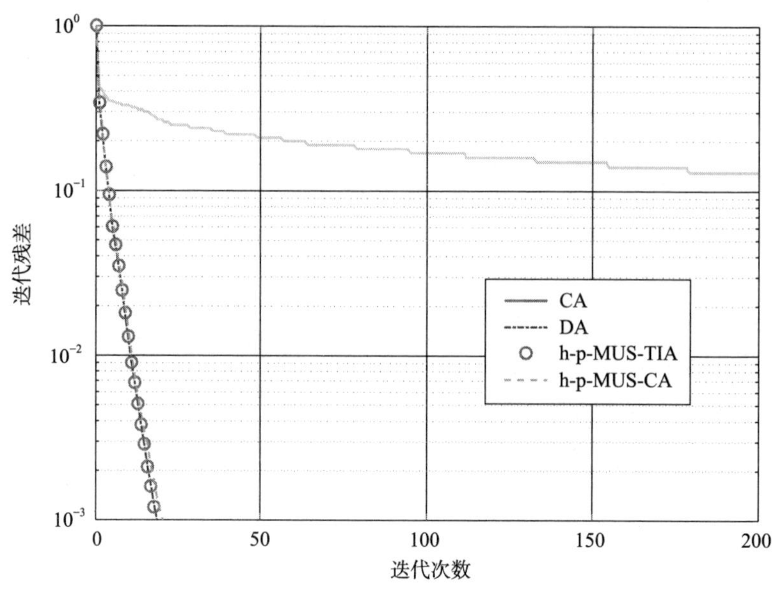

图 4.25 采用不同求解方法迭代收敛情况

表 4.8 图 4.23 所需计算时间与内存资源统计情况

未知数目 FEM /MoM	内存/MB		迭代步数		分解时间/s		平均步迭代时间/s	
	TIA	CA	TIA（内/外）	CA	TIA	CA	TIA	CA
39 976/2 142	96	96	11/19	21	2.2	2.2	30	5.5

接下来的计算目标是一个由四种材料组成的介质圆柱。此圆柱高 2 m，如图 4.26 所示。四种材料的相对介电常数分别为 $\varepsilon_1 = 4 - j$，$\varepsilon_2 = 2 - j$，$\varepsilon_3 = 2$，$\varepsilon_4 = 1.44 - 0.6j$。图 4.27 所示是采用三种方法计算的双站 VV 极化 RCS。计算所需资源见表 4.9。同样地，h－p－MUS－CA 体现了其高效性。

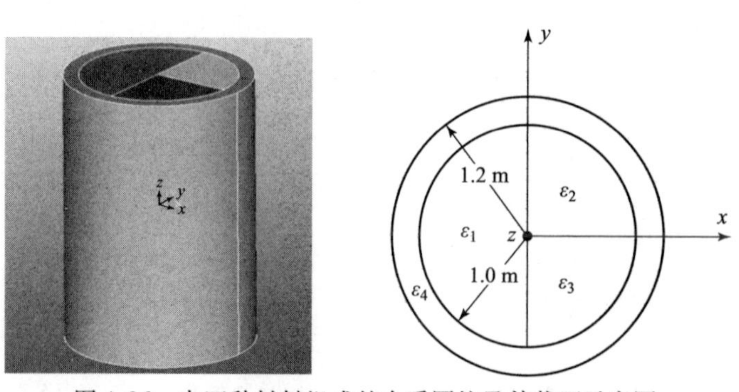

图 4.26 由四种材料组成的介质圆柱及其截面示意图

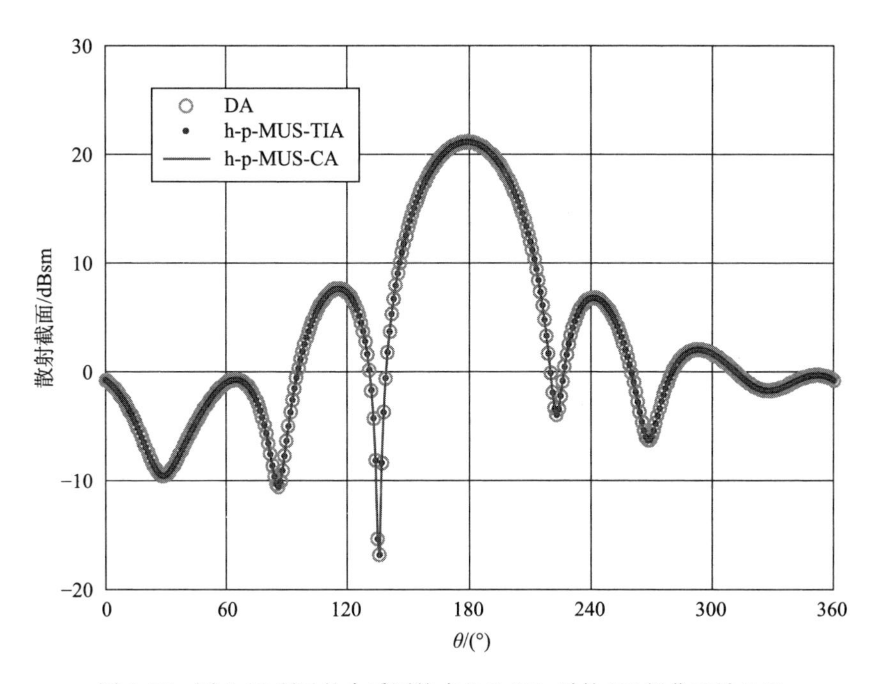

图 4.27　图 4.26 所示的介质圆柱在 0.3 GHz 时的 VV 极化双站 RCS

表 4.9　图 4.25 计算资源所需情况统计

未知数目 FEM/MoM	内存/MB		迭代步数		分解时间/s		迭代时间/s	
	TIA	CA	TIA (内/外)	CA	TIA	CA	TIA	CA
115 980/3 411	417	417	12/28	33	20	20	286.5	36.8

为了进一步展示本书提出的 h - p - MUS - CA 的计算能力，接下来计算两个较大尺寸涂敷目标的散射。第一个目标是一个薄的梯形金属板，它的边缘部分涂敷了一层有耗介质，相对介电常数为 $\varepsilon_1 = 4.5 - 9.0\mathrm{j}$。介质板的尺寸及涂层厚度如图 4.28 所示。1 GHz 时的单站 VV 及 HH 极化 RCS 与高阶多极子计算结果对比如图 4.29 和图 4.30 所示。详细的计算信息见表 4.10。

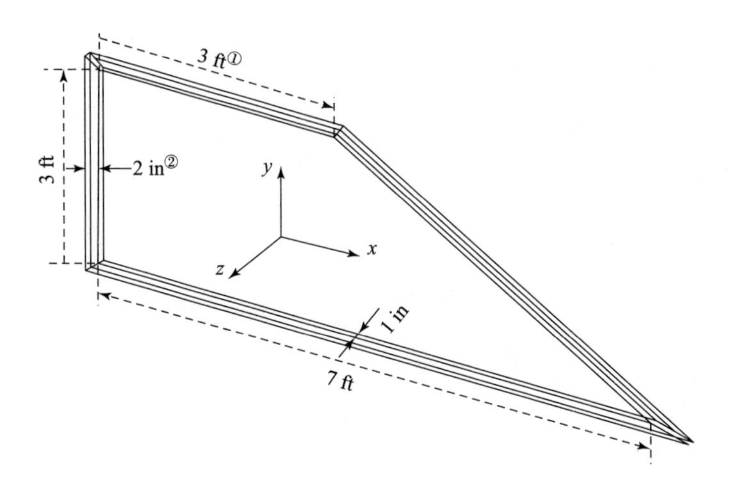

图 4.28　梯形金属板周边涂敷有耗介质几何结构示意图

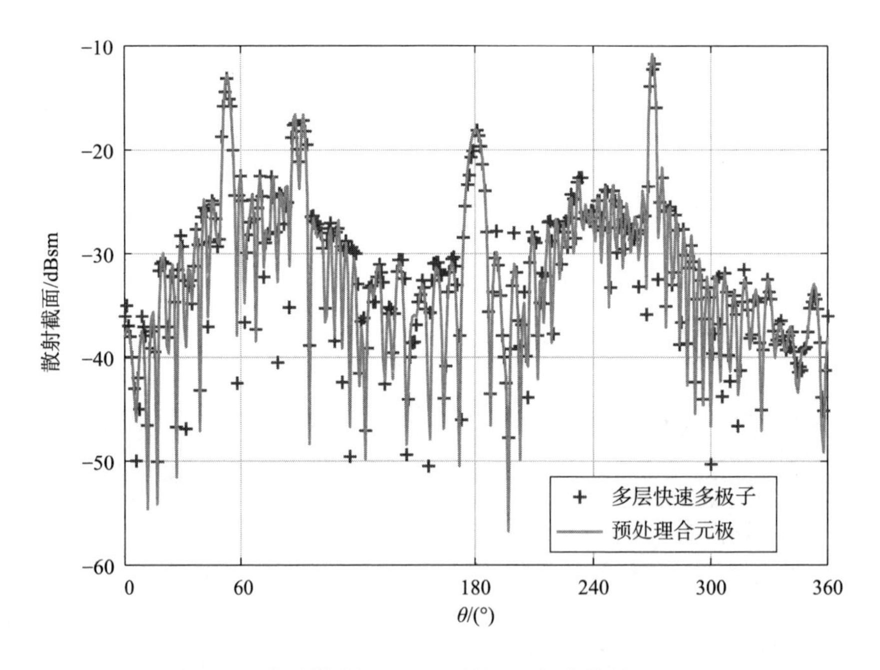

图 4.29　涂层梯形板 1 GHz 时的 VV 极化单站 RCS

① 1 ft = 0.304 8 m。

② 1 in = 2.54 cm。

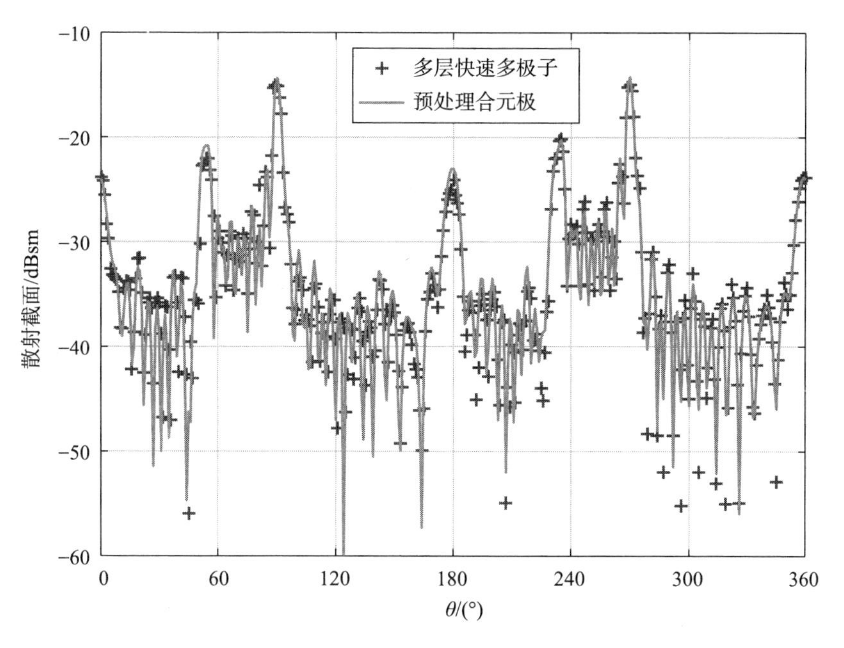

图 4.30　涂层梯形板 1 GHz 时的 HH 极化单站 RCS

表 4.10　计算涂敷梯形金属板所需计算资源统计

极化方式	未知数目 FEM/MoM	内存/MB		计算时间/s		迭代步数
		FEM	MoM	h-p-MUS 构建时间	迭代时间	
VV	30 668/23 889	61.3	405.5	1.2	201.9	140
HH	30 668/23 889	61.3	405.5	1.2	158.5	111

最后一个计算目标是一个直径为 9 波长的大介质球，相对介电常数为 3-4j。在这个计算中，BI 未知数目为 16 428，FEM 未知数为 2 593 996。详细的计算信息见表 4.11 中。计算结果与 Mie 值的对比如图 4.31 所示，体现了本书提出的 h-p-MUS-CA 的强大计算能力。

表 4.11　计算电大介质球所需计算资源统计

目标	未知数目 FEM/MoM	内存/GB		计算时间/s		迭代步数
		FEM	MoM	h-p-MUS 构建时间	迭代时间	
介质球	2 593 996/16 428	4.6	0.88	700	889	31

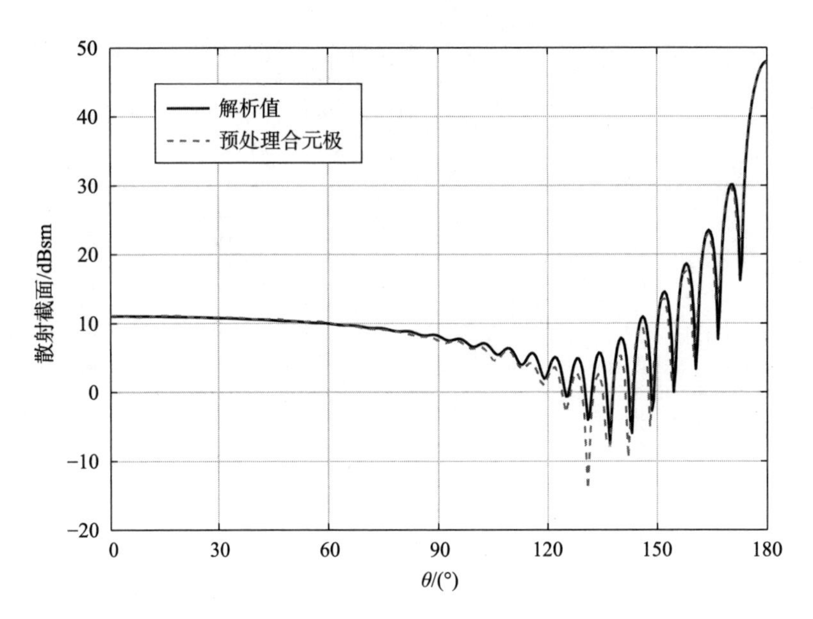

图 4.31　直径为 9 波长的介质球 VV 极化双站 RCS

第 5 章

基于区域分解的合元极算法

5.1 基于 FETI 的区域分解合元极技术

5.1.1 研究背景

混合有限元边界元方法（FE - BI）是一种通用、精确、高效的方法，特别适用于开域问题，如散射/辐射问题的求解。合元极方法在 FEBI 的基础上，通过采用 MLFMA 的加速技术，计算能力获得了很大的提高，有了质的飞跃。近些年来，此混合方法已被证实并公认为分析实际应用中的散射问题的强有力工具。针对合元极算法最终形成的矩阵方程的特殊性，各种各样的合元极快速求解方法被相继提出。这些方法一般可以分为两类。第一类是直接采用迭代方法求解整个合元极矩阵方程。由于整个矩阵方程部分稀疏、部分满阵，性态很差，这种求解方法难以实现快速收敛。为了提高矩阵的求解效率，通常需要配合高效的预处理技术，如基于吸收边界近似的预处理方法。然而，这种预处理技术的效率取决于吸收边界对积分方程的近似效果。如果截断面很光滑，则吸收边界对积分方程的近似效果很好，预处理技术通常是高效的。对于实际中应用的很多目标，其外形尺寸很大，表面通常具有复杂外形，或者是深凹结构，此时，预处理的效果变得很差。第二类方法是将合元极矩阵分为有限元矩阵与积分方程矩阵两部分。有限元矩阵稀疏且性态差；积分方程形成的矩阵为满阵，但矩阵性态通常很好。因此，通常来说，对于有限元矩阵，可以采用不完全 LU（ILU）分解构建预处理矩阵；对于积分方程矩阵，通常采用稀疏近似逆（SAI）技术构建预处理矩阵。这种方法通常比前者更灵活通用，特别适用于复杂形状边界条件情况。

由于上述两种方法都需要一个高效的预处理器，而对有限元矩阵的预处理构建更是其中的重中之重。对于有限元矩阵预处理矩阵的构建，有多种方法可以实现。其中一种极为高效的是基于逆的代数多重不完全 LU 分解（MIB - ILU）。实验结果表明，与传统的 ILU 预处理矩阵相比，MIB - ILU 在构建时间与内存需求上有很大优势。然而，随着计算规模的增大，当未知数超过百万甚至上千万未知量时，MIB - ILU 预处理构建所需的内存与时间成为新的计算瓶颈。

区域分解法是近年发展起来的，针对有限元方法构建快速、高效并行算法的最重要方法之一。在不同的区域分解方法中，有限元撕裂对接法（FETI）因其高效性与良好的矩阵性态，表现出了提高有限元计算能力的强大潜力。最近，FETI 也被应用于求解采用吸收边界条件截断的有限元问题的求解。然而，这些采用 FETI 的方法，由于采用吸收边界截断，因此灵活性及计算精度都受到限制，而且计算精度无法提前预估。

许多研究者将区域分解法应用于合元极算法中[107,131]。然而，将有限元撕裂对接法 FETI 应用到合元极方法中，并以此构建出计算开域问题的一种高效的算法，仍然面临着巨大的挑战。在本书中，将有限元撕裂对接区域分解法与合元极算法结合起来，用于求解电大不均匀三维散射问题。特别地，内部区域场的模拟采用的是 FETI 算法而不是传统的有限元算法。因此，原合元极算法中的有限元矩阵被转换成 FETI 通过引入拉格朗日乘子形成的两个子区域交界面上关系的矩阵。而 FETI 形成的矩阵方程，其维数远小于原有限元方程未知量。更为重要的是，前人研究的数值结果表明，FETI 形成的矩阵方程通常是性态良好的，可以实现快速高效迭代求解。之后，FETI 形成的交界面上的矩阵方程与边界积分方程结合起来，形成最终的 FETI - BI 矩阵方程。为进一步提高迭代求解效率，加快收敛，对于积分方程采用多极子技术后形成的近相互作用矩阵，采用 SAI 技术构建预处理。由于本书提出的区域分解合元极方法是基于 FETI - BI 方程系统的，实际上来源于区域分解技术，因此，我们在此命名为区域分解合元极（DDA - FE - BI - MLFMA）。

接下来，将详细阐述区域分解合元极的推导过程，并展示其数值性能和计算能力。

5.1.2 基于区域分解的合元极算法

对于一个不均匀目标散射问题来说，按照合元极方法，一般选择包围它的整个外表面 S 被作为内外区域的分界面。内区域是被 S 包围的整个区域，标记为 V。内区域的场可以通过泛函变分模拟为：

$$\boldsymbol{F}(\boldsymbol{E}) = \frac{1}{2}\int_V [(\nabla\times\boldsymbol{E})\cdot(\boldsymbol{\mu}_r^{-1}\nabla\times\boldsymbol{E}) - k_0^2\boldsymbol{E}\cdot\boldsymbol{\varepsilon}_r\cdot\boldsymbol{E}]\mathrm{d}V + \mathrm{j}k_0\int_S (\boldsymbol{E}\times\bar{\boldsymbol{H}})\cdot\hat{\boldsymbol{n}}\mathrm{d}S \tag{5.1}$$

式中，$\bar{\boldsymbol{H}} = Z_0\boldsymbol{H}$，$Z_0$ 是自由空间波阻抗；k_0 是自由空间波数；$\hat{\boldsymbol{n}}$ 是曲面 S 的外法线方向。外区域是无限大的自由空间，其中的场关系可以通过联合积分方程（CFIE）获得：

$$\text{MFIE} - \hat{\boldsymbol{n}} \times \text{EFIE} \tag{5.2}$$

其中，电场积分方程（EFIE）可以表示为：

$$-\frac{1}{2}\boldsymbol{E} \times \hat{\boldsymbol{n}} + \hat{\boldsymbol{n}} \times \mathrm{j}k_0\int_S\left[(\hat{\boldsymbol{n}} \times \bar{\boldsymbol{H}})G + \frac{1}{k_0^2}\nabla' \cdot (\hat{\boldsymbol{n}} \times \bar{\boldsymbol{H}})\nabla G\right]\mathrm{d}S' - \hat{\boldsymbol{n}} \times \int_S(\boldsymbol{E} \times \hat{\boldsymbol{n}}) \times \nabla G\mathrm{d}S' = \hat{\boldsymbol{n}} \times \boldsymbol{E}^i \tag{5.3}$$

而磁场积分方程（MFIE）可以表示为：

$$\frac{1}{2}\hat{\boldsymbol{n}} \times \bar{\boldsymbol{H}} + \hat{\boldsymbol{n}} \times \int_S(\hat{\boldsymbol{n}} \times \bar{\boldsymbol{H}}) \times \nabla G\mathrm{d}S' + \hat{\boldsymbol{n}} \times \mathrm{j}k_0\int_S\left[(\boldsymbol{E} \times \hat{\boldsymbol{n}})G + \frac{1}{k_0^2}\nabla' \cdot (\boldsymbol{E} \times \hat{\boldsymbol{n}})\nabla G\right]\mathrm{d}S' = \hat{\boldsymbol{n}} \times \bar{\boldsymbol{H}}^i \tag{5.4}$$

与之前讲述的传统合元极方法不同，此处采用 FETI 方法代替有限元法对内部区域进行模拟。特别地，内部区域首先被划分为许多不重叠的子区域 $V^i(i = 1,2,\cdots,N_i)$，其中下标代表着子区域的编号。被两个子区域 i 和 j 共用的交界面标记为 Γ_{ij}。两个交界面 Γ_{ij} 上采用 Robin 传输边界条件：

$$\hat{n}^i \times \left(\frac{1}{\boldsymbol{\mu}_r^i}\nabla\times \boldsymbol{E}^i\right) + \alpha_{ij}\hat{\boldsymbol{n}}^i \times (\hat{\boldsymbol{n}}^i \times \boldsymbol{E}^i) = \boldsymbol{\Lambda}_{ij}^i \tag{5.5}$$

$$\hat{n}^j \times \left(\frac{1}{\boldsymbol{\mu}_r^j}\nabla\times \boldsymbol{E}^j\right) + \alpha_{ij}\hat{\boldsymbol{n}}^j \times (\hat{\boldsymbol{n}}^j \times \boldsymbol{E}^j) = \boldsymbol{\Lambda}_{ij}^j \tag{5.6}$$

此处 α_{ij} 通常是复数，以使最终形成的子区域问题矩阵性态良好。一般来说，可以通过 $\alpha_{ij} = \mathrm{j}\sqrt{\mu_0\boldsymbol{\mu}_r\varepsilon_0\boldsymbol{\varepsilon}_r}$ 来计算 α_{ij} 的取值，$\boldsymbol{\varepsilon}_r$、$\boldsymbol{\mu}_r$ 是计算区域的平均相对介电常数与磁导率。因此，采用 Robin 边界条件后，每个子区域内的泛函变分形式为：

$$\boldsymbol{F}(\boldsymbol{E}) = \frac{1}{2}\int_{V_i}[(\nabla\times \boldsymbol{E}) \cdot (\boldsymbol{\mu}_r^{-1}\nabla\times \boldsymbol{E}) - k_0^2\boldsymbol{E} \cdot \boldsymbol{\varepsilon}_r \cdot \boldsymbol{E}]\mathrm{d}V_i + \alpha_i\int_{\Gamma_i}(\hat{\boldsymbol{n}} \times \boldsymbol{E}) \cdot (\hat{\boldsymbol{n}} \times \boldsymbol{E}) \cdot \mathrm{d}\Gamma_i + \int_{\Gamma_i}\boldsymbol{E} \cdot \boldsymbol{\Lambda}^i\mathrm{d}\Gamma_i + \mathrm{j}k_0\int_{\Gamma_{S_i}}(\boldsymbol{E} \times \bar{\boldsymbol{H}}) \cdot \hat{\boldsymbol{n}}\,\mathrm{d}S_i \tag{5.7}$$

在 FETI 中，首先最重要的是将子区域内交界面上的边划分成两类。被超过两个子区域共用的边称为角边 Γ_c，如图 5.1 所示。位于角边上的电场分量将被作为 FETI 中的全局变量处理，因此，在角边上没有拉格朗日乘子 $\boldsymbol{\Lambda}$。仅被两个子区域共用的边称为交界面上的边，标记为 Γ_{ij}。在交界面上，边对应的电场分量将作为局部变量处理，因此，交界面上的边对应着变量

$\boldsymbol{\Lambda}$。特别地，在此，我们认为整个积分方程计算区域也即外区域也是作为一个大的子区域，而且这个子区域上的电磁场关系已经通过联合积分方程确定了，所以，在内外区域交界面 S 上不需要引入 $\boldsymbol{\Lambda}$。然而，S 上被两个子区域共用的边同时又属于外区域，因此也被当作角边处理，标记为 Γ_S。

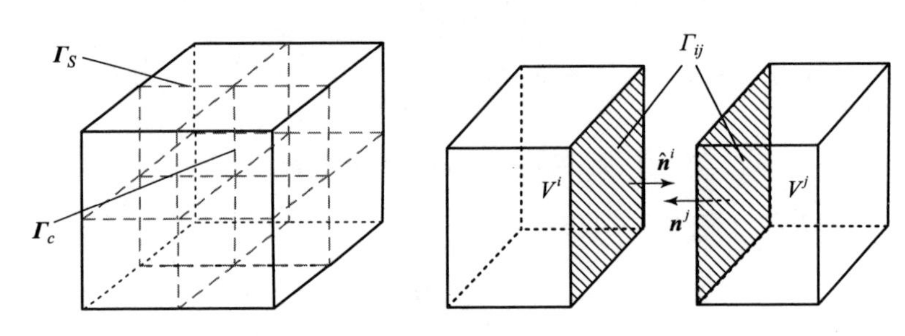

图 5.1　合元极中子区域划分示意图

与传统的有限元方法类似，采用四面体对整个有限元区域进行离散。则方程（5.1）在第 i 个子区域离散后的矩阵方程形式为：

$$\boldsymbol{K}^i\boldsymbol{E}^i + \boldsymbol{A}^i\bar{\boldsymbol{H}}_s^i = -(\boldsymbol{B}_r^i)^{\mathrm{T}}\boldsymbol{\lambda}^i \tag{5.8}$$

其中

$$\boldsymbol{K}^i = \iint_{V^i}\left[\frac{1}{\mu_r^i}(\nabla\times\boldsymbol{N}^i)\cdot(\nabla\times\boldsymbol{N}^i)^{\mathrm{T}} - k_0^2\boldsymbol{\varepsilon}_r\boldsymbol{N}^i\cdot\boldsymbol{N}^i\right]\mathrm{d}V^i + \alpha^i\int_{\Gamma_i}(\boldsymbol{n}^i\times\boldsymbol{N}^i)\cdot(\boldsymbol{n}^i\times\boldsymbol{N}^i)^{\mathrm{T}}\mathrm{d}\Gamma_i \tag{5.9}$$

$$\boldsymbol{\lambda}^i = \int_{\Gamma_i}\boldsymbol{N}^i\cdot\boldsymbol{\Lambda}^i\mathrm{d}\Gamma_i \tag{5.10}$$

$$\boldsymbol{A}^i = \mathrm{j}k_0\int_{S_i}(\boldsymbol{N}^i\times\boldsymbol{N}^i)\cdot\hat{\boldsymbol{n}}^i\mathrm{d}S_i \tag{5.11}$$

在此，$\boldsymbol{N}^i$ 是矢量有限元基函数；$\boldsymbol{\lambda}^i$ 是矢量，其维数对应子区域交界面上的边数；$\boldsymbol{B}_r^i$ 是布尔操作矩阵，满足关系 $\boldsymbol{E}_{\mathrm{I}}^i = \boldsymbol{B}_r^i E_r^i$ 且上标 T 代表着矩阵的转置。

第 i 个子区域的电场未知量按照上面关于角边及交界面定义的划分，可以分为以下三类：

$$(\boldsymbol{E}^i)^{\mathrm{T}} = [(\boldsymbol{E}_V^i)^{\mathrm{T}}\quad(\boldsymbol{E}_I^i)^{\mathrm{T}}\quad(\boldsymbol{E}_c^i)^{\mathrm{T}}] = [(\boldsymbol{E}_r^i)^{\mathrm{T}}\quad(\boldsymbol{E}_c^i)^{\mathrm{T}}] \tag{5.12}$$

其中，下标 V、I 和 c 代表着体内、交界面、角边上的未知量；$\boldsymbol{E}_r^i$ 包括区域体内的未知量及交界面上的未知量，被认为是局部变量；$\boldsymbol{E}_c^i$ 对应于角边上的未知量，被认为是全局变量。采用相同的分类方法，与内外交界面 S 有接触的子区域内的电磁场可以划分为两类：

$$(\bar{\boldsymbol{H}}_s^i)^{\mathrm{T}} = [(\bar{\boldsymbol{H}}_{sr}^i)^{\mathrm{T}}\quad(\bar{\boldsymbol{H}}_{sc}^i)^{\mathrm{T}}] \tag{5.13}$$

因此，方程（5.8）可以改写为：

$$\begin{bmatrix} \boldsymbol{K}_{rr}^{i} \boldsymbol{K}_{rc}^{i} \\ \boldsymbol{K}_{cr}^{i} \boldsymbol{K}_{cc}^{i} \end{bmatrix} \begin{bmatrix} \boldsymbol{E}_{r}^{i} \\ \boldsymbol{E}_{c}^{i} \end{bmatrix} + \begin{bmatrix} \boldsymbol{A}_{r}^{i} \\ \boldsymbol{A}_{c}^{i} \end{bmatrix} \begin{bmatrix} \bar{\boldsymbol{H}}_{sr}^{i} \\ \bar{\boldsymbol{H}}_{sc}^{i} \end{bmatrix} = \begin{bmatrix} -(\boldsymbol{B}_{r}^{i})^{\mathrm{T}} \boldsymbol{\lambda}^{i} \\ 0 \end{bmatrix} \tag{5.14}$$

从式（5.14）中可以获得 $\boldsymbol{E}_r^i$ 关于 $\boldsymbol{\lambda}^i$ 的方程为：

$$\boldsymbol{E}_{r}^{i} = (\boldsymbol{K}_{rr}^{i})^{-1}[-\boldsymbol{A}_{r}^{i}\bar{\boldsymbol{H}}_{s}^{i} - \boldsymbol{K}_{rc}^{i}\boldsymbol{E}_{c}^{i} - (\boldsymbol{B}_{r}^{i})^{\mathrm{T}}\boldsymbol{\lambda}^{i}] \tag{5.15}$$

将式（5.15）代入式（5.14）可得：

$$\widetilde{\boldsymbol{K}}_{cc}^{i}\boldsymbol{E}_{c}^{i} = -\widetilde{\boldsymbol{A}}_{c}^{i}\bar{\boldsymbol{H}}_{s}^{i} + \widetilde{\boldsymbol{K}}_{cr}^{i}(\boldsymbol{B}_{r}^{i})^{\mathrm{T}}\boldsymbol{\lambda}^{i} \tag{5.16}$$

其中

$$\widetilde{\boldsymbol{K}}_{cr}^{i} = \boldsymbol{K}_{cr}^{i}\boldsymbol{K}_{rr}^{i-1} \tag{5.17}$$

$$\widetilde{\boldsymbol{K}}_{cc}^{i} = \boldsymbol{K}_{cc}^{i} - \widetilde{\boldsymbol{K}}_{cr}^{i}\boldsymbol{K}_{rc}^{i} \tag{5.18}$$

$$\widetilde{\boldsymbol{A}}_{c}^{i} = \boldsymbol{A}_{c}^{i} - \widetilde{\boldsymbol{K}}_{cr}^{i}\boldsymbol{A}_{r}^{i} \tag{5.19}$$

因为未知量 $\boldsymbol{E}_c^i$ 所对应的角边被认为是全局变量，因此，获得的关于角边的方程（5.16）可以对所有的子区域进行全局叠加，并获得以下所示的角边问题方程：

$$\widetilde{\boldsymbol{K}}_{cc}\boldsymbol{E}_{c} = -\widetilde{\boldsymbol{A}}_{c}\bar{\boldsymbol{H}}_{s} + \widetilde{\boldsymbol{K}}_{cr}\boldsymbol{\lambda} \tag{5.20}$$

且有

$$\widetilde{\boldsymbol{K}}_{cc} = \sum_{i=1}^{N}(\boldsymbol{B}_{c}^{i})^{\mathrm{T}}(\widetilde{\boldsymbol{K}}_{cc}^{i})\boldsymbol{B}_{c}^{i} \tag{5.21}$$

$$\widetilde{\boldsymbol{A}}_{c} = \sum_{i=1}^{N}(\boldsymbol{B}_{c}^{i})^{\mathrm{T}}(\widetilde{\boldsymbol{A}}_{c}^{i})\boldsymbol{R}^{i} \tag{5.22}$$

$$\widetilde{\boldsymbol{K}}_{cr} = \sum_{i=1}^{N}(\boldsymbol{B}_{c}^{i})^{\mathrm{T}}(\widetilde{\boldsymbol{K}}_{cr}^{i})(\boldsymbol{B}_{r}^{i})^{\mathrm{T}}\boldsymbol{S}^{i} \tag{5.23}$$

式中，$\boldsymbol{B}_c^i$、$\boldsymbol{R}^i$ 及 $\boldsymbol{S}^i$ 是布尔操作矩阵，满足关系 $\boldsymbol{\lambda}^i = \boldsymbol{S}^i\boldsymbol{\lambda}$、$\bar{\boldsymbol{H}}_s^i = \boldsymbol{R}^i\bar{\boldsymbol{H}}_s$ 及 $\boldsymbol{E}_c^i = \boldsymbol{B}_c^i\boldsymbol{E}_c$。因此，$\boldsymbol{E}_c$ 可以用 $\bar{\boldsymbol{H}}_s$ 和 $\boldsymbol{\lambda}$ 表示为

$$\boldsymbol{E}_{c} = \widetilde{\boldsymbol{K}}_{cc}^{-1}(-\widetilde{\boldsymbol{A}}_{c}\bar{\boldsymbol{H}}_{s} + \widetilde{\boldsymbol{K}}_{cr}\boldsymbol{\lambda}) \tag{5.24}$$

将式（5.24）代入式（5.15）中，可以获得以下关系式：

$$\boldsymbol{E}_{r}^{i} = \boldsymbol{F}_{r}^{i}\bar{\boldsymbol{H}}_{s}^{i} + \boldsymbol{F}_{r\lambda}^{i}\boldsymbol{\lambda}^{i} \tag{5.25}$$

式中

$$\boldsymbol{F}_{r}^{i} = (\boldsymbol{K}_{rr}^{i})^{-1}[-\boldsymbol{A}_{r}^{i}(\boldsymbol{R}^{i})^{\mathrm{T}} + \boldsymbol{K}_{rc}^{i}\boldsymbol{B}_{c}^{i}(\widetilde{\boldsymbol{K}}_{cc})^{-1}\widetilde{\boldsymbol{A}}_{c}(\boldsymbol{R}^{i})^{\mathrm{T}}] \tag{5.26}$$

$$\boldsymbol{F}_{r\lambda}^{i} = (\boldsymbol{K}_{rr}^{i})^{-1}[-\boldsymbol{K}_{rc}^{i}\boldsymbol{B}_{c}^{i}(\widetilde{\boldsymbol{K}}_{cc})^{-1}\widetilde{\boldsymbol{K}}_{cr}(\boldsymbol{S}^{i})^{\mathrm{T}} - (\boldsymbol{B}_{r}^{i})^{\mathrm{T}}] \tag{5.27}$$

基于关系式（5.5）、式（5.6）、式（5.10），可以得到：

$$\boldsymbol{\lambda}_{ij}^{i} + \boldsymbol{\lambda}_{ij}^{j} = -2\boldsymbol{M}_{ij}\boldsymbol{E}_{ij}^{i} \tag{5.28}$$

$$\boldsymbol{\lambda}_{ij}^{i} + \boldsymbol{\lambda}_{ij}^{j} = -2\boldsymbol{M}_{ij}\boldsymbol{E}_{ij}^{j} \tag{5.29}$$

式中

$$\boldsymbol{M}_{ij} = \alpha_{ij}\int_{\Gamma_{ij}} (\hat{\boldsymbol{n}}^i \times \boldsymbol{N}^i) \cdot (\hat{\boldsymbol{n}}^j \times \boldsymbol{N}^j) \mathrm{d}\Gamma_{ij} \tag{5.30}$$

为方便表达，进一步引入布尔操作矩阵：

$$\boldsymbol{\lambda}_{ij}^i = \boldsymbol{T}_{ij}^i \boldsymbol{\lambda}^i,\ \boldsymbol{E}_{ij}^i = \boldsymbol{T}_{ij}^i \boldsymbol{E}_I^i \tag{5.31}$$

在式（5.31）的基础上将式（5.25）代入式（5.28）和式（5.29），可以得到如下关系式：

$$(\boldsymbol{T}_{ij}^i + 2\boldsymbol{M}_{ij}\boldsymbol{T}_{ij}^i\boldsymbol{B}_r^i\boldsymbol{F}_{r\lambda}^i)\boldsymbol{\lambda}^i + \boldsymbol{\lambda}_{ij}^j + 2\boldsymbol{M}_{ij}\boldsymbol{T}_{ij}^i\boldsymbol{B}_r^i\boldsymbol{F}_r^i\boldsymbol{H}_s^i = 0 \tag{5.32}$$

$$\boldsymbol{\lambda}_{ij}^i + (\boldsymbol{T}_{ij}^j + 2\boldsymbol{M}_{ij}\boldsymbol{T}_{ij}^j\boldsymbol{B}_r^j\boldsymbol{F}_{r\lambda}^j)\boldsymbol{\lambda}^j + 2\boldsymbol{M}_{ij}\boldsymbol{T}_{ij}^j\boldsymbol{B}_r^j\boldsymbol{F}_r^j\boldsymbol{H}_s^j = 0 \tag{5.33}$$

将所有子区域的交界面问题进行叠加，可以得到：

$$\tilde{\boldsymbol{K}}_{rr}\boldsymbol{\lambda} + \tilde{\boldsymbol{K}}_{rs}\bar{\boldsymbol{H}}_s = 0 \tag{5.34}$$

在此，有

$$\tilde{\boldsymbol{K}}_{rr} = \boldsymbol{I} + \sum_{i=1}^{N} (\boldsymbol{S}^i)^{\mathrm{T}} \sum_{j \in \mathrm{neighbour}(i)} (\boldsymbol{T}_{ij}^i)^{\mathrm{T}} (\boldsymbol{T}_{ij}^j + 2\boldsymbol{M}_{ij}\boldsymbol{T}_{ij}^j\boldsymbol{B}_r^j\boldsymbol{F}_{r\lambda}^j)\boldsymbol{S}^j \tag{5.35}$$

$$\tilde{\boldsymbol{K}}_{rs} = 2\sum_{i=1}^{N} (\boldsymbol{S}^i)^{\mathrm{T}} \sum_{j \in \mathrm{neighbour}(i)} (\boldsymbol{T}_{ij}^i)^{\mathrm{T}} (\boldsymbol{M}_{ij}\boldsymbol{T}_{ij}^j\boldsymbol{B}_r^j\boldsymbol{F}_r^j)\boldsymbol{R}^j \tag{5.36}$$

与传统 FE－BI 方法类似，对方程（5.2）进行离散，可得：

$$\boldsymbol{P}\boldsymbol{E}_s + \boldsymbol{Q}\bar{\boldsymbol{H}}_s = b \tag{5.37}$$

将 FE 与 BI 交界面上的电磁场分组重写为 $(\boldsymbol{E}_s)^{\mathrm{T}} = [(\boldsymbol{E}_{sr})^{\mathrm{T}}\quad(\boldsymbol{E}_{sc})^{\mathrm{T}}]$ 及 $(\bar{\boldsymbol{H}}_s)^{\mathrm{T}} = [(\bar{\boldsymbol{H}}_{sr})^{\mathrm{T}}\quad(\bar{\boldsymbol{H}}_{sc})^{\mathrm{T}}]$。引入布尔操作矩阵 $\boldsymbol{B}_r^s$、$\boldsymbol{B}_c^s$，满足以下关系：

$$\boldsymbol{E}_{sr} = \boldsymbol{B}_r^s\boldsymbol{E}_r,\quad \boldsymbol{E}_{sc} = \boldsymbol{B}_c^s\boldsymbol{E}_c,\quad \bar{\boldsymbol{H}}_{sr} = \boldsymbol{B}_r^s\bar{\boldsymbol{H}}_r,\quad \bar{\boldsymbol{H}}_{sc} = \boldsymbol{B}_c^s\bar{\boldsymbol{H}}_c \tag{5.38}$$

将式（5.24）、式（5.25）代入式（5.37）中，可以得到：

$$\tilde{\boldsymbol{P}}\lambda + \tilde{\boldsymbol{Q}}\bar{\boldsymbol{H}}_s = b \tag{5.39}$$

其中

$$\tilde{\boldsymbol{P}} = \boldsymbol{P}\left(\boldsymbol{B}_r^s\sum_{i=1}^{N}\boldsymbol{F}_{r\lambda}^i\boldsymbol{S}^i + \boldsymbol{B}_c^s\tilde{\boldsymbol{K}}_{cc}^{-1}\tilde{\boldsymbol{K}}_{cr}\right) \tag{5.40}$$

$$\tilde{\boldsymbol{Q}} = \boldsymbol{P}\left(\boldsymbol{B}_r^s\sum_{i=1}^{N}\boldsymbol{F}_r^i\boldsymbol{R}^i + \boldsymbol{B}_c^s\tilde{\boldsymbol{K}}_{cc}^{-1}\tilde{\boldsymbol{A}}_c\right) + \boldsymbol{Q} \tag{5.41}$$

最终的区域分解合元极算法的矩阵方程系统由方程组（5.34）及方程（5.39）联合形成。我们可以观察到，全局变量矩阵 $\tilde{\boldsymbol{K}}_{cc}$ 的逆，也即所谓的粗问题，是全局的，在式（5.34）~式（5.36）中，每一次迭代过程中都需要进行求解。这个全局的粗网格问题将所有的子区域耦合起来，在每一次迭代过程中，将数值误差全局的传递到各个子区域，因此，可以极大提高矩阵方程的迭代收敛。并且，多层快速多极子技术可以加速矩阵求解过程中 $\tilde{\boldsymbol{P}}\boldsymbol{\lambda}$ 及 $\tilde{\boldsymbol{Q}}\boldsymbol{H}_s$ 的矩阵矢量乘积运算。因此，由式（5.34）及式（5.39）形成的矩阵方程系统可以采用迭代求解器如 GMRES 等实现高效迭代求解。

接下来将分析提出的区域分解合元极算法的内存与计算时间需求。在求解最终的矩阵方程系统前，需要首先对每个子区域内的有限元矩阵 $\boldsymbol{K}_{rr}^{i}$ 及 $\tilde{\boldsymbol{K}}_{cc}$ 进行快速分解。由于这些矩阵都是稀疏或者是分块稀疏矩阵，因此，可以采用基于多波前技术的高效的稀疏矩阵求解器如 MUMPS 等进行快速分解。因此，DDA - FE - BI - MLFMA 的内存需求可以估计为：

$$\text{Memory} \propto N_a \times M_{\text{LDL}^{\text{T}}}^{D_r} + M_{\text{LDL}^{\text{T}}}^{D_c} + M_\lambda + M_{\text{BI}} \tag{5.42}$$

在此，N_a 代表整个目标划分的子区域数；$M_{\text{LDL}^{\text{T}}}^{D_r}$ 和 $M_{\text{LDL}^{\text{T}}}^{D_c}$ 代表对每一个子区域内及对全局的粗问题进行多波前分解所需的内存；M_λ 代表存储式（5.34）中的矩阵所需的内存；M_{BI} 代表采用多层快速多极子技术加速的积分方程部分所需的内存。假设整个计算区域的有限元体剖分未知数目为 N_v，而边界积分方程采用三角形离散后的未知数为 N_s 。当整个计算区域被划分为 N_a 而又假设每个子区域内的未知数目近似相等时，则每一个子区域内的未知数目及角边未知数目分别为 $N_r = N_v / N_a$ 及 $N_c \propto N_a N_r^{1/3} = N_v^{1/3} \times N_a^{2/3}$ ，对每一个子区域的有限元矩阵进行多波前分解所需内存为：

$$N_a \times M_{\text{LDL}^{\text{T}}}^{D_r} \propto N_a \times (N_r)^\beta = N_a^{1-\beta} N_v^\beta, \quad 1 < \beta < 3 \tag{5.43}$$

同样地，对全局的角边系统进行多波前分解，所需的内存可以估计为：

$$M_{\text{LDL}^{\text{T}}}^{D_c} \propto (N_c)^\beta = N_v^{\beta/3} \times N_a^{2\beta/3} \tag{5.44}$$

从式（5.43）和式（5.44）中可以看出，对于同样的问题，如果增加子区域数目，N_r 减小而 N_c 增加，这将直接影响内存的使用。因此，存在一个最优的选择来使得所需的内存总量最小。在实际应用中，矩阵 $\tilde{\boldsymbol{K}}_{rr}$ 和 $\tilde{\boldsymbol{K}}_{rs}$ 不是显式存储的，而是采用存储每个子区域及其交界面上的 $\boldsymbol{M}_{ij}$、$\boldsymbol{K}_{cr}^{i}$、$\boldsymbol{A}^{i}$ 的方式来代替。因此，总的内存需求由式（5.43）和式（5.44）确定。通过设定 $N_a = N_v^{2/5}$ ，DDA - FE - BI - MLFMA 总的计算复杂度可以由 N_v^β 减少到 $N_v^{3\beta/5}$ 。类似的，计算时间复杂度可以估计为：

$$\text{Time} \propto N_a \times T_{\text{LDL}^{\text{T}}}^{D_r} + T_{\text{LDL}^{\text{T}}}^{D_c} + N_{\text{iter}} T_{\text{iter}} \tag{5.45}$$

$T_{\text{LDL}^{\text{T}}}^{D_r}$ 和 $T_{\text{LDL}^{\text{T}}}^{D_c}$ 代表的是进行多波前分解的计算时间；T_{iter} 表示的是迭代求解过程中每一步迭代的计算时间。如果 N_{iter} 随着子区域数目的增加而保持常数或者基本不变，并且角边未知数的数目不是很大，则总的计算时间随着 N_v 的增加而线性增加。然而，数值实验表明，N_{iter} 实际上通常随着子区域数目的变化而变化。在下一节中，将对不同情况下这种变化趋势进行深入的研究与讨论。

虽然此区域分解合元极算法中，有限元区域分解形成的交界面上的矩阵方程系统具有较好的性态，便于快速求解，然而积分方程部分并没有采取任何预处理技术。对于复杂结构目标，特别是目标尺寸很大的情况下，联合积分方程的性态也将发生变化，从而影响整个求解的收敛速度。为了进一步提高迭代求解的效率，采取高效的预处理技术很是必要。在各种不同的预处理技术中，稀疏近似逆 SAI 技术因其稳定性及高效并行性，具有很大的潜力。在本书中，对方程（5.39）中的 Q 矩阵的近相互作用部分进行 SAI 近似求逆，来作为积分方程部分的预处理矩阵。

为了进一步提高采用 SAI 预处理技术的 DDA－FE－BI－MLFMA 的计算能力，对其进行了 MPI 并行化。对于此 DDA－FE－BI－MLFMA 的并行化实现来说，并行可以分为两部分：一部分是有限元撕裂对接法的并行化，一部分是对多层快速多极子计算的并行化。对于多层快速多极子技术的并行化，前面已经进行过简单阐述，在此就不进行详细解说。对于有限元撕接法的并行化来说，首先，将子区域均分到各个处理器进程中。这样每个子区域的矩阵都完全存储在同一个进程中，避免了数据通信过程。因此，对每一个子区域内的 $\boldsymbol{K}_{rr}^{i}$ 矩阵进行求逆的过程可以实现接近 100% 的并行。由于全局的 $\tilde{\boldsymbol{K}}_{cc}$ 矩阵是稀疏的，而且其矩阵维数远远小于交界面上的矩阵 $\tilde{\boldsymbol{K}}_{rr}$，因此，其产生是通过收集每个子区域的对应信息形成的，而且不需要太多额外的内存需求。之后，$\tilde{\boldsymbol{K}}_{cc}$ 矩阵通过采用并行的多波前求解技术进行分解，并将获得的矩阵分解信息均匀地分布到各个处理器进程上。最后，矩阵方程系统（5.34）、（5.39）中的各矩阵部分独立且均匀分布在各进程上，因此可以实现高效、快速并行迭代求解。

5.1.3 数值算例

为了展示此区域分解合元极算法的精确性、高效性及强大的计算能力，本节中将展示一系列的数值实验。所有的计算都是在北京理工大学电磁仿真中心 Liuhui－Ⅱ并行平台上进行的。它共有 10 个节点，每个节点有 2 个 Intel X5650 2.66 GHz CPU，每个 CPU 上有 6 个核心，96 GB DDR 内存。迭代求解器采用的是重启动的 GMRES，重启步数设为 20，迭代收敛残差为 0.001。

首先以介质长方体目标为例，如图 5.2 所示。从图中可以看出，整个介质体部分求解域可以沿着 x、y、z 方向划分为 M、N、L 段。如果 L、M、$N\neq1$，将这种区域划分称为 3D 区域划分；如果 $L=1$，称为 2D 区域划分；如果 $L=M=1$，则称为 1D 区域划分。首先，我们研究的是收敛步数与子区域数目的变化情况。我们固定子区域尺寸为 $0.5\lambda_0\times0.5\lambda_0\times0.5\lambda_0$。网格剖分密度固定为在各方向上 $0.05\lambda_0$。在两种不同的介质材料有耗 $\varepsilon_r=3-\mathrm{j}$ 及无耗 $\varepsilon_r=3$ 情况下进行研究。入射波沿着 $-z$ 方向传播，电场方向为 x 方向。图 5.3 展示了对于不同的 L 值，迭代步数随着子区域数目的增加而变化情况。从图中可以看出，对于无耗的情况下，迭代步数不再保持常数，而是随着子区域数目增加而逐渐变大，即使是 $L=1$ 的 2D 区域划分情况也是如此。

这种情况与采用吸收边界条件的有限元撕接区域分解法的结论不一致。这主要是由采用边界积分方程截断与采用吸收边界截断的不同效果引起的。对于有耗情况，迭代步数保持近似常数。这种现象是合理的，因为在有耗情况下，电磁波在有耗介质中的耗散很快。因此，通常在有耗情况下，合元极矩阵的迭代收敛速度要快于无耗情况，这种数值现象与原来传统合元极算法的 DA 法一致。

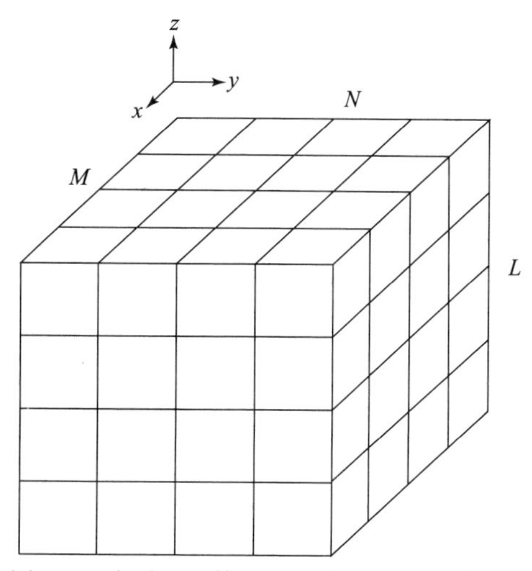

图 5.2　介质长方体各轴方向区域划分示意图

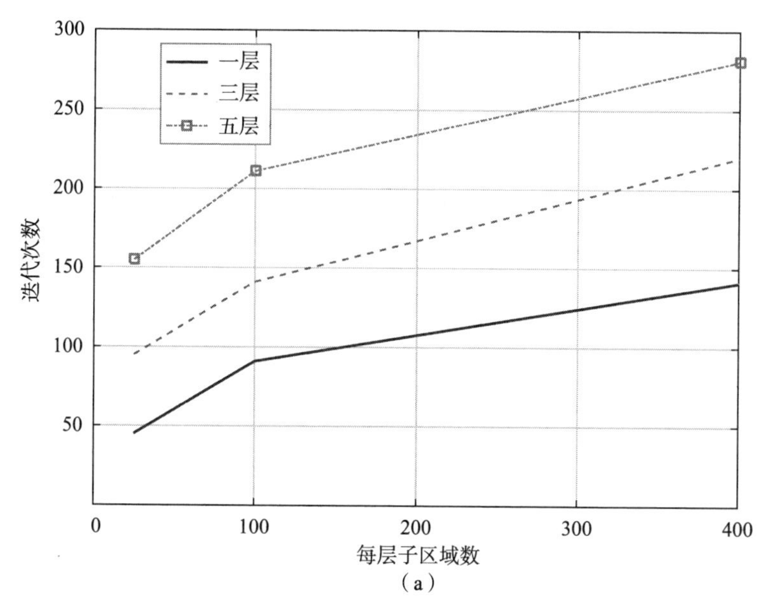

（a）

图 5.3　对于不同 L 迭代步数与子区域数目增加变化情况

（a）无耗

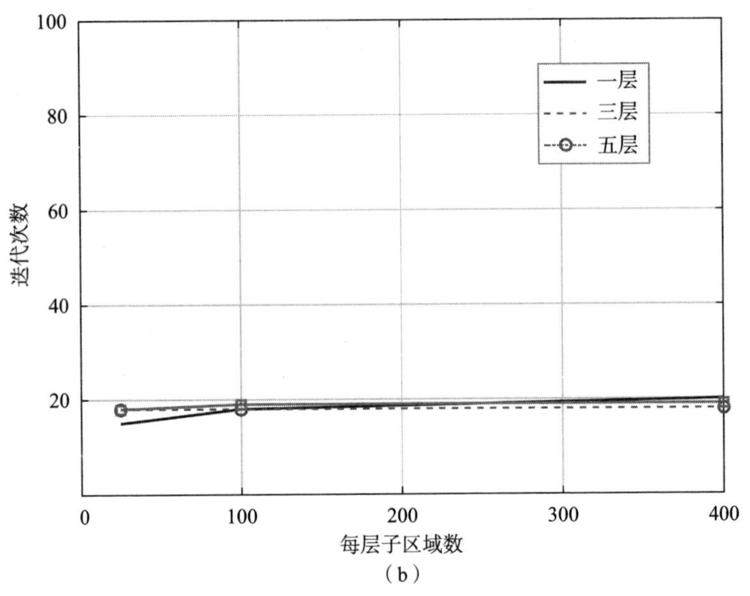

（b）

图 5.3　对于不同 L 迭代步数与子区域数目增加变化情况（续）

（b）有耗

接下来固定介质块的尺寸为 $4\lambda_0 \times 4\lambda_0 \times 4\lambda_0$，子区域数目为 64。网格剖分保持为 $1/(16\lambda_0)$。我们将研究迭代收敛速率与 M、N、L 的选择变化关系。表 5.1 中列出了迭代步数随不同的 M、N、L 取值变化情况。

表 5.1　有耗与无耗介质立方体在不同 M、N、L 取值情况下迭代步数变化情况

M、N、L	Dual 未知数目	角边未知数目	迭代步数（有耗）	迭代步数（无耗）
4、4、4	211 968	4 032	13	327
8、8、1	327 936	6 720	13	346
1、8、8	327 936	6 720	14	347
8、1、8	327 936	6 720	13	352
4、16、1	426 240	7 488	14	418
1、4、16	426 240	7 488	15	436
4、1、16	426 240	7 488	15	437
64、1、1	1 532 160	16 128	30	>800
1、64、1	1 532 160	16 128	30	>800
1、1、64	1 532 160	16 128	35	>800

从表 5.1 中可以看出，子区域的形状对迭代速率的影响很大。当子区域形状变得狭长时，例如任意的两个方向设定为 1，迭代步数增加很快，甚至出现对无耗介质立方体迭代求解不收敛的情况。这种现象不是由 Dual 未知数的增加引起的，而是因为对于狭长的子区域，存在较强的远距离电磁场间的相互作用，使得收敛变差。为证实这种解释，进行了另一个数值实验。我们固定立方体的尺寸为 $2\lambda_0 \times 2\lambda_0 \times 2\lambda_0$，剖分密度为 $0.05\lambda_0$。迭代情况见表 5.2。从表中可以看出，虽然 Dual 未知数的数目在 $M=N=L=4$ 的情况下要比 $M=N=8$，$L=1$ 时的多，前者的迭代步数要比后者少很多。对于无耗情况下，不论区域分解是2D 还是3D 区域划分，此区域分解合元极方法都表现出了很好的数值扩展性。对表 5.1 中的数据进行进一步的分析表明，对于固定的区域划分，迭代收敛速度基本上与入射波方向关系不大。例如，如果将区域划分情况由 $M=N=8$，$L=1$ 变为 $M=L=8$，$N=1$，迭代收敛步数仅有微小变化，仅从原来的 346 变为 352。

表 5.2　尺寸为 $2\lambda_0 \times 2\lambda_0 \times 2\lambda_0$ 的立方体不同 M、N、L 取值情况下迭代步数变化情况

M、N、L	Dual 未知数目	角边未知数目	迭代步数（有耗）	迭代步数（无耗）
4、4、4	174 000	2 880	17	107
8、8、1	124 320	4 200	20	141

接下来将研究介质材料不均匀性和材料的相对介电常数对区域分解合元极算法收敛情况的影响。我们考虑 4 种不同类型的介质立方体。立方体的尺寸固定为 3 m×3 m×3 m。第一种情况填充的是同样的相对介电常数为 $\varepsilon_r=2$ 的材料。第二种情况材料的相对介电常数变化为 $\varepsilon_r=4$。第三种情况下材料变为有耗，相对介电常数为 $\varepsilon_r=4-\mathrm{j}$。第四种情况下立方体由三种材料由内而外包裹而成，如图 5.4 所示，其相对介电常数分别为 $\varepsilon_r=4-\mathrm{j}$，$\varepsilon_r=3-0.5\mathrm{j}$ 及 $\varepsilon_r=2$。四种情况下的网格剖分都固定为 $0.05\lambda_0$。这四种情况下计算的雷达散射截面随观察角度的变化情况如图 5.5 所示。计算资源统计情况见表 5.3。从表 5.3 中可以看出，对于无耗情况，随着相对介电常数的增大，迭代步数增加。并且，材料的不均匀性也会增加收敛所需的迭代步数。

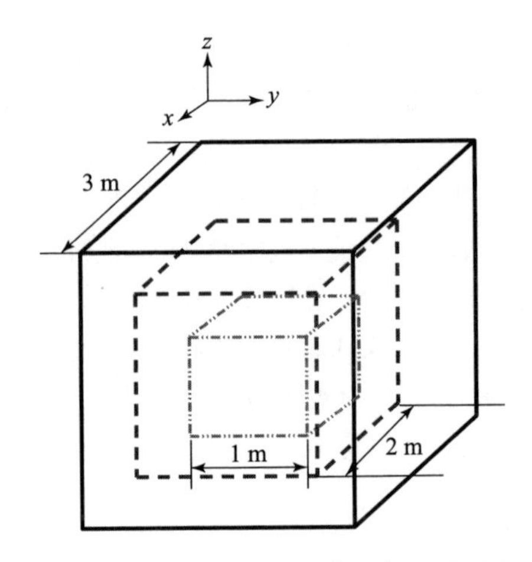

图 5.4　多层包覆介质立方体几何尺寸示意图

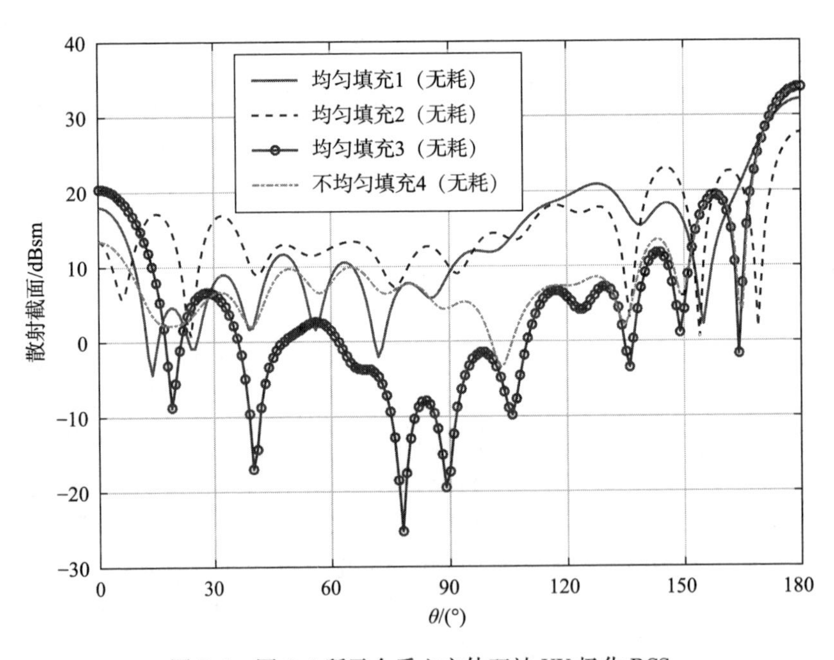

图 5.5　图 5.4 所示介质立方体双站 VV 极化 RCS

表 5.3　图 5.5 中对四种不同材料介质立方体计算所需资源统计情况

介质立方体组成	Dual 未知数目	角边未知数目	总未知数（FEM/BI）	总内存/GB	迭代步数	计算时间/s
均匀填充 1（无耗）	302 400	8 820	1 544 580/64 800	1.8	93	353
均匀填充 2（无耗）					318	1 045
均匀填充 3（有耗）					20	168
不均匀填充 4（有耗）					71	321

为了研究 SAI 预处理器的效果，计算了如图 5.6 所示的 $3.8\lambda \times 3.8\lambda \times 4.9\lambda$ 长方体腔体涂敷介质材料厚度为 $t=0.1\lambda$、相对介电常数为 $\varepsilon_r=2.0$ 时的散射。入射平面波的入射角度设置为 $\theta=30°$、$\varphi=0°$。作为对比，同时采用了基于吸收边界的合元极预处理技术。在此数值实验中，截断边界是整个涂敷腔体的外表面，因此，截断边界是凹形的。有限元与边界积分方程离散的未知数目分别为 525 721 及 30 516。图 5.7 展示了采用不同预处理方法的残差收敛情况。计算的双站 RCS 如图 5.8 所示。从图 5.7 中可以看出，SAI 预处理技术对区域分解合元极算法的迭代收敛有很好的加速效果。并且，采用了 SAI 预处理的区域分解合元极方法要比采用吸收边界条件近似原精确边界积分方程的预处理效果好。这主要是因为截断边界为凹形的，ABC 的近似效果不佳。

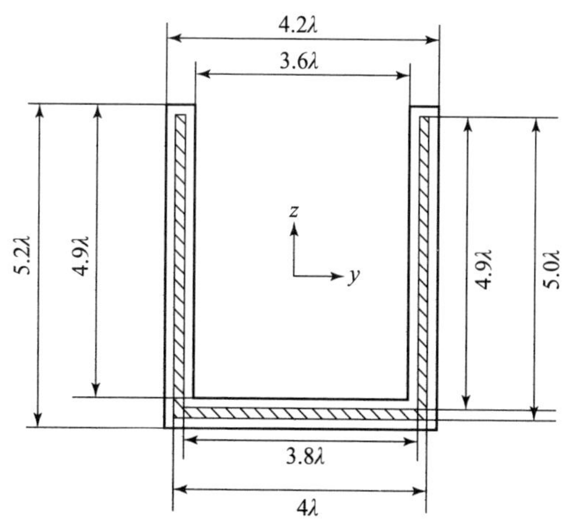

图 5.6　涂敷矩形腔体截面示意图

接下来的数值实验将进一步比较区域分解合元极算法与各种传统合元极算法的计算效率等数值性能。已有研究表明，基于逆的代数多层不完全 LU 分解预处理器的性能相对其他采用传统的不完全 LU 分解或者是直接法构建

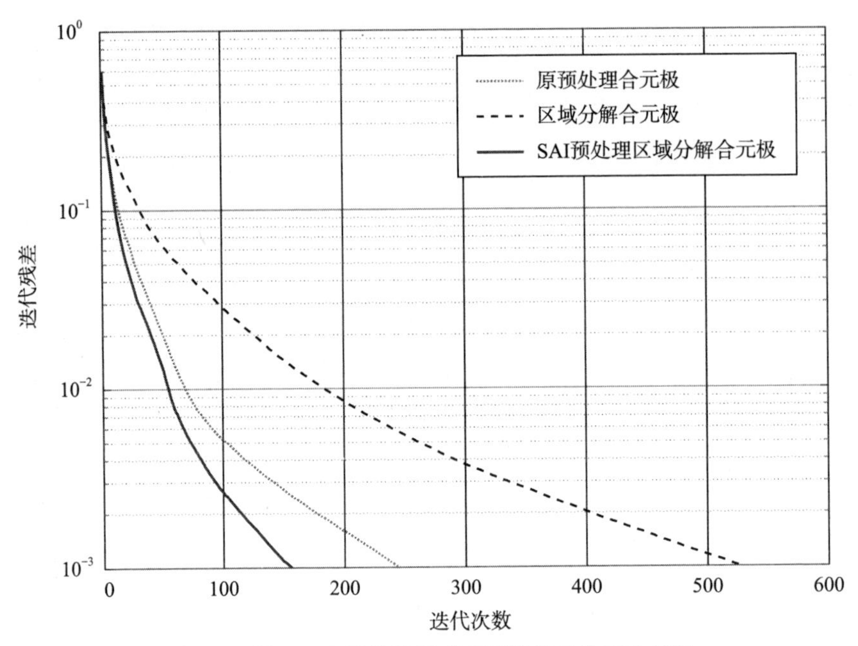

图 5.7 图 5.6 中腔体迭代残差随迭代步数变化情况

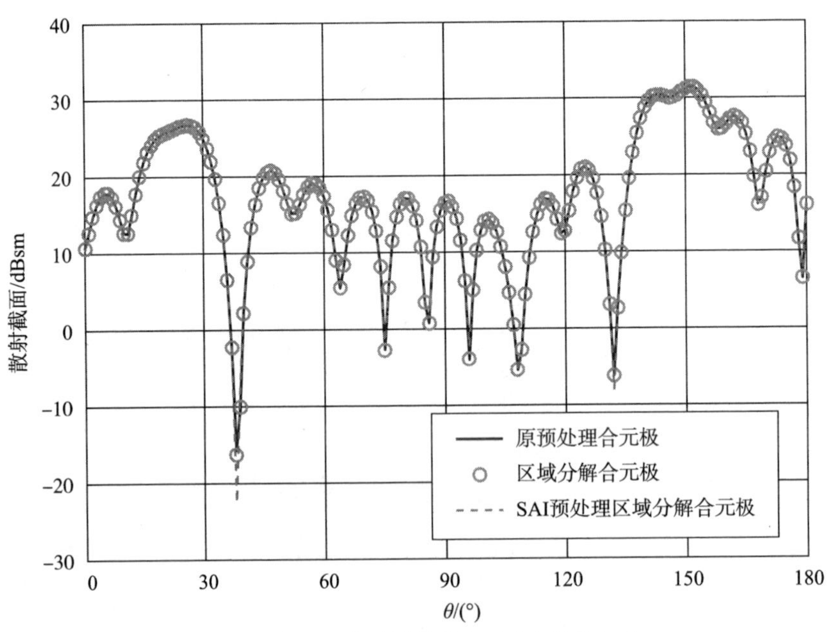

图 5.8 图 5.6 中砖形腔体双站 VV 极化 RCS

的预处理器具有更好的数值性能。因此，在此选择区域分解合元极算法与采用 MIB - ILU 预处理的传统合元极算法进行对比。为公平起见，特别地，对

于 BI 部分，区域分解合元极算法此处不采用 SAI 预处理，而只是采用简单的对角归一化处理。因此，这两种计算方法对于多层快速多极子部分所需的内存完全相同。计算目标是两个不同尺寸的填充相对介电常数为 $\varepsilon_r=4-\mathrm{j}$ 的立方体。计算所需资源的统计情况见表 5.4。从表中可以看出，随着计算目标尺寸的增加，区域分解合元极算法所需的计算资源远远小于采用 MIB - ILU 预处理的传统合元极 CA 算法。

表 5.4　对不同尺寸目标进行求解区域分解合元极与 MIB - ILU 预处理计算资源统计

目标尺寸	未知数目（FE/BI）	迭代步数		内存/MB		计算时间/s	
		MIB - ILU	DDA	MIB - ILU	DDA	MIB - ILU	DDA
$2\lambda_0\times2\lambda_0\times2\lambda_0$	238 688/18 432	38	34	1 050	517	223	81
$3\lambda_0\times3\lambda_0\times3\lambda_0$	795 024/41 472	35	35	3 110	804	856	254

为进一步提高计算能力，如前所述，对 SAI 预处理的区域分解合元极算法进行了 MPI 并行化。首先，将展示并行后的区域分解合元极算法的并行效率。我们计算了直径为 16 个波长的介质球体的双战 RCS，填充材料的相对介电常数为 3 - j。在此计算过程中，有限元部分的未知数为 16 214 729，边界积分方程离散的未知数目为 172 800。图 5.9 展示了并行效率随着进程数目的变化情况。受计算规模的限制，在图 5.9 中，起始进程数为 4。

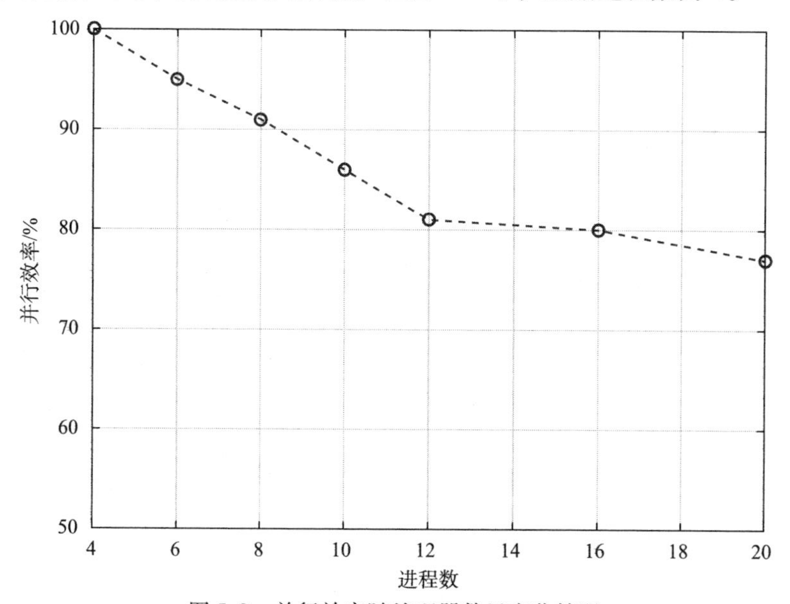

图 5.9　并行效率随处理器数目变化情况

最后，通过一系列的数值实验来展示此并行区域分解合元极算法对电大复杂形状目标的计算能力。首先计算的是薄金属梯形板边缘包覆有耗介质 $\varepsilon_1=4.5-9\mathrm{j}$ 来展示程序计算的精确性。此金属梯形板的尺寸及涂层厚度如图 5.10 所示。在此计算中，由于目标不是很大，整个目标被划分为 8 个子区域。此梯形板在 1 GHz 时的 VV 极化单站 RCS 如图 5.11 所示。图中的参考数据是高阶多层快速多极子计算结果。

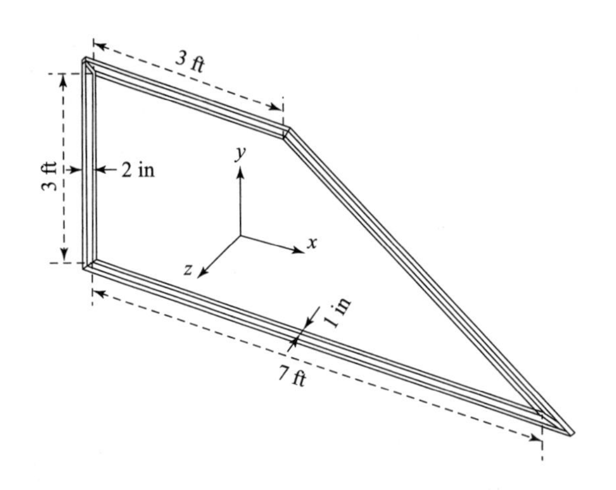

图 5.10　梯形金属板周边包覆有耗材料结构示意图

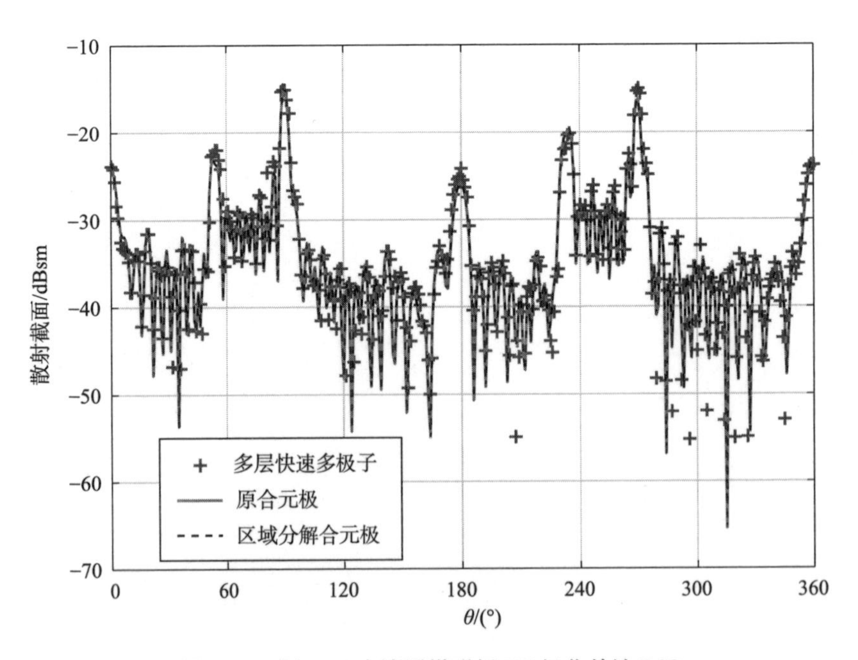

图 5.11　图 5.10 中涂层梯形板 VV 极化单站 RCS

接下来的三个算例都是电大尺寸目标，采用8个处理器进程来进行计算。第一个目标为电大涂层球体。金属球的直径是30波长，外部涂敷两层介质，厚度分别是0.05波长。各涂层的相对介电常数分别为3-j和1-j。此计算过程中的FEM/BI未知数分别为3 916 804和691 200。第二个目标是一个电大的介质球体，直径16波长，相对介电常数为3-j。离散后的FEM/BI未知数分别为16 214 720及172 800。第三个计算目标是电大的介质块，其电尺寸为$10\lambda \times 10\lambda \times 20\lambda$，相对介电常数$\varepsilon_r = 4 - j$。FEM/BI离散的未知数目分别为112 600 800及1 200 000。计算的双站RCS分别如图5.12～图5.14所示。计算所需的资源统计见表5.5。

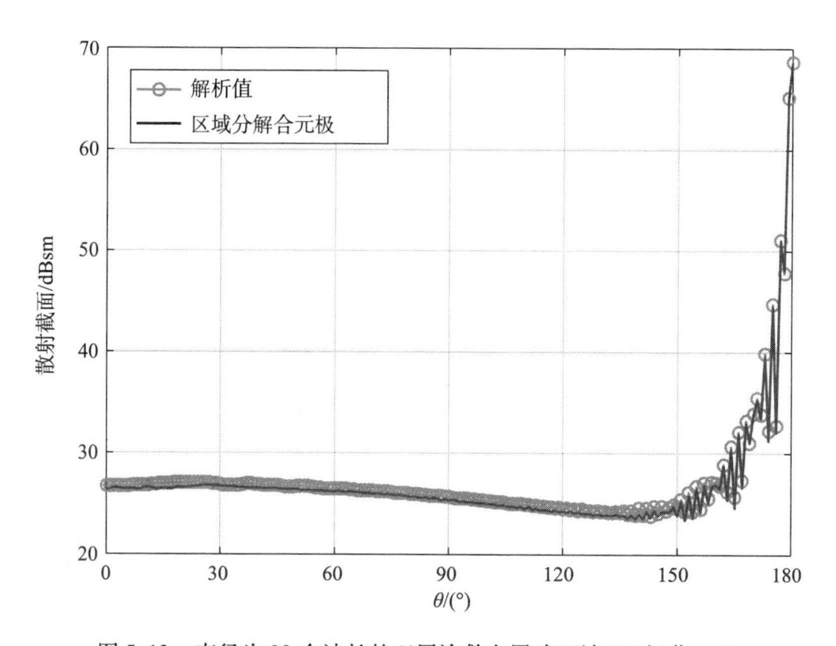

图5.12　直径为30个波长的双层涂敷金属球双站VV极化RCS

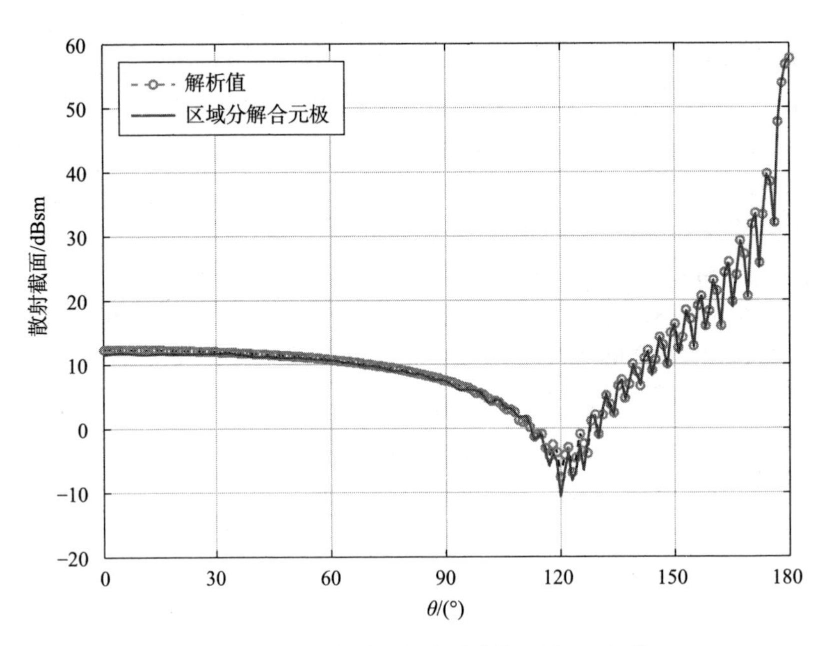

图 5.13　直径为 16 个波长的介质球体双站 VV 极化 RCS

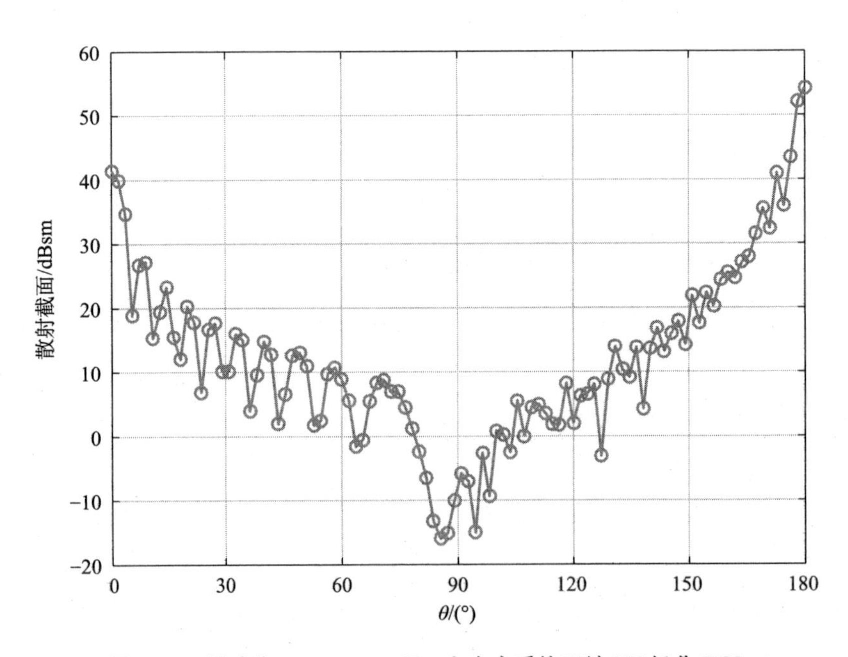

图 5.14　尺寸为 $10\lambda \times 10\lambda \times 20\lambda$ 电大介质块双站 VV 极化 RCS

表5.5　图5.12～图5.14中不同电大尺寸目标计算资源统计

目标	Dual未知数目	角边未知数目	总未知数（FEM/BI）	总内存/GB	迭代步数	计算时间/min
图5.12	98 786	10 304	3 916 804/691 200	11	36	8
图5.13	1 780 636	29 261	16 214 720/172 800	21	20	53
图5.14	12 760 000	140 800	112 600 800/1 200 000	38	23	146

5.2　基于FETI－ABC的合元极预处理技术

5.2.1　研究背景

合元极方法由于其计算开域问题的精确性与高效性，得到了人们的广泛关注。然而合元极矩阵的高效快速求解即便是目前，也是计算电磁学中的一个难点。传统的合元极求解方法无非两类：一类是直接将迭代求解器用于求解整个合元极矩阵，这便是合元极的传统计算方法（CA）。此种方法往往由于合元极矩阵的半系数半满阵特性，使得形成的矩阵性态差，从而导致收敛很慢，求解效率不高。另一类是合元极的分解法（DA），这类方法首先将有限元矩阵用稀疏矩阵快速分解方法分解，获得电磁场关系，而后将其代入积分方程矩阵中，再对此矩阵进行迭代求解。通常，DA法的收敛性要好于CA，而稀疏矩阵分解所消耗的内存增加很快，因此，目标规模比较大时，计算能力受到限制。为了增强合元极方法的计算能力，在上一节中将有限元撕接区域分解法引入合元极技术中，形成了区域分解合元极算法，并将其应用到非均匀目标电磁散射的计算中。然而，数值实验结果表明，此区域分解合元极算法对于有耗目标散射问题具有很强的计算能力和数值扩展性，然而对于无耗材料散射问题，通常收敛很慢，甚至出现不收敛的情况，大大限制了其应用范围。

为了将合元极技术扩展到电大无耗目标散射问题的计算，需要考虑采用一种高效的预处理技术来加速合元极矩阵的求解。预处理的方法有多种，如稀疏近似逆（SAI）构建技术、基于逆的不完全LU分解技术（ILU）、代数多重网格不完全LU分解技术（MIB－ILU）、p类乘性施瓦兹技术（pMUS），以及前面讨论过的混合h及p类乘性施瓦兹技术（h－p－MUS）等。然而，在这些代数预处理器中，有限元计算区域与边界积分方程区域间的耦合作用没有考虑，因此，它们对电大无耗媒质散射问题的预处理效果往往难以保证。在文献［49］中，提出了一种高效的基于吸收边界近似（FEM－ABC）预处理技术。此预处理技术的瓶颈在于，需要对形成的有限元稀疏矩阵进行昂贵的分解，从而大大限制了其计算能力。

仔细研究表明，构建前面所说的 FEM－ABC 预处理问题的关键在于每次迭代过程中，通过残差与预处理矩阵逆的求解来获得新的预处理后的残量。前人的研究表明，有限元区域分解技术是构建及求解有限元法问题的一种重要的加速算法。自然的，将区域分解算法与合元极预处理技术结合起来成为提高合元极计算能力的良好选择。

在不同的区域分解技术中，有限元撕接法因其高的收敛性及易于并行化等特点，具有很大的潜力和应用价值。在此，将有限元撕接技术应用到 FEM－ABC 预处理器的构建中，提出了一种基于区域分解技术的合元极预处理技术（DDP）。之后，将这种基于区域分解的预处理技术与合元极算法结合起来，提出了一种区域分解预处理合元极技术。此预处理器的构建，实质是求解一个 FEM－ABC 问题。因此，数值性能与有限元撕接法表现一致。由于有限元撕接法形成的交界面上的矩阵性态良好，能够快速求解，因此，此基于区域分解的预处理器可以通过构建一种内外双重迭代的求解法则。为了进一步提高算法的计算性能，还对此区域分解预处理合元极算法中耗费时间比较多的部分进行了 OpenMP 并行化。

5.2.2 基于区域分解的合元极预处理

在合元极中，内部区域 V 内的场满足泛函变分：

$$F(\boldsymbol{E}) = \frac{1}{2}\int_V [(\nabla\times\boldsymbol{E})\cdot(\boldsymbol{\mu}_r^{-1}\nabla\times\boldsymbol{E}) - k_0^2\boldsymbol{E}\cdot\boldsymbol{\varepsilon}_r\cdot\boldsymbol{E}]\mathrm{d}V + \mathrm{j}k_0\int_S (\boldsymbol{E}\times\bar{\boldsymbol{H}})\cdot\hat{\boldsymbol{n}}\mathrm{d}S \tag{5.46}$$

式中，$\bar{\boldsymbol{H}} = Z_0\boldsymbol{H}$，$Z_0$ 是自由空间波阻抗；k_0 是自由空间波数；$\hat{\boldsymbol{n}}$ 是内外分界面 S 上的外法线方向单位矢量。在外部区域的场可以通过下面的联合积分方程模拟：

$$\begin{aligned}&\left[\frac{1}{2}\hat{\boldsymbol{n}}\times\bar{\boldsymbol{H}} + \hat{\boldsymbol{n}}\times\boldsymbol{K}(\hat{\boldsymbol{n}}\times\bar{\boldsymbol{H}}) + \hat{\boldsymbol{n}}\times\boldsymbol{L}(\boldsymbol{E}\times\hat{\boldsymbol{n}})\right] + \hat{\boldsymbol{n}}\times\\&\left[\frac{1}{2}\boldsymbol{E}\times\hat{\boldsymbol{n}} + \hat{\boldsymbol{n}}\times\boldsymbol{K}(\boldsymbol{E}\times\hat{\boldsymbol{n}}) - \hat{\boldsymbol{n}}\times\boldsymbol{L}(\hat{\boldsymbol{n}}\times\bar{\boldsymbol{H}})\right]\\&= \hat{\boldsymbol{n}}\times\bar{\boldsymbol{H}}^{\mathrm{inc}}(r) - \hat{\boldsymbol{n}}\times\hat{\boldsymbol{n}}\times\boldsymbol{E}^{\mathrm{inc}}(\boldsymbol{r}),\boldsymbol{r}\in S\end{aligned} \tag{5.47}$$

式中

$$L(X) = \mathrm{j}k_0 \iint_S \left[X(r') G_0(r,r') + \frac{1}{k_0^2} \nabla' \cdot X(r') \nabla G_0(r,r') \right] \mathrm{d}S' \tag{5.48}$$

$$K(X) = \int_S X(r') \times \nabla G_0(r,r') \mathrm{d}S' \tag{5.49}$$

式中，位于 $r = r'$ 处的奇异点已被移除。内外区域通过等效原理联合起来，最终形成的合元极方程可以离散为：

$$\begin{bmatrix} K_{\mathrm{II}} & K_{\mathrm{IS}} & 0 \\ K_{\mathrm{SI}} & K_{\mathrm{SS}} & B \\ 0 & P & Q \end{bmatrix} \begin{bmatrix} E_{\mathrm{I}} \\ E_{\mathrm{S}} \\ H_{\mathrm{S}} \end{bmatrix} = \begin{bmatrix} 0 \\ 0 \\ b \end{bmatrix} \tag{5.50}$$

在此，K_{II}、K_{SS}、K_{IS}、K_{SI}、B 是稀疏有限元矩阵，而 P、Q 是积分方程满阵，并且 K_{II}、K_{SS}是对称矩阵，而 B 是反对称矩阵。

合元极方法的重要问题是如何对方程（5.50）进行快速高效求解。在此，我们采用了合元极的 CA 算法配合以文献［49］中的高效预处理技术来实现。与通常广泛采用的代数预处理方法不同，此预处理方法是基于物理近似的，采用吸收边界 ABC 近似积分方程。特别地，我们采用如下吸收边界来取代积分方程：

$$-\hat{n} \times \bar{H} + \hat{n} \times \hat{n} \times E = -\hat{n} \times \bar{H}^{\mathrm{inc}} + \hat{n} \times \hat{n} \times E^{\mathrm{inc}} \tag{5.51}$$

将式（5.46）和式（5.51）进行离散，获得最终的 FEM - ABC 预处理矩阵：

$$M = \begin{bmatrix} K_{\mathrm{II}} & K_{\mathrm{IS}} & 0 \\ K_{\mathrm{SI}} & K_{\mathrm{SS}} & B \\ 0 & -B & A \end{bmatrix} \tag{5.52}$$

用矩阵 M 的逆作为预处理矩阵，则实际上等价于求解如下方程：

$$MU = r^n \tag{5.53}$$

在此，U 是待求的预处理后的残差矢量，而 r^n 是第 n 次迭代过程中产生的残差矢量，且满足：

$$r^n = \begin{bmatrix} r_{\mathrm{EI}}^n \\ r_{\mathrm{ES}}^n \\ r_{\mathrm{H}}^n \end{bmatrix} = \begin{bmatrix} 0 \\ 0 \\ b \end{bmatrix} - \begin{bmatrix} K_{\mathrm{II}} & K_{\mathrm{IS}} & 0 \\ K_{\mathrm{SI}} & K_{\mathrm{SS}} & B \\ 0 & P & Q \end{bmatrix} \begin{bmatrix} E_{\mathrm{I}}^n \\ E_{\mathrm{S}}^n \\ H_{\mathrm{S}}^n \end{bmatrix} \tag{5.54}$$

通常来说，如果采用直接法求解方程（5.53），则这种预处理方法的计算规模将很大程度上受限于稀疏直接矩阵求解器快速增大的内存和 CPU 时间需求。有鉴于此，此处采用有限元撕接法来求解上述矩阵的逆过程，以减少计算资源需求。仔细观察可以发现，如果将 r^n 作为右端激励项，则待求的 U 可以作为在此激励下的场分量进行求取。

接下来将简单阐述如何使用 FETI 方法来求解方程（5.53）。与一般的基于吸收边界的有限元撕接法类似，首先，整个内部计算区域被划分为许多不重叠的子区域 $V^i(i=1,\ 2,\ \cdots,\ N_i)$。其中，只被两个子区域共用的边称为交界面上的边，表示为 $\boldsymbol{\Gamma}_{ij}$。在交界面上引入 Robin 传输边界条件并引入额外变量 $\boldsymbol{\Lambda}$，可以获得以下关系式：

$$\hat{\boldsymbol{n}}^i \times \left(\frac{1}{\boldsymbol{\mu}_r^i} \nabla \times \boldsymbol{E}^i\right) + \alpha_{ij}\hat{\boldsymbol{n}}^i \times (\hat{\boldsymbol{n}}^i \times \boldsymbol{E}^i) = \boldsymbol{\Lambda}_{ij}^i \tag{5.55}$$

$$\hat{\boldsymbol{n}}^j \times \left(\frac{1}{\boldsymbol{\mu}_r^j} \nabla \times \boldsymbol{E}^j\right) + \alpha_{ij}\hat{\boldsymbol{n}}^j \times (\hat{\boldsymbol{n}}^j \times \boldsymbol{E}^j) = \boldsymbol{\Lambda}_{ij}^j \tag{5.56}$$

这里通常设置 $\alpha_{ij} = \mathrm{j}\sqrt{\mu_0\varepsilon_0\mu_r\varepsilon_r}$ 来获得最佳的迭代收敛效果，其中 ε_r、μ_r 代表整个有限元计算域的平均相对介电常数与磁导率。对第 i 个子区域采用四面体离散可以获得如下的矩阵方程：

$$\begin{bmatrix} \boldsymbol{K}_{\mathrm{II}}^i & \boldsymbol{K}_{\mathrm{IS}}^i & 0 \\ \boldsymbol{K}_{\mathrm{SI}}^i & \boldsymbol{K}_{\mathrm{SS}}^i & \boldsymbol{B}^i \\ 0 & -\boldsymbol{B}^i & \boldsymbol{A}^i \end{bmatrix} \begin{bmatrix} E_{\mathrm{I}}^i \\ E_{\mathrm{S}}^i \\ H_{\mathrm{S}}^i \end{bmatrix} = \begin{bmatrix} \boldsymbol{r}_{\mathrm{EI}}^i - \boldsymbol{\lambda}^i \\ \boldsymbol{r}_{\mathrm{ES}}^i \\ \boldsymbol{r}_{\mathrm{H}}^i \end{bmatrix} \tag{5.57}$$

此处

$$\begin{aligned} \boldsymbol{K}^i = & \iint_{V^i}\left[\frac{1}{\boldsymbol{\mu}_r^i}(\nabla \times \boldsymbol{N}^i) \cdot (\nabla \times \boldsymbol{N}^i)^{\mathrm{T}} - k_0^2\boldsymbol{\varepsilon}_r\boldsymbol{N}^i \cdot \boldsymbol{N}^i\right]\mathrm{d}V^i + \\ & \alpha^i\int_{\Gamma_i}(\boldsymbol{n}^i \times \boldsymbol{N}^i) \cdot (\boldsymbol{n}^i \times \boldsymbol{N}^i)^{\mathrm{T}}\mathrm{d}\Gamma_i \end{aligned} \tag{5.58}$$

$$\boldsymbol{\lambda}^i = \int_{\Gamma_i}\boldsymbol{N}^i \cdot \boldsymbol{\Lambda}^i\mathrm{d}\Gamma_i \tag{5.59}$$

$$\boldsymbol{B}^i = \mathrm{j}k_0\int_{S_i}(\boldsymbol{N}^i \times \boldsymbol{N}^i) \cdot \hat{\boldsymbol{n}}^i\mathrm{d}S_i \tag{5.60}$$

$$\boldsymbol{A}^i = \mathrm{j}k_0\int_{S_i}(\boldsymbol{N}^i \cdot \times \boldsymbol{N}^i)\mathrm{d}S_i \tag{5.61}$$

此处 $\boldsymbol{\lambda}^i$ 是矢量，它的维数对应着整个交界面上的边数。注意，若此子区域与 BI 交界面无公共边，则此子区域内无 $\boldsymbol{B}^i$ 和 $\boldsymbol{A}^i$ 矩阵。

在 FETI 中，被两个以上的子区域共用的边称为角边，标记为 $\boldsymbol{\Gamma}_c$。而大量的数值实验表明，这是 FETI 算法的重要一环。与区域分解合元极算法类似，我们仍然认为外部的整个积分方程计算区域是一个子区域。因此，处于内外区域交界面上且被两个有限元子区域共用的边也被认为是角边，区别于普通的子区域内的角边，将其标记为 $\boldsymbol{\Gamma}_s$。与内部区域的角边不同，这些角边上同时存在电场未知量与磁场未知量。所有的角边都将被认为是全局变量。

对于在内外区域交界面上但不属于两个以上子区域公共边的其余边，不需要引入额外的 $\boldsymbol{\Lambda}$，因为此处的电场与磁场都是由积分方程确定的。这样划分后，则 i 个区域内的未知电场都可以划分为以下三类：

$$\boldsymbol{E}^i = [\boldsymbol{E}_V^i \quad \boldsymbol{E}_I^i \quad \boldsymbol{E}_c^i] = [\boldsymbol{E}_r^i \quad \boldsymbol{E}_c^i] \tag{5.62}$$

这里 V、I 和 c 分别对应于区域体内、交界面及角边。类似地，每个子区域内位于交界面 S 上的磁场分量都可以写为以下两类：

$$\boldsymbol{H}_s^i = [\boldsymbol{H}_{sV}^i \quad 0 \quad \boldsymbol{H}_{sc}^i] = [\boldsymbol{H}_{sr}^i \quad \boldsymbol{H}_{sc}^i] \tag{5.63}$$

这里的 0 表示此处没有交界面上的分量，也即磁场未知量不存在任何位于两个子区域交界面上的未知量。方程（5.57）可以简写为：

$$[\boldsymbol{M}^i][\boldsymbol{U}^i] = [\boldsymbol{f}^i - \boldsymbol{\lambda}^i] \tag{5.64}$$

式中，$\boldsymbol{U}^i$ 包含电与磁对应的未知量。则同样地，U^i 也可以分组为：

$$\boldsymbol{U}^i = [\boldsymbol{U}_V^i \quad \boldsymbol{U}_I^i \quad \boldsymbol{U}_c^i] = [\boldsymbol{U}_r^i \quad \boldsymbol{U}_c^i] \tag{5.65}$$

并且存在对应关系 $\boldsymbol{U}_V^i = [\boldsymbol{E}_V^i \quad \boldsymbol{H}_{sV}^i]$，$\boldsymbol{U}_I^i = [\boldsymbol{E}_I^i \quad 0]$ 及 $\boldsymbol{U}_c^i = [\boldsymbol{E}_c^i \quad \boldsymbol{H}_{sc}^i]$。因此，方程（5.64）可以重写为：

$$\begin{bmatrix} \boldsymbol{M}_{rr}^i \boldsymbol{M}_{rc}^i \\ \boldsymbol{M}_{cr}^i \boldsymbol{M}_{cc}^i \end{bmatrix} \begin{bmatrix} \boldsymbol{U}_r^i \\ \boldsymbol{U}_c^i \end{bmatrix} = \begin{bmatrix} \boldsymbol{f}_r^i - (\boldsymbol{B}_r^i)^{\mathrm{T}} \boldsymbol{\lambda}^i \\ \boldsymbol{f}_c^i \end{bmatrix} \tag{5.66}$$

式中，$\boldsymbol{B}_r^i$ 是布尔操作矩阵，满足关系 $\boldsymbol{U}_I^i = \boldsymbol{B}_r^i \boldsymbol{U}_r^i$，其中上标 T 代表矩阵的转置。

与传统的 FETI 方法类似，通过消去 $\boldsymbol{U}_r^i$ 并组装全局变量 $\boldsymbol{U}_c^i$，可以获得以下的全局角边问题方程：

$$\widetilde{\boldsymbol{M}}_{cc} \boldsymbol{U}_c = \widetilde{\boldsymbol{f}}_c + \widetilde{\boldsymbol{M}}_{cr} \boldsymbol{\lambda} \tag{5.67}$$

且有

$$\widetilde{\boldsymbol{M}}_{cr}^i = \boldsymbol{M}_{cr}^i \boldsymbol{M}_{rr}^{i-1}, \quad \widetilde{\boldsymbol{M}}_{cc}^i = \boldsymbol{M}_{cc}^i - \widetilde{\boldsymbol{M}}_{cr}^i \boldsymbol{M}_{rc}^i \tag{5.68}$$

$$\widetilde{\boldsymbol{M}}_{cr} = \sum_{i=1}^{N} (\boldsymbol{B}_c^i)^{\mathrm{T}} (\widetilde{\boldsymbol{M}}_{cr}^i) (\boldsymbol{B}_r^i)^{\mathrm{T}} \boldsymbol{S}^i \tag{5.69}$$

$$\widetilde{\boldsymbol{M}}_{cc} = \sum_{i=1}^{N} (\boldsymbol{B}_c^i)^{\mathrm{T}} (\widetilde{\boldsymbol{M}}_{cc}^i) \boldsymbol{B}_c^i \tag{5.70}$$

$$\widetilde{\boldsymbol{f}}_c = \sum_{i=1}^{N} (\boldsymbol{B}_c^i)^{\mathrm{T}} (\widetilde{\boldsymbol{f}}_c^i) \tag{5.71}$$

式中，$\boldsymbol{B}_c^i$ 和 $\boldsymbol{S}^i$ 是布尔操作矩阵，分别满足 $\boldsymbol{\lambda}^i = \boldsymbol{S}^i \boldsymbol{\lambda}$ 及 $\boldsymbol{U}_c^i = \boldsymbol{B}_c^i \boldsymbol{U}_c$。

为方便推导，进一步引入布尔操作矩阵：

$$\boldsymbol{\lambda}_{ij}^i = \boldsymbol{T}_{ij}^i \boldsymbol{\lambda}^i, \boldsymbol{U}_{ij}^i = \boldsymbol{T}_{ij}^i \boldsymbol{U}_I^i \tag{5.72}$$

通过引入 Robin 传输边界条件并对所有子区域的交界面进行累加，可以获得如下方程：

$$\widetilde{\boldsymbol{M}}_{rr}\lambda + \widetilde{\boldsymbol{M}}_{rc}\boldsymbol{U}_c = \widetilde{\boldsymbol{f}}_r \tag{5.73}$$

此处，有

$$\widetilde{R}_{ij} = \alpha_{ij}\int_{\Gamma_{ij}}(\hat{\boldsymbol{n}}^i \times \boldsymbol{N}^i) \cdot (\hat{\boldsymbol{n}}^j \times \boldsymbol{N}^j)\mathrm{d}\Gamma_{ij} \tag{5.74}$$

$$\widetilde{\boldsymbol{M}}_{rr} = \boldsymbol{I} + \sum_{i=1}^{N} (\boldsymbol{S}^i)^{\mathrm{T}} \sum_{j\in \mathrm{neigh}(i)} (\boldsymbol{T}_{ij}^i)^{\mathrm{T}}(\boldsymbol{T}_{ij}^j - 2\boldsymbol{R}_{ij}\boldsymbol{T}_{ij}^j\boldsymbol{B}_r^j\boldsymbol{M}_{rr}^{j-1}(\boldsymbol{B}_r^j)^{\mathrm{T}})\boldsymbol{S}^j \tag{5.75}$$

$$\widetilde{\boldsymbol{M}}_{rc} = -2\sum_{i=1}^{N} (\boldsymbol{S}^i)^{\mathrm{T}} \sum_{j\in \mathrm{neigh}(i)} (\boldsymbol{T}_{ij}^i)^{\mathrm{T}}(\boldsymbol{R}_{ij}\boldsymbol{T}_{ij}^j\boldsymbol{B}_r^j\boldsymbol{M}_{rr}^{j-1}\boldsymbol{M}_{rc}^j\boldsymbol{B}_c^j) \tag{5.76}$$

$$\widetilde{f}_r = -2\sum_{i=1}^{N} (\boldsymbol{S}^i)^{\mathrm{T}} \sum_{j\in \mathrm{neigh}(i)} (\boldsymbol{T}_{ij}^i)^{\mathrm{T}}(\boldsymbol{R}_{ij}\boldsymbol{T}_{ij}^j\boldsymbol{B}_r^j\boldsymbol{M}_{rr}^{j-1}f_r^j) \tag{5.77}$$

将方程（5.67）与方程（5.73）进行联立并消去 $\boldsymbol{U}_c$，可以得到如下关系式：

$$(\widetilde{\boldsymbol{M}}_{rr} + \widetilde{\boldsymbol{M}}_{rc}\widetilde{\boldsymbol{M}}_{cc}^{-1}\widetilde{\boldsymbol{M}}_{cr})\boldsymbol{\lambda} = \widetilde{\boldsymbol{f}}_r - \widetilde{\boldsymbol{M}}_{rc}\widetilde{\boldsymbol{M}}_{cc}^{-1}\widetilde{\boldsymbol{f}}_c \tag{5.78}$$

方程（5.78）的交界面方程系统通常具有很好的矩阵性态，可以快速、高效地采用迭代求解器，如 GMRES 等迭代求解。由于此迭代在每一次的合元极方程（5.50）的迭代求解中进行，我们称之为内迭代，而合元极方程的迭代求解称为外迭代。由此可以形成区域分解预处理合元极方程的内外循环的双重迭代求解。

在求解获得交界面上的未知量 $\boldsymbol{\lambda}$ 后，则预处理的电场与磁场残量 U 可以通过方程（5.66）与方程（5.67）在每一个子区域内分别求得。这样求得的 $\boldsymbol{U}^i$ 和 $\boldsymbol{U}^j$ 在交界面上存在微小差异，这种差异会对外部迭代造成微小影响。为了解决此问题，采用两个子区域求解未知量的平均作为公共交界边上的对应未知量。之后，获得的新的预处理的残差矢量在外部迭代后可以形成新的残量，又再次调用内部迭代求解，直到外部迭代最终收敛。

此区域分解预处理合元极方法的内存需求可以分为传统合元极方法所需内存及构建预处理的内存。由于有限元矩阵是稀疏矩阵，存储所需的内存相对于边界积分方程来说基本上可以忽略。因此，合元极部分的存储复杂度可近似估计为 $O(N_s \lg N_s)$，此处 N_s 是内外分界面 S 上的三角形离散未知量数目。如果目标是周期性的，则通过利用有限元矩阵的局部性，只需要构建几个典型子区域的有限元矩阵并对其进行分解即可，扩展性很强。对于一般情况，需要对每个子区域的有限元矩阵进行分解。

我们考虑由 N_v 个体未知量离散的问题。理论上，通过设置子区域数 $N_a = N_v^{2/5}$，构建区域分解预处理器的存储复杂度可以从 N_v^{β} 减小到 $N_v^{3\beta/5}$。此时，区域分解预处理合元极算法的计算复杂度为

$$\mathrm{Time} \propto N_a \times T_{\mathrm{LDLT}}^{D_{r_-}} + T_{\mathrm{LDLT}}^{D_c} + N_{\mathrm{outer}}(T_{\mathrm{FE-BI}} + N_{\mathrm{inner}} \cdot T_{\mathrm{DDA-ABC}}) \tag{5.79}$$

此处 $T_{\mathrm{LDL^T}}^{D_c}$ 和 $T_{\mathrm{LDL^T}}^{D_r}$ 代表着对全局的角边系统及每个子区域内剩余边进行分解所需的时间。在整个程序计算过程中，此矩阵分解时间只需进行一次即可。N_{outer} 和 N_{inner} 代表每一次外部合元极矩阵迭代求解及内部区域分解交界面上矩阵迭代求解中矩阵向量相乘所需时间。方程（5.50）迭代求解的计算时间复杂度可以估计为多层快速多极子的时间复杂度 $O(N_s \lg N_s)$。当 ABC 的近似效果很好时，N_{outer} 随着计算目标规模的增大而缓慢增加。研究表明，如果全局的角边系统不是很大，则 $T_{\mathrm{DDA-ABC}}$ 随着 N_v 线性变化。因此，预处理矩阵每次迭代所需总的 CPU 时间也将随着线性增加，只需要保证 N_{inner} 基本不变即可。这样，此区域分解预处理合元极技术可以具有很好的数值扩展性。研究表明，采用 Robin 传输边界条件的有限元撕接区域分解法对于 2D 区域划分，如周期性天线阵列结构等的仿真计算有很好的数值扩展性。为进一步提高计算效率，此程序的部分耗费时间比较长的操作，如填充积分方程的 $\boldsymbol{P}$ 和 $\boldsymbol{Q}$ 矩阵的近相互作用部分、每个子区域内格林函数矩阵 $\boldsymbol{M}_{rr}$ 及全局的角边问题 $\tilde{\boldsymbol{M}}_{cc}^{-1}$ 的多波前分解、多层快速多极子中每一次迭代中的矩阵向量相乘及方程（5.78）求解中的矩阵向量相乘，采用了共享内存多线程技术，如 OpenMP，实现并行化加速。

5.2.3 数值算例

为研究本节中提出的区域分解预处理合元极方法的精确性、高效性和强大的计算能力，接下来将展示一系列的数值实验结果。迭代求解器 GMRES 的重启动数在内外迭代中都设置为 20。在表 5.8 ~ 表 5.11 的计算情况统计中，所有的计算都采用了 12 个 OpenMP 线程，可获得 10 倍左右的加速。

在进行数值实验前，首先需要选择一个合适的外循环收敛残差设定，来保证计算的精确性及高效性。对于不同的计算法则，即便是采用相同的收敛残差及相同的迭代求解器，往往计算结果的精确性也不同。这主要是因为迭代求解的精度通常取决于矩阵的性态。

首先计算一个尺寸为 $2\lambda_0 \times 2\lambda_0 \times 0.5\lambda_0$，相对介电常数 $\varepsilon_r = 4$ 的介质长方体。分别采用本节中提出的区域分解预处理合元极方法及上节中提出的区域分解合元极算法。两种方法采用相同的网格剖分，计算不同收敛残差设置下 RCS 结果的均方根误差。作为标准值，选择采用区域分解预处理合元极算法，外迭代设置为一个比较小的值，如 0.000 1。两种方法计算结果的 RMS 随迭代残差的变化情况如图 5.15 所示。从图中可以看出，当迭代收敛残差很小时，例如都为 0.000 1，两种方法计算得到的 RMS 很小，也即两种方法都收敛到相同解。这种现象符合常识，也说明我们的标准值选择是合理的。

从图中可以看出，随着迭代收敛残差的减小，与区域分解合元极算法相比，本节提出的区域分解预处理合元极算法的 RMS 很快减小，并趋向于问题，也即可以获得比区域分解合元极算法更精确的计算结果。这从侧面说明区域分解结合吸收边界近似预处理后的矩阵，比区域分解合元极方法形成的矩阵方程系统性态更好，计算结果更稳定。为了保证计算结果的精确性，选择 RMS≤0.5%，此时，区域分解合元极方法的迭代残差至少需要设置为 0.001，而区域分解预处理合元极算法的残差设置为 0.005 即能保证足够的计算精度。

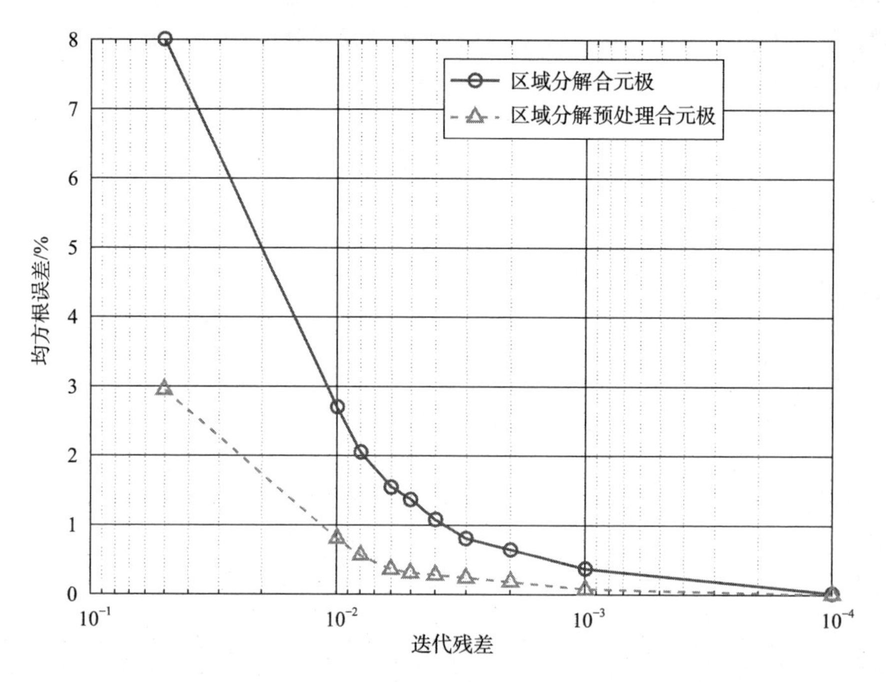

图 5.15　两种方法计算结果 RMS 随迭代收敛残差设置变化情况

接下来将研究内部的区域分解结合吸收边界近似的 DDA－ABC 预处理迭代随子区域规模增大变化情况。因为此处的 DDA－ABC 中，吸收边界采用的是不同的离散方式，在吸收边界上同时存在电场与磁场未知量。我们仍然以介质长方体作为验证目标。首先验证迭代收敛情况随着子区域数目增加的变化情况。固定子区域尺寸为 $0.5\lambda_0 \times 0.5\lambda_0 \times 0.5\lambda_0$，相对介电常数为 $\varepsilon_r = 4$，网格剖分为 0.05 波长。入射的平面波电场沿 $+x$ 方向，向 $-z$ 方向传播。图 5.16 是内迭代的迭代步数随着子区域数增加的变化情况。由于此时内部迭代的收敛残差尚未确定，首先假设此预处理问题的迭代求解需要达到一个很小的收敛残差，如0.000 1才能获得好的预处理效果。从图中可以看出，当$L=1$也即我们所说的2D型区域划分时，即便是收敛残差设置为0.000 1，迭代步数随着子区域数目的增加基本保持不变；而当选择的是$L=3$，也即3D型区域划分时，迭代步数随着子区域规模的增加而增加，与原来的FETI－ABC数值性能表现相同。因此，结合上面关于计算复杂度的分析，我们可以得出结论，此区域分解预处理合元极技术比较适用于2D型区域划分问题的计算。因此，接下来的数值算例中，我们主要针对的是2D型子区域划分问题的计算。

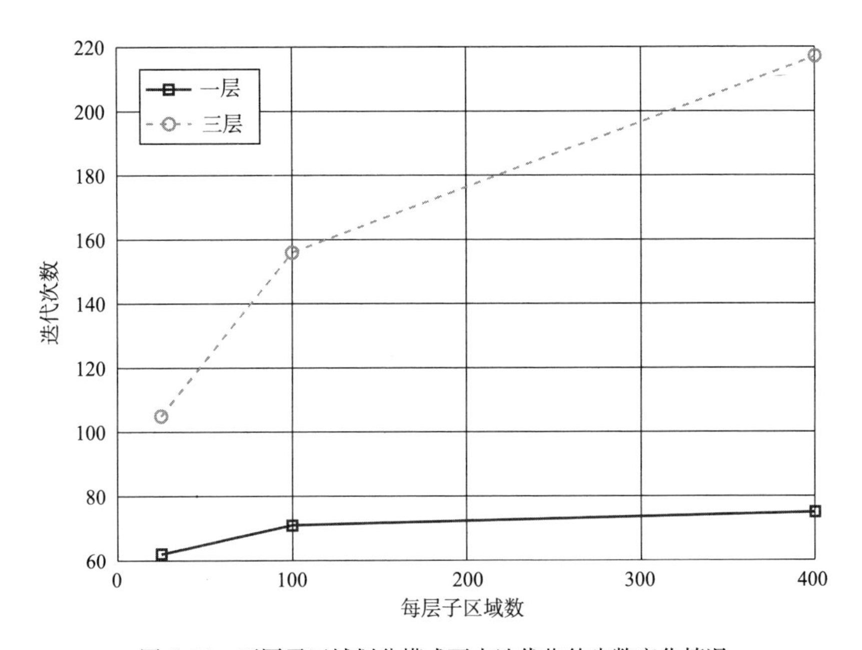

图5.16　不同子区域划分模式下内迭代收敛步数变化情况

从上一节中的分析可以看出，此内外迭代区域分解预处理合元极算法的效率与内迭代残差的设定息息相关。对此结论的解释很简单直接。一个小的收敛残差可以保证预处理矩阵的精确求解，减少外部迭代数。然而，与此同时，每一次外部迭代求解过程中的内迭代求解步数增加；如果内迭代残差设置得比较大，则每一次内部迭代求解步数减少，但是同时，预处理矩阵的求解精确性不足将导致外部迭代数增加。因此，可以断定，存在一个最优的内部迭代残差设置，来使得整个内外迭代求解过程的总时间最优。同时，由于矩阵方程（5.50）本身在预处理前的性态并不是很好，若预处理矩阵求解不够精确，将会影响最终求解结果的精确性。迭代求解过程中，残差可以分为高频残量与低频残量两部分。前者是局部的，而且很强；后者通常认为是全局的，比较弱但对总体迭代情况影响很大。在外部迭代开始时，残差矢量 r^n 作为右端项，既有高频残差，又有低频残差，因此激励很强。此时，我们需要设置较小的内部迭代来保证计算的精确性；随着迭代的进行，高频分量很快衰减，每一次预处理矩阵求解过程中的右端激励变弱，此时，不需要很精确的计算就能保证获得较好的精确性。而且，全局的 $\tilde{\boldsymbol{M}}_{cc}^{-1}$ 将所有子区域联合起来，可以将误差全局地传递向各个子区域。因此，通过我们的数值实验经验，我们给出以下变化的内迭代收敛残差设定方法：

$$\mathrm{tol} = 0.0005 + 0.002 \times (n/5), \mathrm{tol} \leqslant 0.015 \tag{5.80}$$

式中，n 代表第 n 次外部迭代。我们仍然采用上面计算过的介质长方体作为验证目标。

$M = N = 10$，$L = 1$。采用三种不同的内部迭代残差设置，比较计算的 RMS 及内外迭代步数的统计情况。见表 5.6，按照上式给出的变化的迭代残差设置方法计算所得的 RMS，与固定设置为 0.001 时的 RMS 几乎一样，外部迭代步数一样，而内部迭代步数则减少了近一半。因此，在接下来的数值实验中，我们都将内部迭代残差按式（5.80）进行设置。

表 5.6　各种方法采用不同收敛残差计算迭代步数及 RMS 变化

收敛残差	内迭代数	外迭代数	RMS/%
直接求解	—	65	—
0.005	2 437	73	2.18
0.001	3 392	66	0.36
可变残差	1 776	66	0.39

接下来比较区域分解合元极算法与区域分解预处理合元极算法对无耗目标情况的计算效率。计算目标是不同尺寸的介质长方体。设定目标 1 为尺寸 $7.5\lambda_0 \times 7.5\lambda_0 \times 0.5\lambda_0$，目标 2 为尺寸 $10\lambda_0 \times 10\lambda_0 \times 0.5\lambda_0$。网格剖分密度仍然为 0.05 波长。相对介电常数为 $\varepsilon_r = 4$。由于对于两种方法来说，采用 FETI 计算的时间与多层快速多极子部分的时间几乎一样，很明显，区域分解合元极算法将比区域分解预处理合元极算法需要更多的内存及 CPU 时间来实现对近相互作用矩阵的 SAI 求逆过程。迭代步数与 CPU 时间的对比见表 5.7。从表中可以看出，对于电大尺寸的无耗目标，区域分解预处理合元极技术的效率要优于区域分解合元极方法。

表 5.7　区域分解合元极与区域分解预处理合元极算法对有耗目标计算情况统计

目标	FEM/BI 未知数	迭代数		迭代时间/s	
		区域分解合元极方法	本书方法 (inner/outer)	区域分解合元极方法	本书方法
1	1 651 810/153 000	353	1 921/69	3 828	2 714
2	2 932 410/264 000	826	1 568/74	15 637	6 407

接下来，通过计算形状复杂目标来进一步展示本节提出的区域分解预处理合元极算法的计算能力。

首先，研究算法的精确性。计算目标是一个 8 ×8 的介质开孔天线阵列，其几何尺寸如图 5. 17 所示。入射波频率为 6 GHz，入射角度 $\theta = 0°$，$\varphi = 0°$。介质天线板厚度为 10 mm，材料的相对介电常数为 $\varepsilon_r = 2.6$，磁导率为 $\mu_r = 1$。开孔部分的尺寸为 5 mm ×5 mm，两个天线单元的中心间距为 10 mm，因此总的计算区域尺寸为 80 mm ×80 mm ×10 mm。在文献中，采用的是基于吸收边界的区域分解方法计算此问题。为保证计算精度，吸收边界通常离目标体较远。因此，采用 ABC 截断后，目标的总体计算域尺寸为 120 mm ×120 mm ×110 mm，是原目标尺寸的 20 多倍。在此次计算中，计算目标共被划分为 16 个子区域，总的 FEM/BI 未知数分别为 244 872/30 720。形成的 Dual 及角边未知数目分别为 17 280 和 1 800。计算所得的 RCS 结果与采用商业软件 FE-KO 中提供的 MOM 方法计算结果对比如图 5. 18 所示。从图中可以看出，两者吻合得很好，可以证明本书提出的区域分解合元极算法的精确性。

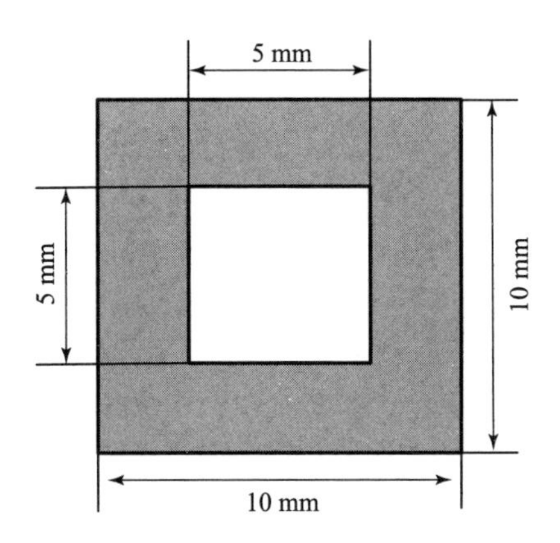

图 5. 17　介质天线单元几何尺寸示意图

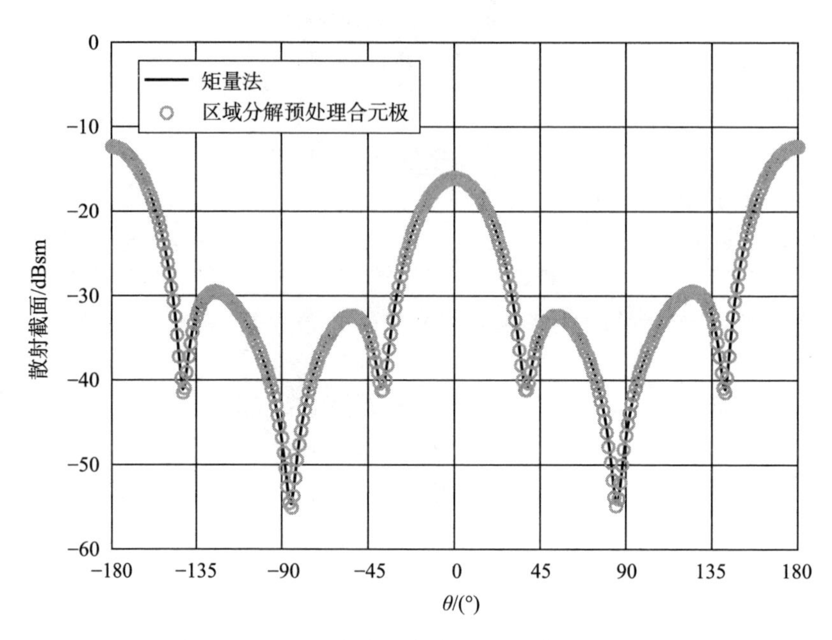

图 5.18 8×8 介质天线单元 VV 极化双站 RCS

为了研究算法的扩展性，进一步将天线阵列的尺寸增加到了 16×16 及 32×32。具体的计算资源统计信息见表 5.8。不同尺寸阵列的区域分解预处理合元极算法的外迭代情况如图 5.19 所示。计算的 RCS 结果如图 5.20 所示。

表 5.8 采用区域分解预处理合元极算法计算天线阵列所需资源统计

阵列尺寸	FEM 未知数	BI 未知数	Dual 未知数	角边未知数	内迭代数	外迭代数	内存/GB	墙钟/s
8×8	244 872	30 720	17 280	1 800	400	14	1.9	72
16×16	973 064	110 592	80 640	8 008	494	20	4.1	224
32×32	3 879 432	417 792	345 600	33 480	795	42	10.1	1 463

第二个目标是频率选择表面（FSS）阵列。每一个单元的尺寸如图 5.21 所示。每一个单元都是由金属十字结构放置在介质基板上形成的，介质基板的相对介电常数为 $\varepsilon_r = 4$ 。入射的平面波仍然沿 $-z$ 方向传播，并且电场极化沿 $+x$ 方向。计算的 10×10 FSS 阵列结果与 MoM 方法的对比如图 5.22 所示。再次证明两者之间吻合得很好。之后，增大阵列尺寸为 20×20 及 30×30。具体的计算资源信息见表 5.9。计算的 RCS 结果如图 5.23 所示。

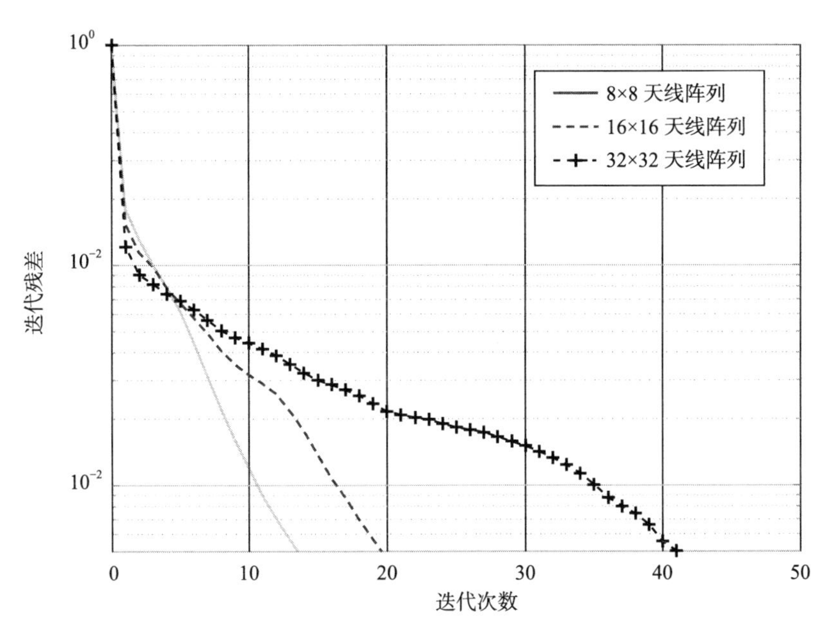

图 5.19　本书提出的方法计算不同尺寸介质天线阵迭代收敛情况

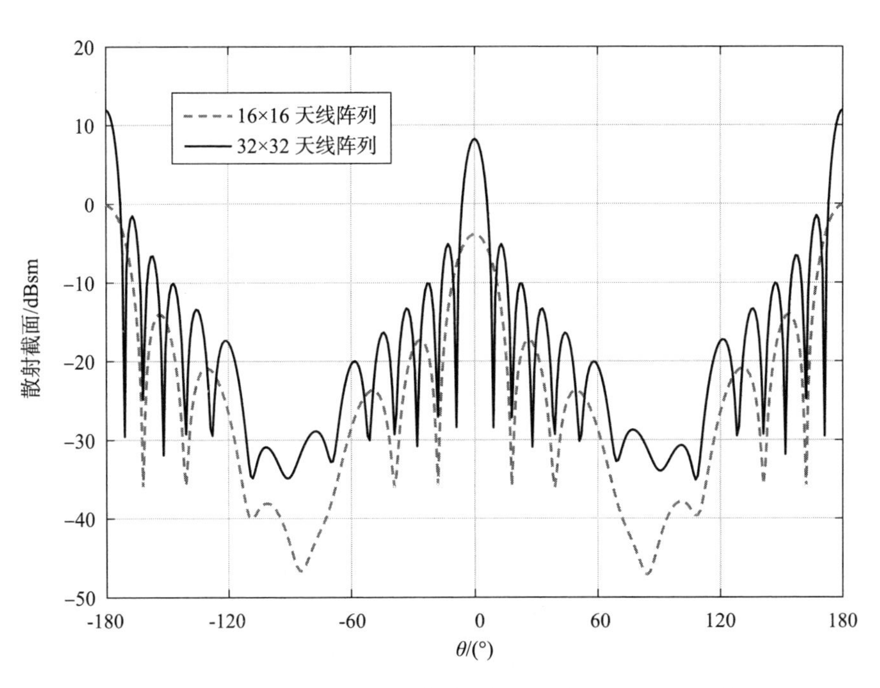

图 5.20　16 × 16 及 32 × 32 介质天线单元 VV 极化双站 RCS

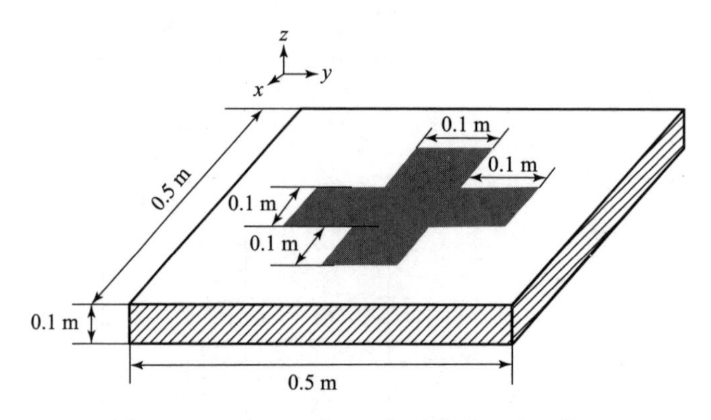

图 5.21 一个 FSS 单元几何结构及尺寸示意图

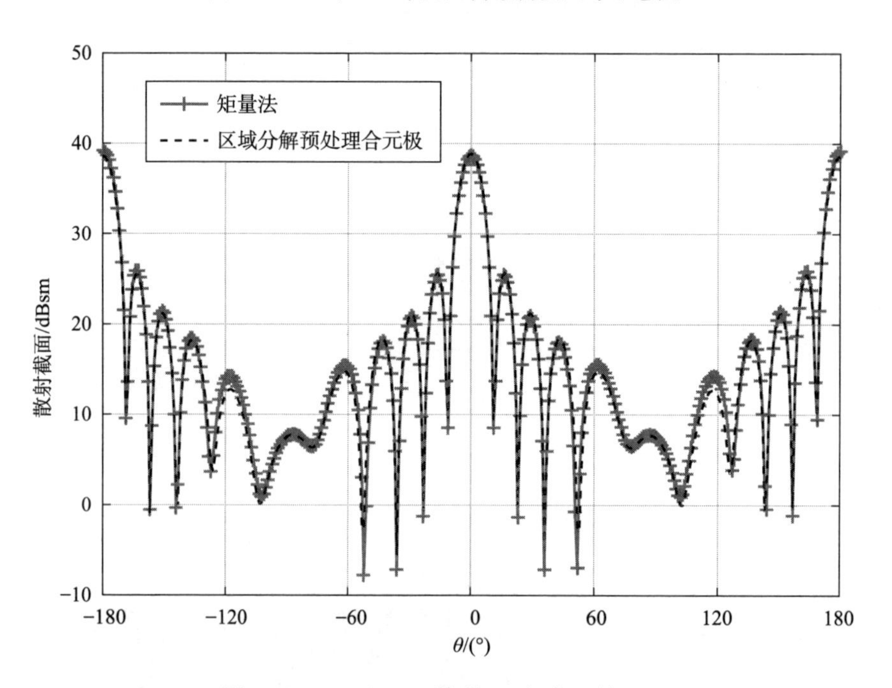

图 5.22 10×10 FSS 阵列 VV 极化双站 RCS

表 5.9 采用区域分解预处理合元极算法计算 FSS 阵列所需资源统计

阵列尺寸	FEM 未知数	BI 未知数	Dual 未知数	角边未知数	内迭代数	外迭代数	内存/GB	墙钟/s
10×10	701 404	142 200	26 080	4 992	1 082	73	4.9	332
20×20	2 797 804	554 400	117 360	22 212	1 318	91	15.1	1 408
30×30	6 289 204	1 236 600	273 840	51 632	1 459	103	20.8	3 153

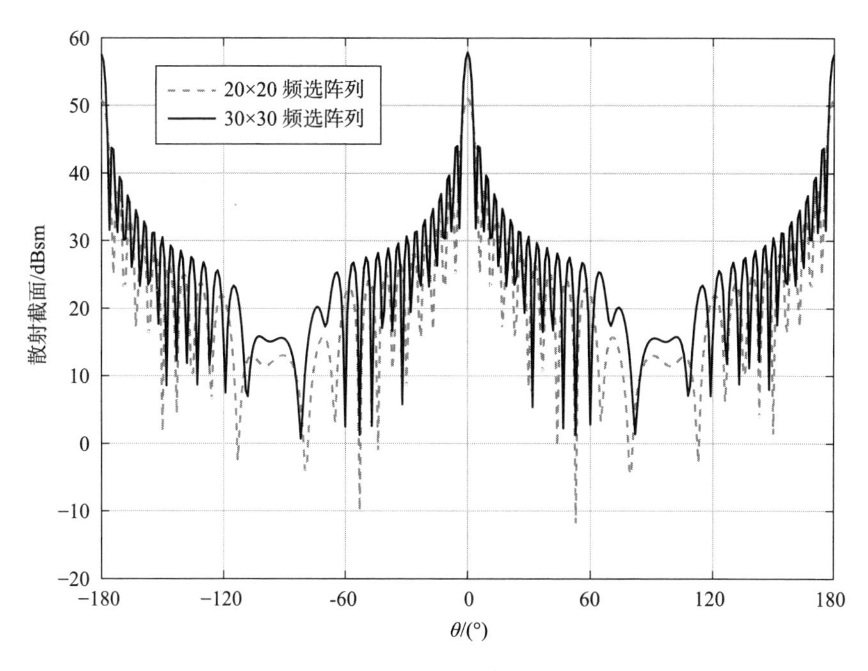

图 5.23　20×20 及 30×30 FSS 阵列 VV 极化双站 RCS

接下来考虑如图 5.24 所示的有限截断的周期性金属丝阵列左手材料。此左手材料由多个细长的金属丝例如半径为微米量级的铝线搭建成如图 5.24 所示的周期性金属立方体栅格结构。设定金属线间距为：

$$a = 5.0 \times 10^{-3}\,\mathrm{m} \tag{5.81}$$

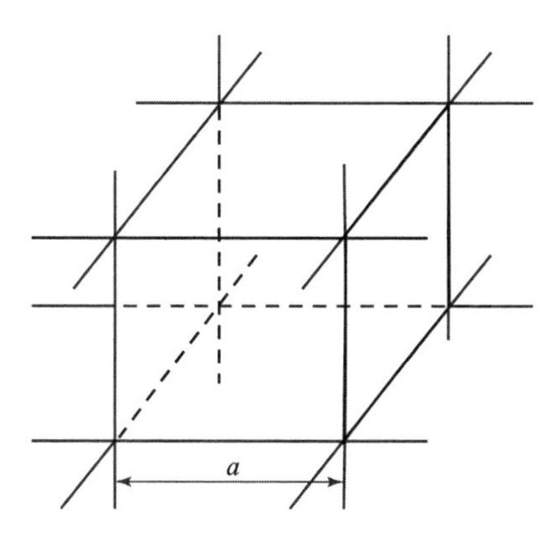

图 5.24　周期性金属丝阵列构成的左手材料的一个单元结构示意图

在此情况下，经过一系列计算发现，此周期性阵列的等效介电常数为：

$$\varepsilon_{\text{eff}} \approx 1 - \frac{f_p^2}{f^2} \tag{5.82}$$

其中等离子体频率$f_p \approx 8.2$ GHz。

假设一个沿 x 方向极化的平面波沿着 z 轴传播。我们将此无线周期性金属丝阵列截断为有限周期性结构。若此有限周期性足够大，则也能获得较好的左手材料等效效果。截断目标体在 x、y、z 各轴方向的尺寸为 0.05 m、0.4 m、0.4 m。设置网格剖分为 0.002 5 m。此截断方式保证了在 y、z 方向具有足够的周期性来近似原先的无限周期性金属丝阵列。因此，此有限周期性阵列的等效介电常数可以按式（5.82）估计。为验证此截断的有效性，计算了 yOz 平面内的双站 RCS。此有限周期性结构与相同尺寸的等效左手材料填充介质长方体在 5 GHz 及 9 GHz 下计算的 RCS 对比如图 5.25 及图 5.26 所示。详细的计算资源统计见表 5.10。

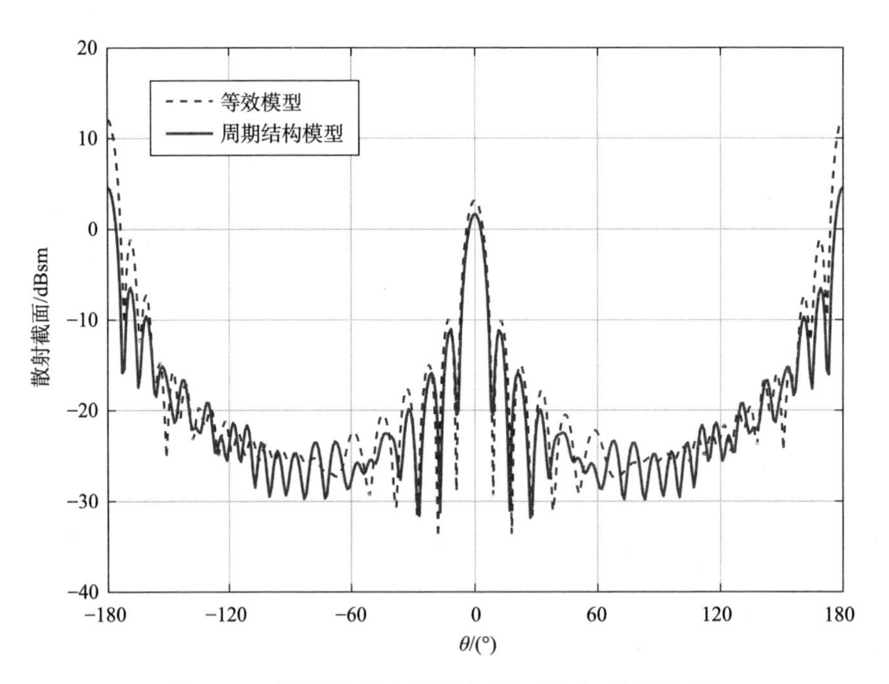

图 5.25　有限周期性金属丝阵列构成的左手材料与同尺寸等效材料 RCS 结果对比（5 GHz）

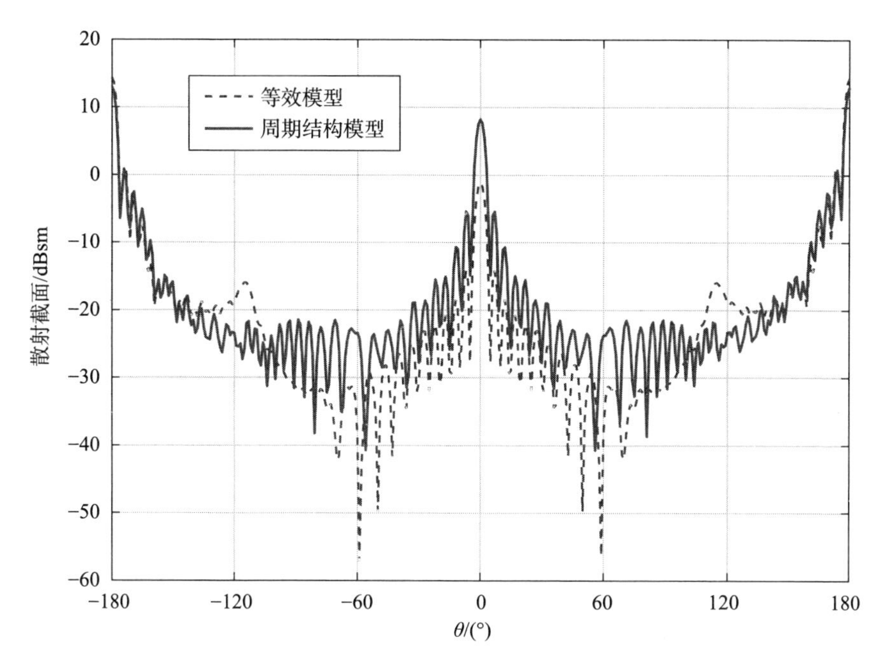

图 5.26　有限周期性金属丝阵列构成的左手材料与同尺寸等效材料 RCS 结果对比（9 GHz）

表 5.10　采用区域分解预处理合元极算法计算不同频率下金属线左手材料阵列所需资源统计

<table>
<tr><th>频率
/GHz</th><th>FEM
未知数</th><th>BI
未知数</th><th>Dual
未知数</th><th>角边
未知数</th><th>$\varepsilon_{\mathrm{eff}}$</th><th>内迭
代数</th><th>外迭
代数</th><th>内存
/GB</th><th>墙钟
/s</th></tr>
<tr><td>5</td><td rowspan="2">4 142 038</td><td rowspan="2">200 232</td><td rowspan="2">327 266</td><td rowspan="2">14 214</td><td>−1.689 6</td><td>528</td><td>16</td><td rowspan="2">7.1</td><td>820</td></tr>
<tr><td>9</td><td>0.169 9</td><td>574</td><td>16</td><td>860</td></tr>
</table>

最后一个计算目标是一个三层的天线罩结构。此天线罩结构的截面图及立体图如图 5.27 所示。此天线罩由三种材料组成，从内到外分别是增强热固性材料 ε_1 、未填充热塑性材料 ε_2 及雨水冲刷涂料 ε_3 。我们计算了三种不同的材料组成情况下的天线罩双站 RCS 散射，其中，入射波频率 3 GHz，入射角度 $\theta=30°$，$\varphi=0°$，计算结果如图 5.28 所示。在此计算中，没有利用任何天线罩结构的周期性。详细的计算资源统计见表 5.11。由于此天线罩是凹形的，选择的吸收边界条件为整个天线罩的外表面，因此吸收边界条件对积分方程的物理近似效果不佳。因此，即便填充的材料是微有耗，整个计算过程中的外部迭代步数依然很多，超过 200 步。

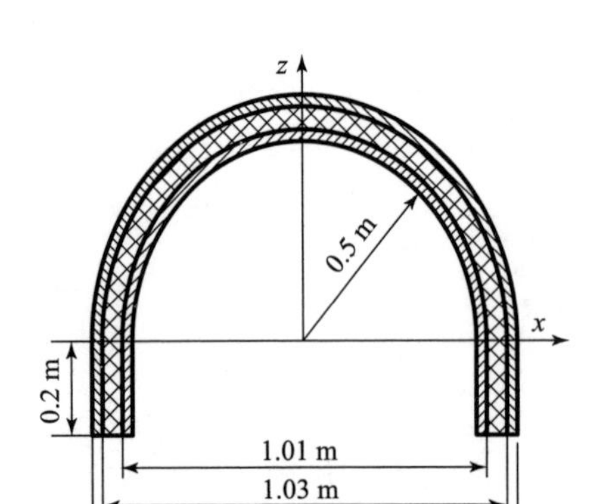

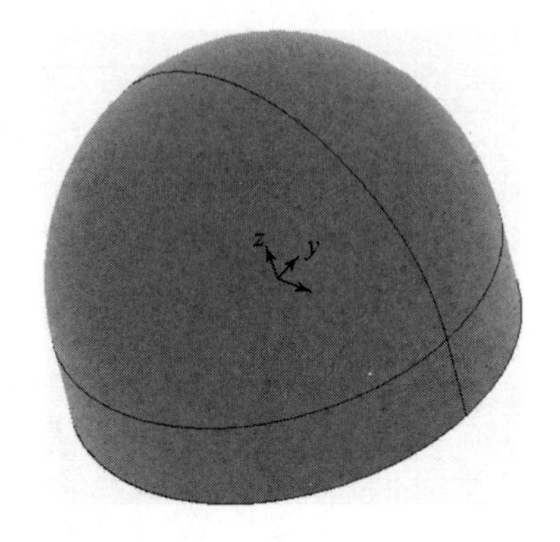

图 5.27 由三种材料构成的天线罩结构示意图

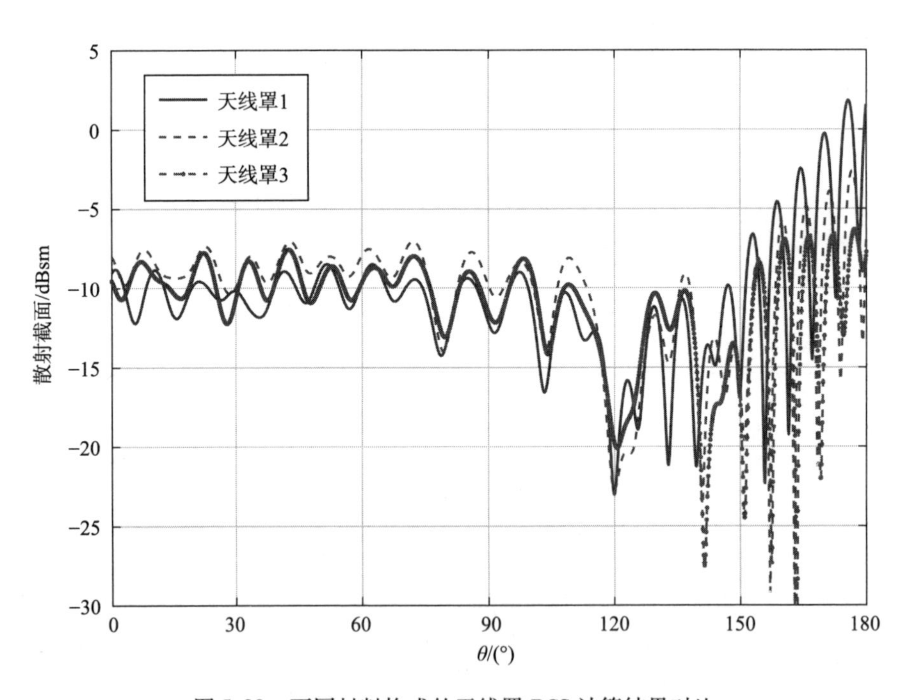

图 5.28 不同材料构成的天线罩 RCS 计算结果对比

表 5.11　采用区域分解预处理合元极算法计算图 5.27 中天线罩所需资源统计

<table>
<tr><th>编号</th><th>ε_1</th><th>ε_2</th><th>ε_3</th><th>FEM/BI
未知</th><th>Dual
未知</th><th>角边
未知</th><th>内/外
迭代数</th><th>内存
/GB</th><th>墙钟
/s</th></tr>
<tr><td>1</td><td>4.1 - 0.016 4j</td><td>2 - 0.004j</td><td>3 - 0.12j</td><td rowspan="3">2 956 908
/352 323</td><td rowspan="3">212 442</td><td rowspan="3">30 405</td><td>3 398/227</td><td rowspan="3">11</td><td>3 941</td></tr>
<tr><td>2</td><td>4.1 - 0.016 4j</td><td>3 - 0.003j</td><td>3 - 0.12j</td><td>4 004/250</td><td>4 368</td></tr>
<tr><td>3</td><td>4.1 - 0.016 4j</td><td>3 - 0.003j</td><td>3.75 - 0.225j</td><td>4 360/267</td><td>4 523</td></tr>
</table>

第 6 章

基于 H – LU 快速直接求解的合元极预处理技术

6.1　电磁快速直接法简介

全波方法中，除有限差分方法外，有限元法和矩量法最终都要生成一个待求解的矩阵方程系统。矩阵方程的求解方法可粗分为直接法与迭代法两类。直接法精度高，能保证矩阵方程在有限次计算操作后得到求解，但计算复杂度高，计算规模受到限制；迭代法计算复杂度低，可用于求解大规模问题。大多快速算法，如多层快速多极子技术，都应用迭代法实现矩阵方程的求解。但迭代法效率取决于矩阵性态，用于求解病态问题时的收敛不可预知。预处理技术虽然可以加速收敛，但是在构建预处理器过程中仍然需要对矩阵方程进行求解，在许多情况下构建比较耗时，甚至难以寻找到合适的预处理方法。

快速直接求解方法能够有效地解决传统直接法和迭代法的不足。现有的快速直接求解方法常和低秩压缩算法结合，利用相互分离的基函数组之间的低秩特性，将系统矩阵分割压缩成多层稀疏化表示形式。电磁积分方程的格林函数具备近似可分性，可用相应核函数的可分展开式来高效处理；对于偏微分算子而言，其逆算子具有积分算子的性质。因此，矩量法离散生成的满阵和有限元法生成的稀疏矩阵的逆矩阵都能用低秩矩阵来高效近似。利用低秩矩阵的数值特性，可以实现低秩矩阵的快速相加、相乘等算法，进而可以快速得出其逆矩阵或 LU 分解形式。因此，整个求逆过程的计算复杂度和存储复杂度相较于传统的高斯消元或 LU 分解，可以得到极大的降低。同时，这些方法一般具有精度可控的特点，可以通过控制低秩矩阵的秩来实现精度控制。

快速直接求解技术的框架早在 20 世纪 90 年代便已由数学家提出[132]，但直到近年，随着不同的快速低秩分解方法的提出，直接求解方法才在电磁计算领域得到了很大发展。虽然目前直接法的计算规模尚远不足以比拟多层快速多极子等快速迭代算法，并且面向复杂工程需求，仍有很多亟待解决的挑战，但随着高性能计算技术的发展、现代应用数学的不断进步和崭新数值计算方法的不断涌现，直接求解器在电磁计算领域的应用前景仍十分广阔。

在积分方程快速直接求解技术方面，J. F. Lee 等人在2005年左右开发出多层自适应交叉近似（Adaptive Cross Approximation，ACA）矩阵分解算法[133]，J. Shaeffer 在2008年利用多层自适应交叉近似（Adaptive Cross Approximation，ACA）成功地求解了超过100万未知量的问题[134]。W. Chai 和 D. Jiao 将分层矩阵（H－matrix）及其改进形式 H2－matrix 引入电磁学领域[135]，用于准静态问题的大规模集成电路电磁参数提取，并持续进行了深入、长久的研究。数值算例表明，对此类问题，计算复杂度在低频可以达到线性复杂度；对于电动力学问题，可以达到 $O(N\log_2 N)$ 复杂度。J. G. Wei 和 J. F. Lee 等人于2012年将骨架化算法（Skeletonization）引入电磁积分方程的计算中，该方法利用惠更斯等效面加速对骨元基函数（Skeletons）的选取，极大地降低了计算复杂度[136]。Z. Rong 和 J. Hu 等人在2019年利用了分层矩阵的特殊形式分层非对角低秩矩阵（Hierarchically Off－Diagonal Low－Rank，HODLR），并提出了改进型方法[137]，提升了计算效率。H. Guo 和 E. Michielssen 等人于2013年将多层矩阵分解算法（Multilevel Matrix Decomposition Algorithm，MLMDA）应用于积分方程逆算子的压缩并进行了验证，随后在2017年提出了基于蝶形算法（Butterfly Scheme）的快速直接求解方法[138]。该方法充分利用了蝶形算法在高频问题时的优势，利用随机化重构方法，可以达到 $O(N^{1.5}\log N)$ 的求逆复杂度及 $O(N\log_2 N)$ 的存储复杂度。进一步结合 MPI－OpenMP 混合并行方法，成功求解了超过1 000万未知量的电大复杂散射问题。

有限元矩阵自身具有稀疏特性，因此，其矩阵本身无须进行任何压缩存储，但其逆矩阵可通过低秩分解进行高效压缩。与积分方程不同的是，稀疏矩阵直接求解时，需要进行矩阵元素的重排序，以减少后续分解过程中非零元的填充。2010年，H. X. Liu 证明了电动问题有限元矩阵逆的分层矩阵稀疏形式的存在，并将分层矩阵应用于电磁问题有限元矩阵的快速直接求解[139]。数值算例表明，基于分层矩阵的有限元稀疏矩阵快速直接求解器精度可控且优于传统多波前等直接求解技术。2015年，B. Zhou 和 D. Jiao 将多波前的思想与分层矩阵结合起来，实现了一种对电路结构、天线阵列等具有线性复杂度的快速直接求解技术[140]，并计算了2 000余万未知量模拟的工业产品级复杂电路结构。已有稀疏矩阵快速直接求解研究中，数值算例讨论的结构特点都是在某一维度上远小于其他维度，在这种情况下，虽然仍为三维电动问题，但互耦合作用，也即非对角块矩阵的秩衰减得很快，可以近似认为小于一常数，因此才能获得与准静态和静态问题类似的优异计算复杂度。对于目标在三个维度可比拟的情况下，代表特定远场区耦合的矩阵块的秩随着频率的增加而不断增加，基于低秩压缩的快速算法不再保持其优异的计算复杂度性能。

本章内容将针对基于 H－LU 的快速直接技术在电磁稀疏矩阵直接求解，特别是合元极预处理矩阵的快速直接求解中的应用展开。

6.2 基于嵌套分割的稀疏矩阵 H－LU 快速直接求解

基于 H－LU 是基于分层矩阵技术的 LU 分解技术简称。H 矩阵技术由 W. Hackbusch 提出，它提供了一种数据稀疏的格式来近似存储满阵，其核心思想是根据可容条件将矩阵中的某些可容子块以低秩矩阵相乘的形式表示。计算过程中通过奇异值分解获得矩阵奇异值，通过奇异值丢弃控制低秩截断精度与效率。一般而言，对一个稀疏矩阵的 H－LU 快速直接求解需要以下几个过程：

①根据聚类树构造块聚类树。

②填充分层矩阵形式的待求解矩阵。

③填充完毕的分层矩阵进行 H－LU 分解。

④矩阵前、后向代入 H－LU 直接求解。

首先是采用几何或代数形式构造未知量集的聚类树。聚类树是未知向量集的分层分割形式，常采用如对分的二叉树形式。与满阵不同，有限元矩阵具有高度稀疏性，在进行 LU 分解的过程中，会产生大量的非零填充。为保证算法的高效性，可以采用不同的技术来减少矩阵分解过程中的非零填充。嵌套分割（ND）技术便是此类技术中的一种，并且已被广泛应用于 H－LU 技术中。下面以几何形式构建聚类树为例，说明嵌套分割技术在 H－LU 技术中的实现。当使用嵌套分割技术时，首先将未知量集沿其最大几何尺寸对分，则可将未知量集分为子区域 D_1^i 、子区域 D_2^i 和两子区域交界面 Γ^i 三部分，并将未知量按照上述顺序进行重拍。对每一个子区域内的未知量子集按照同样的方式递归进行嵌套分割，交界面上的未知量按照最长维度逐次二分，直到每一个最小区域内的未知量不大于一个给定的控制参数 N_l 。显然，N_l 直接影响聚类树的深度，进而影响 H－LU 求解器的计算复杂度。经此过程，可以构建出一个聚类树 T_I 。此聚类树以所有未知量集为根节点，所有的叶子节点尺寸（未知数目）不大于 N_l。

当按照嵌套分割方式构建出未知量集的聚类树后，就可以构建出一个块聚类树，并对未知量进行重编号，进而对原矩阵进行重排序。块聚类树 $T_{I\times I}$

由任意两个聚类树节点 s、t 间做点乘生成。每一个块聚类对应一个矩阵块 $\boldsymbol{K}_{mn}$，其中，$K_{i,j}$，$i \in s$，$j \in t$。嵌套分割重排序及形成的稀疏矩阵形式如图6.1所示。在LU分解过程中，被隔离开的两个子区域无直接耦合作用，也即非对角块部分无非零元填充，在整个计算过程中无须存储与计算。

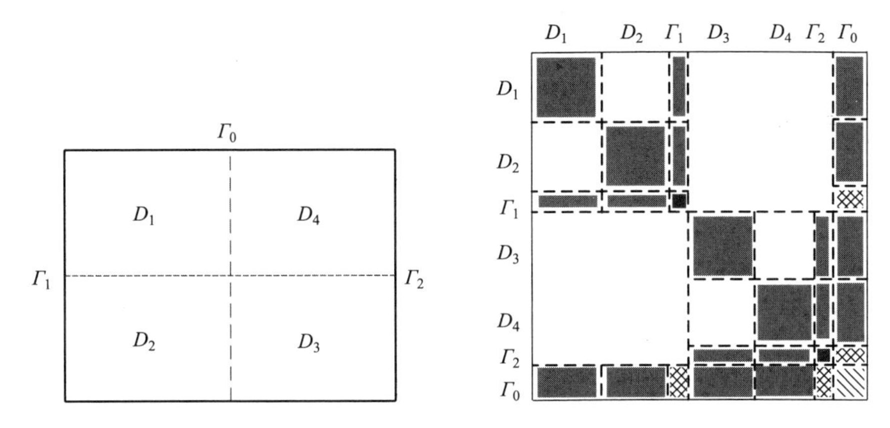

图6.1　嵌套分割重排序及对应生成的矩阵形式

根据H矩阵技术，在构建块聚类的时候，生成的矩阵块将根据可容条件判断此分块是否允许，否则需进一步细分，直到叶子节点或可容。通常根据几何关系判断矩阵块是否可容。任意两个聚类树节点 s 和 t 形成的块聚类是否可容的判定条件通常为

$$\text{admis}(s \times t) = \text{true}, \text{if } \min\{\text{diam}(B_s), \text{diam}(B_t)\} \leqslant \eta \text{dist}(B_s, B_t) \tag{6.1}$$

式中，B_s 和 B_t 分别代表的是包围聚类树节点 s 和 t 中所有未知量的最小尺寸盒子；diam(·) 代表的是边界盒子的最大尺寸；η 是一个预设控制的正整数。如果根据可容判定条件判定某块为可容块，则此矩阵块可采用低秩形式压缩存储，表示为

$$\boldsymbol{K}^{m \times n} = \boldsymbol{A}^{m \times k}(\boldsymbol{B}^{n \times k})^{\mathrm{T}} \tag{6.2}$$

当采用嵌套分割技术进行重排序时，第 i 层的两个子区域 D_1^i 和 D_2^i 的零值耦合块也被当作可容块。因此，采用嵌套分割技术时，可容判定条件可表示为

$$\text{admis}(s \times t) = \text{true}, \text{if} \begin{cases} \max\{\text{diam}(B_s), \text{diam}(B_t)\} \leqslant \eta \text{dist}(B_s, B_t) \\ \text{or} s, t \in D^i \text{ and } s \neq t \end{cases} \tag{6.3}$$

每一个非可容块的子块将进一步进行可容性判定，直到叶子节点层。不可容的叶子节点块将无压缩的存储为满阵。综上，由聚类树构建一个块聚类

的过程可表示为

$$s \times t = \begin{cases} \text{leafblocks}, & \text{ifadmissible} \\ \text{leafblocks}, & \text{elseif } N_t \text{ or } N_s < N_l \\ \text{check } s' \times t' \text{ with } s' \in s,\ t \in t, & \text{otherwise} \end{cases} \tag{6.4}$$

借助块聚类树，有限元稀疏矩阵可以表示为分层矩阵形式。有限元矩阵中，非零元素当且仅当对应的行和列的边处于同一个单元中时存在。显然，有限元矩阵所有的非零元素都应当存储于非可容的叶子块中。因此，有限元矩阵表示为分层矩阵形式的过程是精确的，没有任何近似。此外，虽然存在许多非可容块对应的有限元矩阵元素为零，但这些非可容块将在矩阵 H－LU 分解的过程中被填充为非零元素。因此，在构建稀疏矩阵的分层矩阵形式过程中，这些零元素块也将被分配内存。

通常，LU 解算器具有两个求解过程，即 LU 分解过程和正向、反向代入的求解过程。LU 分解过程仅需进行一次。一旦获得了稀疏矩阵的分层矩阵表示，就可以按照以下公式进行 H－LU 分解：

$$\boldsymbol{K} = \begin{bmatrix} \boldsymbol{K}_{11} & 0 & \boldsymbol{K}_{13} \\ 0 & \boldsymbol{K}_{22} & \boldsymbol{K}_{23} \\ \boldsymbol{K}_{31} & \boldsymbol{K}_{32} & \boldsymbol{K}_{33} \end{bmatrix} = \begin{bmatrix} \boldsymbol{L}_{11} & & \\ 0 & \boldsymbol{L}_{22} & \\ \boldsymbol{L}_{31} & \boldsymbol{L}_{32} & \boldsymbol{L}_{33} \end{bmatrix} \begin{bmatrix} \boldsymbol{U}_{11} & 0 & \boldsymbol{U}_{13} \\ & \boldsymbol{U}_{22} & \boldsymbol{U}_{23} \\ & & \boldsymbol{U}_{33} \end{bmatrix} \tag{6.5}$$

因分层矩阵具有分层分块特性，显然式（6.5）需要分层分块进行。H－LU 分解的递归计算过程为：

①H－LU 分解 $\boldsymbol{K}_{11}=\boldsymbol{L}_{11}\boldsymbol{U}_{11}$ 和 $\boldsymbol{K}_{22}=\boldsymbol{L}_{22}\boldsymbol{U}_{22}$，得到 $\boldsymbol{L}_{11}$、$\boldsymbol{U}_{11}$、$\boldsymbol{L}_{22}$、$\boldsymbol{U}_{22}$；

②求解下三角分层矩阵 $\boldsymbol{K}_{13}=\boldsymbol{L}_{11}\boldsymbol{U}_{13}$ 和 $\boldsymbol{K}_{23}=\boldsymbol{L}_{22}\boldsymbol{U}_{23}$，得到 $\boldsymbol{U}_{13}$、$\boldsymbol{U}_{23}$；

③求解上三角分层矩阵 $\boldsymbol{K}_{31}=\boldsymbol{L}_{31}\boldsymbol{U}_{11}$ 和 $\boldsymbol{K}_{32}=\boldsymbol{L}_{32}\boldsymbol{U}_{22}$，得到 $\boldsymbol{L}_{31}$、$\boldsymbol{L}_{32}$；

④更新并进行 H－LU 分解 $\boldsymbol{L}_{33}\boldsymbol{U}_{33}=\boldsymbol{K}_{33}-\boldsymbol{L}_{31}\boldsymbol{U}_{13}-\boldsymbol{L}_{32}\boldsymbol{U}_{23}$，得到 $\boldsymbol{L}_{33}$、$\boldsymbol{U}_{33}$。

在上述的 H－LU 分解过程中，需要进行矩阵乘法（除法）和加法（减法）操作。分层矩阵具有自己的格式化矩阵运算法则，可以在控制精度的前提下获得很好的计算复杂度，这也是 H－LU 可以减少 CPU 时间和内存的关键设计。下面稍微展开介绍。

第一个关键设计是 H－LU 分解中的格式化加法。如前所述，有限元矩阵初始化为分层矩阵形式时，所有的可容块元素值为零，因此这些可容块矩阵的秩也被初始化为零。在进行 H－LU 分解的过程中，如上、下三角矩阵的求解过程中，一个零元素的可容块可能被非零填充，也即矩阵的秩发生变化，导致矩阵的秩增加，进而导致内存的增加。此外，两个低秩矩阵的加和也会导致矩阵的秩增加。为避免此类问题，对矩阵的秩进行良好控制，分层矩阵中特别设计了格式化加法。假设需进行以下两个低秩矩阵的累加操作：

$$\begin{aligned} \boldsymbol{R}_1^{m\times n} + \boldsymbol{R}_2^{m\times n} &= \boldsymbol{A}_1^{m\times k_1}(\boldsymbol{B}_1^{n\times k_1})^{\mathrm{T}} + \boldsymbol{A}_2^{m\times k_2}(\boldsymbol{B}_2^{n\times k_2})^{\mathrm{T}} \\ &= [\boldsymbol{A}_1 \quad \boldsymbol{A}_2]^{m\times(k_1+k_2)}([\boldsymbol{B}_1 \quad \boldsymbol{B}_2]^{n\times(k_1+k_2)})^{\mathrm{T}} \\ &= \boldsymbol{A}^{m\times(k_1+k_2)}(\boldsymbol{B}^{n\times(k_1+k_2)})^{\mathrm{T}} \end{aligned} \tag{6.6}$$

在H矩阵运算法则中，若 m 和 n 不大于 $K=k_1+k_2$，则按照以下过程进行计算：

①计算 $\boldsymbol{M}^{m\times n} = \boldsymbol{A}^{m\times(k_1+k_2)}(\boldsymbol{B}^{n\times(k_1+k_2)})^{\mathrm{T}}$。

②对 $\boldsymbol{M}$ 进行奇异值分解，得到 $\boldsymbol{M} = \boldsymbol{U\Sigma V}$，其中 $\boldsymbol{\Sigma}$ 是对角矩阵，其对角元素为按照大小顺序排列的特征值，满足 $\Sigma_{11} > \Sigma_{22} > \cdots > 0$。通过设定的容差 δ 控制矩阵秩 k，使其满足 $\Sigma_{kk} > \delta \cdot \Sigma_{11}$，并对更小的元素值进行丢弃，则可以得到截断的特征值序列为 $\tilde{\Sigma}^{k\times k} = \mathrm{diag}\left(\Sigma_{11},\cdots,\Sigma_{kk}\right)$。

③对矩阵 $\boldsymbol{U}$ 和 $\boldsymbol{V}$ 仅保留其前 k 列，可得 $\tilde{\boldsymbol{M}}^{m\times n} = \tilde{\boldsymbol{A}}^{m\times k}(\tilde{\boldsymbol{B}}^{n\times k})^{\mathrm{T}}$，其中 $\tilde{\boldsymbol{A}}^{m\times k} = \tilde{\boldsymbol{U}}\boldsymbol{\Sigma}$, $\tilde{\boldsymbol{B}}^{n\times k} = \tilde{\boldsymbol{V}}$。

对于H矩阵的低层，矩阵的行和列维度 m、n 通常大于 $K = k_1 + k_2$。在此情况下，若仍然直接对矩阵 $\boldsymbol{A}$ 和 $\boldsymbol{B}$ 进行奇异值分解，则并不高效。此时采取另一种计算方式为：

①对矩阵 $\boldsymbol{A}$ 和 $\boldsymbol{B}$ 进行QR分解，得到 $\boldsymbol{AA}^{m\times K} = [\boldsymbol{A}_1 \quad \boldsymbol{A}_2]^{m\times K} = \boldsymbol{Q}_A^{m\times K}\boldsymbol{R}_A^{K\times K}$, $\boldsymbol{B}^{n\times K} = [\boldsymbol{B}_1 \quad \boldsymbol{B}_2]^{n\times K} = \boldsymbol{Q}_B^{n\times K}\boldsymbol{R}_B^{K\times K}$。

②对 $\boldsymbol{R}^{K\times K} = \boldsymbol{R}_A^{K\times K}\boldsymbol{R}_B^{K\times K}$ 进行奇异值分解，得 $\boldsymbol{R} = \boldsymbol{U\Sigma V}$。通过设定的容差 δ 对矩阵的秩进行截断，满足 $\Sigma_{kk} > \delta \cdot \Sigma_{11}$。

③提取 $\boldsymbol{U}$ 和 $\boldsymbol{V}$ 的前 k 列，得到 $\tilde{\boldsymbol{M}}^{m\times n} = \tilde{\boldsymbol{A}}^{m\times k}(\tilde{\boldsymbol{B}}^{n\times k})^{\mathrm{T}}$，其中 $\tilde{\boldsymbol{A}}^{m\times k} = \boldsymbol{Q}_A\tilde{\boldsymbol{U}}\boldsymbol{\Sigma}$, $\tilde{\boldsymbol{B}}^{n\times k} = \boldsymbol{Q}_B\tilde{\boldsymbol{V}}$。

在第一种处理方式中，只需要做一次奇异值分解，对 $m\times n$ 矩阵，计算复杂度为 $O(\min\{n,m\}\cdot\max\{n,m\}\cdot K)$。在第二种处理方式中，矩阵 $\boldsymbol{A}^{m\times K}$ 和 $\boldsymbol{B}^{n\times K}$ RQ分解的计算复杂度为 $O((n+m)\cdot K^2)$、一次特征值分解的计算复杂度为 $O(K^3)$。显然，当 $K \ll \min\{m,n\}$ 时，第二种处理方式具有更高的效率。

因为非对角块的奇异值衰减得很快，因此矩阵 $\boldsymbol{\Sigma}$ 可以进行高效的截断，同时具有较高的精度。容差 δ 是一个相对量，本质上是抛弃了比最大奇异值小某个量级的小量。对于很多的矩阵块，最大的奇异值 Σ_{11} 自身就是一个小量，小于 10^{-2} 或 10^{-3} 量级。当设置的截断控制容差 δ 非常小，如 10^{-4} 时，值 $\delta\cdot\Sigma_{11}$ 自身就可能超过计算机单精度范围。此时，保留更小量是无意义的。因此，将特征值截断控制改进为：

$$\Sigma_{kk} > \delta\cdot\Sigma_{11} \text{ 且 } \Sigma_{kk} > 10^{-6} \tag{6.7}$$

另一个关键设计是格式化乘法。格式化乘法更复杂，因为它涉及不同树结构的转换、分层乘法和秩截断。在格式化乘法运算中，采用了低秩矩阵和矩阵相乘的特殊设计，使其比常规乘法快：

$$\boldsymbol{R}^{m\times n}\cdot\boldsymbol{M}^{n\times l}=\boldsymbol{A}_1^{\ m\times k_1}(\boldsymbol{B}_1^{\ n\times k_1})^{\mathrm{T}}\boldsymbol{M}^{n\times l}=\boldsymbol{A}^{m\times k}(\boldsymbol{M}^{\mathrm{T}\,l\times n}\boldsymbol{B}_1^{\ n\times k_1})^{\mathrm{T}} \tag{6.8}$$

同样，有

$$\boldsymbol{M}^{l\times m}\boldsymbol{R}^{m\times n}=\boldsymbol{M}^{l\times m}\boldsymbol{A}_1^{\ m\times k_1}(\boldsymbol{B}_1^{\ n\times k_1})^{\mathrm{T}}=(\boldsymbol{M}^{l\times m}\boldsymbol{A}^{m\times k})(\boldsymbol{B}_1^{\ n\times k_1})^{\mathrm{T}} \tag{6.9}$$

通过此种计算方式，可以将传统的矩阵乘法中 $\boldsymbol{M}$ 的矢量乘法的次数 m 或者 n 减少到 k。因此，格式化乘法比常规乘法更有效。

与常规的 LU 求解器相比，采用专门为分层矩阵运算设计的格式化加法和乘法运算可以大大减少 H－LU 分解过程的 CPU 时间和内存。对于 H－LU 求解过程，只需执行基于分层矩阵的向后和向前代入计算即可，在此过程中没有进行近似处理，因此 H－LU 求解过程是精确的。

接下来对 H－LU 直接求解器进行复杂度分析。在此之前，先介绍一些符号和重要参数，例如，稀疏常数 C_{sp}，代表可以在每个聚类树级别上形成最大的块数；块聚类树的可容叶子集 $T_{I\times I}$（记为 L_R）和块聚类树的不可容叶子集 $T_{I\times I}$（记为 L_F）。H－LU 求解器的存储需求可以分为以下两个部分：

$$N_{\text{storage}}=N_{\text{storage},L_R}+N_{\text{storage},L_F},\ \ L_{I\times I}=L_F+L_R \tag{6.10}$$

式中，$L_{I\times I}$ 表示所有叶块的并集，N_{storage,L_R}表示用于在低秩矩阵中存储可容的叶块的存储；N_{storage,L_F}表示用于在全矩阵中存储不可容的叶块的存储。用于存储一个可容块的内存是 $k(m+n)$，而对于一个不被允许的叶块，则为 $m\cdot n$。则整体内存需求为：

$$\begin{aligned}
N_{\text{storage}}&=\sum_{s\times t\in L_R}k(N_s+N_t)+\sum_{s\times t\in L_F}N_sN_t\\
&\leqslant\sum_{s\times t\in L_R}k(N_s+N_t)+\sum_{s\times t\in L_F}\frac{1}{2}[(N_s)^2+(N_t)^2]\\
&\leqslant\sum_{s\times t\in L_R}k(N_s+N_t)+\sum_{s\times t\in L_F}\frac{1}{2}N_l(N_s+N_t)\\
&\leqslant\sum_{i=0}^{p}\sum_{s\times t\in L_{I\times I}^i}\max\left\{k,\frac{1}{2}N_l\right\}(N_s+N_t)\\
&\leqslant 2C_{sp}\sum_{i=0}^{p}\sum_{s\in L_{I\times I}^i}\max\left\{k,\frac{1}{2}N_l\right\}N_s\\
&\leqslant 2C_{sp}\sum_{i=0}^{p}\sum_{s\in L_{I\times I}^i}k_{\max}^lN_s
\end{aligned} \tag{6.11}$$

式中

$$k_{\max}^l=\max\left\{k,\frac{1}{2}N_l\right\} \tag{6.12}$$

对于静态问题，所有矩阵块的秩 k 为常数就可以保持同阶精度。通过正确设置 k 和 N_l，对于不同树级别和等式的所有块，$k_{\max}$ 将变为常数，则式（6.12）可以进一步写成：

$$
\begin{aligned}
N_{\text{storage}} &\leqslant 2C_{sp}\sum_{i=0}^{p}\sum_{s\in L_{I\times I}^{i}} k_{\max}^{l} N_s \leqslant 2C_{sp}k_{\max}\sum_{i=0}^{p}\sum_{s\in L_{I\times I}^{i}} N_s \\
&\leqslant 2C_{sp}k_{\max}\sum_{i=0}^{p} N = 2(p+1)C_{sp}k_{\max}N
\end{aligned} \tag{6.13}
$$

对于给定的最大叶子大小 N_l，如果块聚类树均衡性良好，则最大树深度 p 可以近似为 $p = \log_2(N/N_l)$。因此，我们可以得到存储的复杂性为：

$$
N_{\text{storage}} = O(k_{\max}N\log_2 N) \tag{6.14}
$$

在H－LU求解过程中，仅执行前向和后向代入，而没有任何截断或近似，因此所需的操作数与存储成正比，则得出H－LU求解的计算复杂度为：

$$
N_{\text{solution}} = O(k_{\max}N\log_2 N) \tag{6.15}
$$

对于H－LU分解过程，整个计算由格式化乘与格式化加组成。因此，整个H－LU分解过程的复杂度可以估计为：

$$
N_{\text{solution}} = O(k_{\max}^{2}N\log_2 N) \tag{6.16}
$$

显然，H－LU的计算复杂度与最大秩 $k_{\max}$ 直接相关。对于静态问题，矩阵的秩为常数就能保证各层具有同样的高精度，因此存储复杂度可近似为 $O(N\log N)$，而分解和求解的时间复杂度不同，分别为 $O(N\log^2 N)$ 和 $O(N\log N)$。对于电动问题，矩阵的秩将动态变化。

6.3　基于H－LU快速直接求解的合元极预处理技术

如前所述，合元极技术的关键难点在最终生成的混合矩阵的快速求解。合元极矩阵中既有有限元稀疏矩阵，又有边界积分方程形成的满阵。最终生成的合元极矩阵可表示为如下形式：

$$
\begin{bmatrix}
\boldsymbol{K}_{ii} & \boldsymbol{K}_{io} & 0 & 0 \\
\boldsymbol{K}_{oi} & \boldsymbol{K}_{oo} & \boldsymbol{B} & 0 \\
0 & \boldsymbol{P}_{oo} & \boldsymbol{Q}_{oo} & \boldsymbol{Q}_{or} \\
0 & \boldsymbol{P}_{ro} & \boldsymbol{Q}_{ro} & \boldsymbol{Q}_{rr}
\end{bmatrix}
\begin{Bmatrix}
\boldsymbol{E}_i \\ \boldsymbol{E}_o \\ \boldsymbol{H}_o \\ \boldsymbol{H}_r
\end{Bmatrix}
=
\begin{Bmatrix}
0 \\ 0 \\ b_o \\ b_r
\end{Bmatrix} \tag{6.17}
$$

式中，$\boldsymbol{K}_{ii}$、$\boldsymbol{K}_{oo}$、$\boldsymbol{K}_{io}$、$\boldsymbol{K}_{oi}$、$\boldsymbol{B}$ 是有限元稀疏矩阵；$\boldsymbol{P}$ 和 $\boldsymbol{Q}$ 是边界积分形成的满阵。当边界积分方程采用多层快速多极子技术加速后，远相互作用通过组间的聚集、转移、发散过程实现，近相互作用矩阵则直接按照原矩量法相同的方式计算并显式存储。采用有限元相同的模式对式（6.17）中的矩阵进行稀疏化处理，可以得到一个高度稀疏的预处理矩阵：

$$\boldsymbol{M}=\begin{bmatrix}\boldsymbol{K}_{ii} & \boldsymbol{K}_{io} & 0 & 0\\ \boldsymbol{K}_{oi} & \boldsymbol{K}_{oo} & \boldsymbol{B} & 0\\ 0 & \tilde{\boldsymbol{P}}_{oo} & \tilde{\boldsymbol{Q}}_{oo} & \tilde{\boldsymbol{Q}}_{or}\\ 0 & 0 & \tilde{\boldsymbol{Q}}_{ro} & \tilde{\boldsymbol{Q}}_{rr}\end{bmatrix} \tag{6.18}$$

此预处理矩阵可以采用上节所述的 H－LU 快速直接技术实施过程进行求解。因合元极技术中有限元部分为体剖分，边界元为面剖分，边界元未知量与有限元未知量存在直接的耦合矩阵。如果采取传统的基于几何的聚类数构建方式，既要进行面分隔与体分割，同时又要进行面－体交界分割，实现上存在一定困难。为简化预处理矩阵构建过程中聚类树的构建过程，提出并实现了一种基于矩阵模式的半几何聚类树构建方式，如图 6.2 所示。该技术首先根据几何结构将整个区域二分。之后，根据二分的边界部分边所对矩阵行的非零元素，查找对应的列是否存在于另一个区域内。若是，则标记为分隔边界。此过程递归进行，直到每个子区内的边数不大于给定的叶子节点数目。通过此种方式，可以方便地构建 FE－BI 预处理矩阵的聚类树。聚类树构建完成后，便可以按照 H－LU 技术的常规过程构建块聚类树，填充矩阵并进行 H－LU 分解。在每一次矩阵方程（6.17）的求解过程中，都需要进行

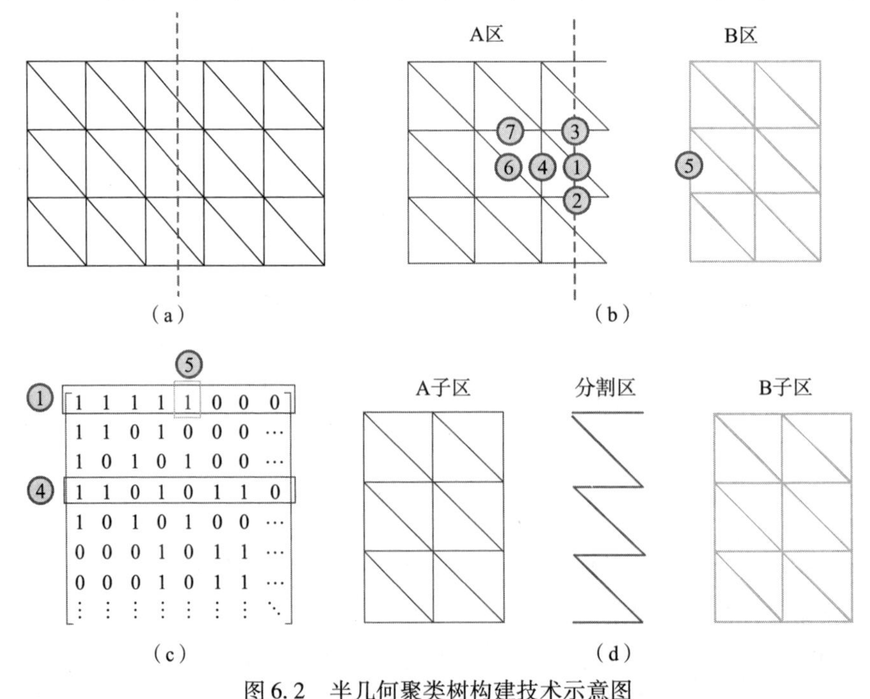

图 6.2 半几何聚类树构建技术示意图

H－LU求解过程，求解预处理矩阵，作为原矩阵方程的左预处理器。此过程循环往复，直到迭代求解器收敛到设定的残差。

此外，与H－LU技术直接用于最终矩阵求解不同，此处H－LU被应用于预处理矩阵的直接求解，最终求解的精度实际上是由原始矩阵的迭代求解器迭代残差控制的，因此可以采用相对较大的低秩丢弃控制参数。同时，可容块判定控制标准可进行改进，尽量多地产生可容块。对此，采用的策略是非接触即可容，仅当两个子块间存在直接接触时，才认为不可容，其余情况一概认为是可容块。此时，相当于原可容条件（6.3）变为

$$\text{admis}(s\times t)=\text{true},\text{if}\begin{cases}\text{dist}(B_s,B_t)\neq 0\\ \text{or } s,t\in D^i \text{ and } s\neq t\end{cases}\tag{6.19}$$

通过这种控制措施改进，可以提高计算效率，降低内存需求。

6.4　数值算例

本节将通过一些数值算例来展示基于H－LU快速直接求解预处理的合元极技术对三维散射问题的计算能力。为便于描述，将基于H－LU预处理的合元极技术简写为H－LU－P，将基于多波前直接求解预处理的合元极技术简写为MFA－P。所有的计算都是在北京理工大学电磁仿真中心的一个胖节点计算平台上开展的。此计算节点有8个Intel E7－4850处理器，主频为2.20 GHz，每个处理器有14个CPU核心，总内存为1 TB。为获得最优的性能，两种直接求解器都调用了Intel MKL基础数学库。曲线拟合工具采用的是Matlab cftool。迭代求解器为GMRES，收敛残差除最后三个实际目标设定为0.005外，都设置为0.001。

首先验证程序的正确性。计算了一个直径为5波长的三层涂覆金属球，每层涂覆的厚度都为0.05波长。从内到外，三层涂层的相对介电常数分别为$\varepsilon_{r1}=5.25-0.9\text{j}$，$\varepsilon_{r2}=3.25-0.7\text{j}$，$\varepsilon_{r3}=2.5-0.5\text{j}$。计算所得的双站RCS与解析解的对比如图6.3所示。从图中可以看出，三种方法的数据吻合得非常好。

在开始其他数值实验之前，首先需要确定H－LU－P的几个控制参数。H－LU直接求解有三个控制参数，包括最大叶子节点内未知量数目N_l、可容条件控制参数η、低秩分解中控制秩截断的丢弃参数δ。通过设置不同的控制参数，可以平衡H－LU直接求解器的精度和效率。一般而言，N_l值取32～80之间都可以获得比较好的效果，在此设定其为64。之后计算一个尺寸为$3\lambda\times3\lambda\times3\lambda$、介电常数$\varepsilon_r=4$的介质立方体，入射角度$\theta=30°$，改变不同的丢弃参数$\delta$来研究GMRES迭代求解器的影响，也即预处理矩阵的求

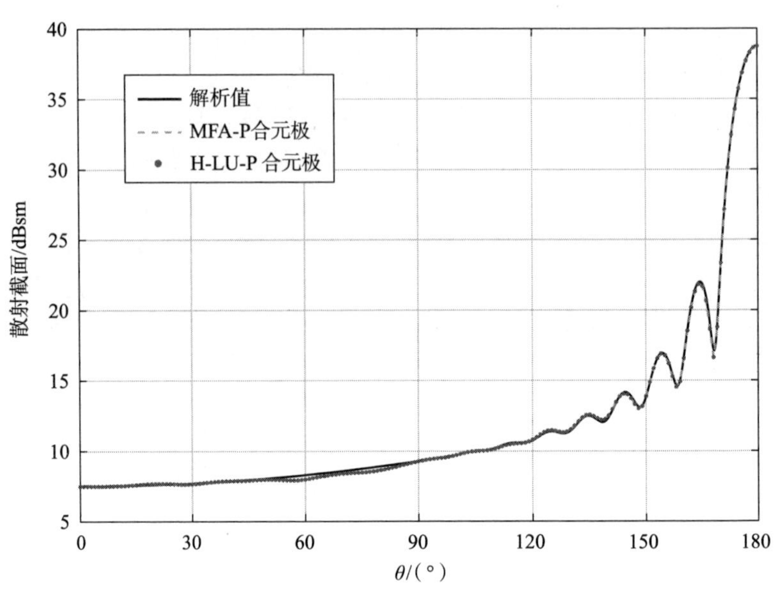

图 6.3 三层涂覆金属球 VV 极化双站 RCS 计算结果

解精度变化情况。为了展示新可容条件的有效性，也跟原带控制参数的可容条件进行对比，设置 $\eta = 4$ 。统计情况见表 6.1。从表中可以看出，参数 δ 对迭代步数有很大影响。可容条件控制参数 η 影响内存和 CPU 计算时间，但对迭代步数无显著影响。因此，新的可容条件要比原可容条件更适用于构建预处理。为对 H－LU－P 和 MFA－P 的性能进行对比，此处设定参数，以保证预处理效果为先，也即迭代步数基本保持不变。综合考虑计算精度和有效性，接下来的算例中将设定 $\delta = 10^{-4}$。需要注意的是，$\delta = 10^{-4}$是针对普通三维问题设定的，如介质立方体。此参数取值对于二维扩展问题，如天线阵列或高损耗目标，可以适当放松。

表 6.1 尺寸为 3λ×3λ×3λ 的介质立方体计算资源统计

技术	可容条件	δ	内存/MB	分解时间/s	迭代步数	迭代时间/s
H－LU－P	改进条件	10^{-2}	18 292	2 067.2	—	—
		10^{-3}	20 377	2 957.4	238	957
		10^{-4}	22 532	3 856.4	136	506
	原可容条件（$\eta=4$）	10^{-2}	22 317	2 474.4	—	—
		10^{-3}	24 128	3 324.5	260	1 090
		10^{-4}	26 072	4 166.1	141	748
MFA－P	—	—	40 529	4 279	134	805

接下来研究 H－LU－P 不同情况下的计算复杂度。因嵌套分割重排序的稀疏矩阵直接求解效率取决于其在分解过程中的非零元填充，为保证结果的普适性，使用不同尺寸的立方块作为算例进行研究。立方体的网格为手动编程生成的均匀网格。

首先研究 H－LU－P 对准静态问题的求解效率。控制立方体的尺寸为 $2\lambda \times 2\lambda \times 2\lambda$，介电常数为 $\varepsilon_r = 4$，网格剖分尺寸由 0.05λ 到 0.017λ 逐步加密。随着网格剖分密度的增加，未知数的数目也在增加。但因为目标电尺寸没有发生变化，因此是一个准静态问题。H－LU－P 各主要过程、预处理矩阵分解时间、预处理矩阵分解所需内存、迭代求解时间随未知数增加的变化情况如图 6.4 所示。从图中可以看出，H－LU－P 的数值性能远超过 MFA－P。其中，分解过程的内存复杂度为 $O(N\log_2 N)$，时间复杂度为 $O(N\log_2^2 N)$，与理论推导一致。虽然两种预处理的迭代步数几乎相同，但是 H－LU－P 的迭代时间远小于 MFA－P，因为 H－LU 的求解复杂度理论值为 $O(N\log_2 N)$，远低于一般直接法，如 MUMPS。

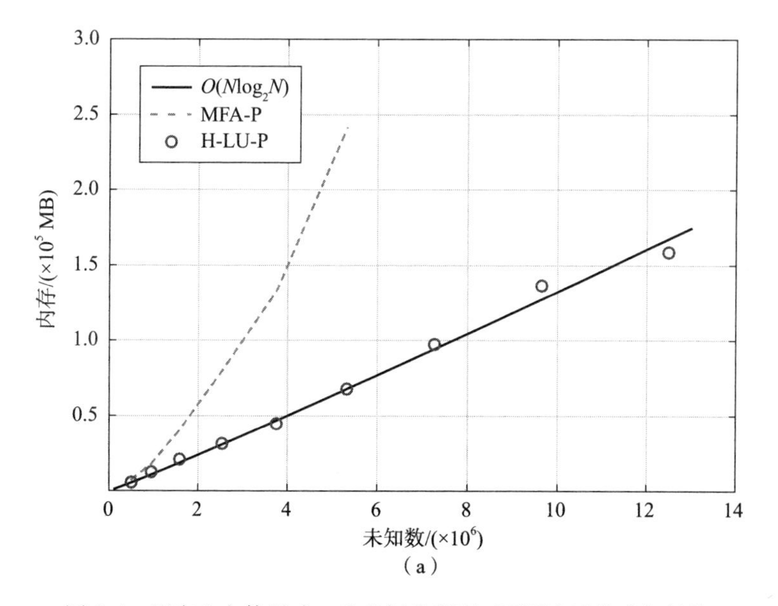

图 6.4　固定立方体尺寸，改变剖分密度时不同方法的求解性能

(a) 分解内存

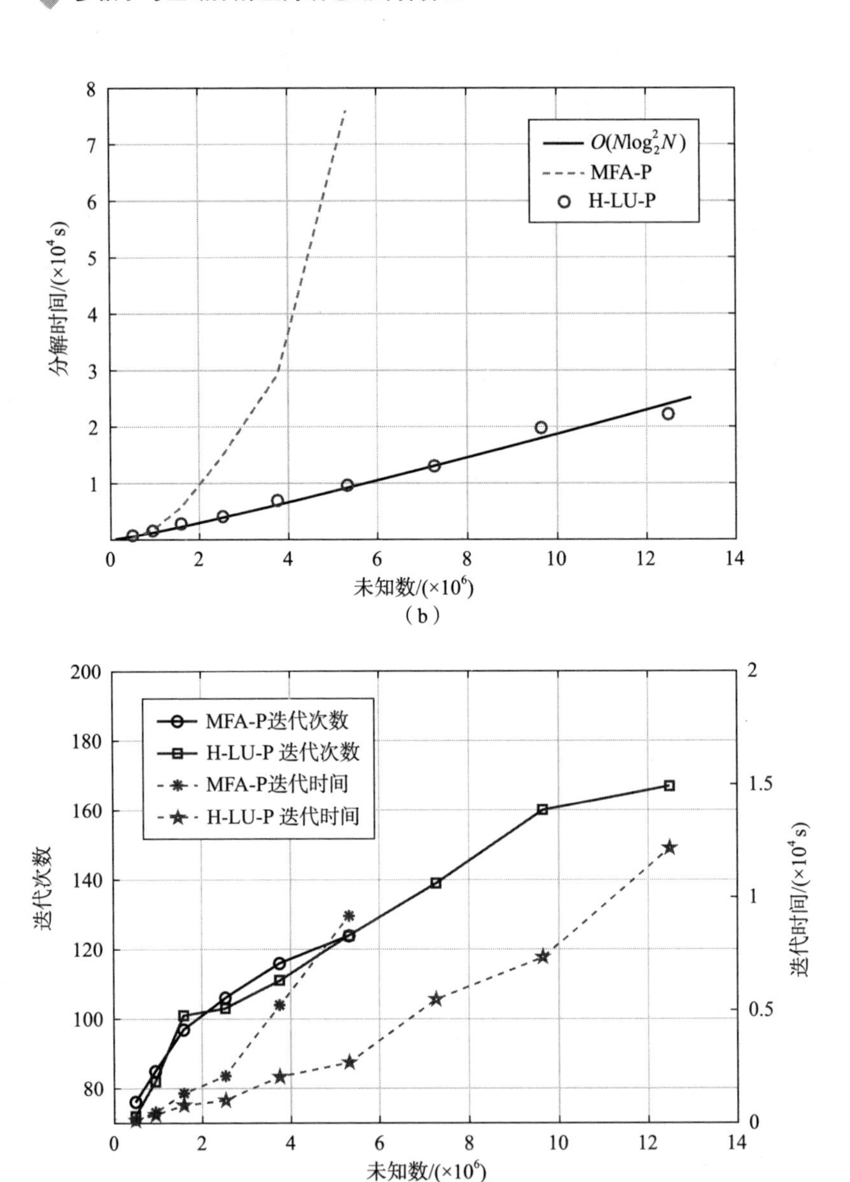

图 6.4 固定立方体尺寸，改变剖分密度时不同方法的求解性能（续）

（b）分解时间；（c）GMRES 迭代步数和求解时间

接下来考虑电动问题。控制立方体的剖分密度为 0.05λ，改变立方体的尺寸。主要考虑三类情况，包括介电常数为 $\varepsilon_r=4$、长宽同比增加、高度固定的二维扩展长方体，介电常数分别为 $\varepsilon_r=4-\mathrm{j}$ 和 $\varepsilon_r=4$ 的长、宽、高同比增加的三维扩展立方体。

对于二维扩展情况，固定长方体的厚度为0.5λ，之后同时增加其长宽，变化范围为$4\lambda \times 4\lambda \sim 20\lambda \times 20\lambda$。在此情况下，因网格剖分密度固定，只有两个维度是扩展的。因厚度比较小，此介质长方体目标离散后的矩阵的非对角块奇异值衰减很快。分解内存和时间的变化如图6.5所示。从图中可以看出，与准静态情况类似，预处理矩阵H－LU分解的存储和时间复杂度仍然为$O(N\log_2 N)$和$O(N\log_2^2 N)$。两种预处理的迭代步数几乎相同，并且H－LU－P的迭代时间远小于MFA－P。

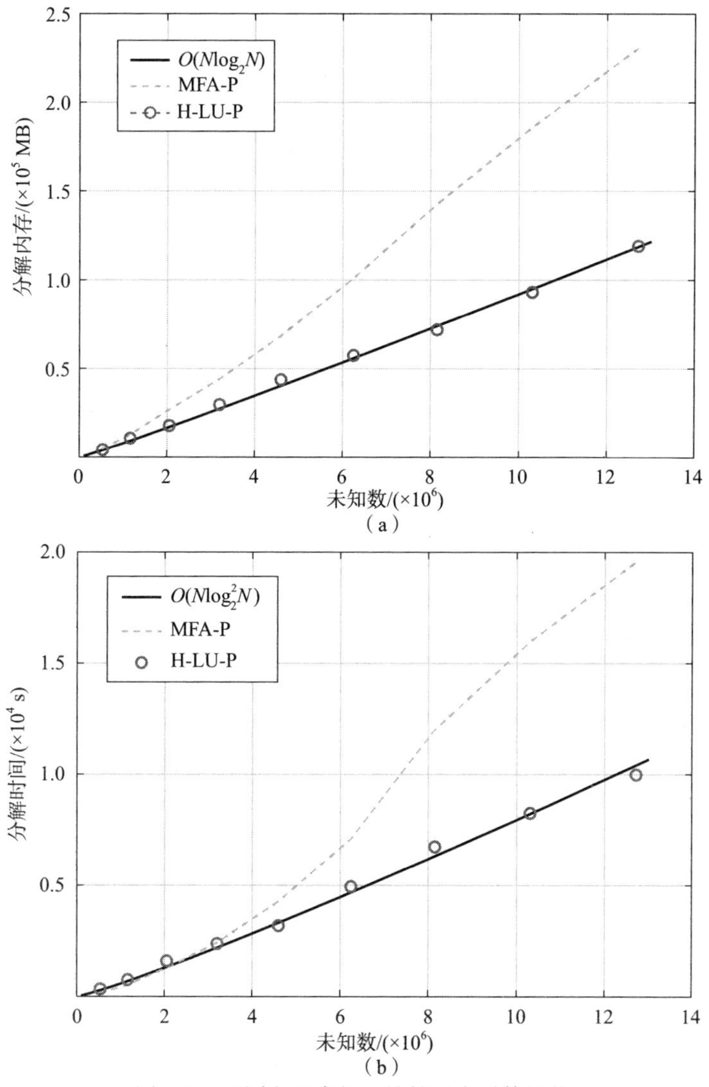

图6.5　不同方法求解二维扩展介质体性能

（a）分解内存；（b）分解时间

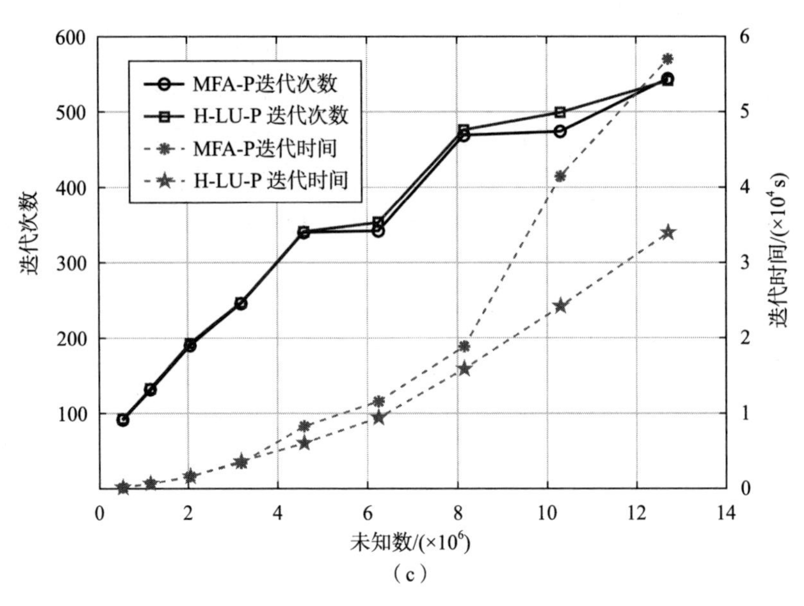

(c)

图 6.5 不同方法求解二维扩展介质体性能（续）

（c）GMRES 迭代步数和求解时间

对于三维扩展情况，立方体的尺寸自 $2\lambda\times2\lambda\times2\lambda$ 增加到 $6\lambda\times6\lambda\times6\lambda$。对于材料有耗和无耗情况，求解性能随未知数变化情况如图 6.6 和图 6.7 所示。从图中可以看出，随着立方体尺寸的增加，对于有耗立方体而言，H－LU－P 的内存复杂度和时间复杂度仍然保持为 $O(N\log_2 N)$ 和 $O(N\log_2^2 N)$。但是对于无耗材质立方体，计算的时间和内存复杂度都要高于理论估计。即便如此，H－LU－P 的预处理仍然表现出了远超 MFA－P 的高效性。

为展示 H－LU－P 预处理合元极技术的高效性和计算能力，接下来计算两个复杂目标。第一个算例为涂覆的金属弹头目标。此弹头目标的几何尺寸如图 6.8 所示。此弹头目标的尖端包覆一层介质，介电常数为 $\varepsilon_1=4.885\ 8$。弹体部分为两层涂覆，介电常数分别为 $\varepsilon_2=5.137\ 1$ 和 $\varepsilon_3=3.9$。计算了此弹头目标在入射角度为 $\theta=45°$，$\varphi=0°$时，xOz 平面内的双站 RCS，入射平面波频率为 5 GHz。此目标离散所产生的有限元未知数为 16 529 108，BI 未知数为 1 686 096。采用 H－LU－P 和 MFA－P 两种方法的计算结果如图 6.9 所示，两种方法的计算结果吻合良好。两种方法的计算资源统计见表 6.2。在本次计算中，H－LU－P 仅用了 MFA－P 的 70% 时间和 50% 内存。在此计算中，秩丢弃控制参数 $\delta=10^{-3}$。

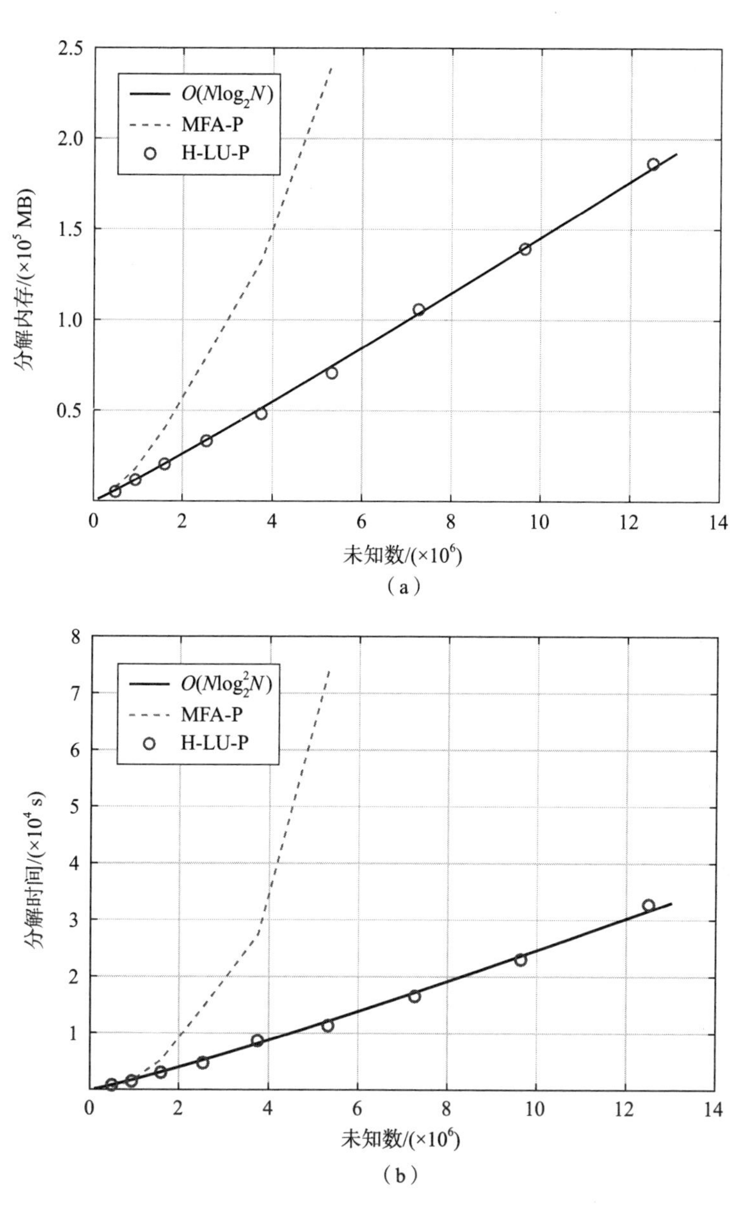

（a）

（b）

图6.6　不同方法求解有耗三维扩展介质体目标性能

（a）分解内存；（b）分解时间

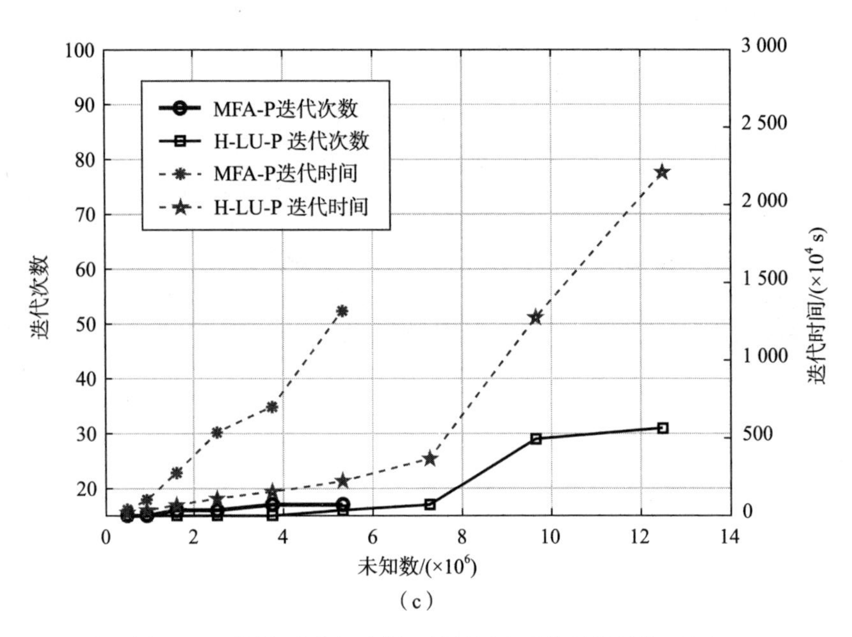

（c）

图 6.6 不同方法求解有耗三维扩展介质体目标性能（续）

（c）GMRES 迭代步数和求解时间

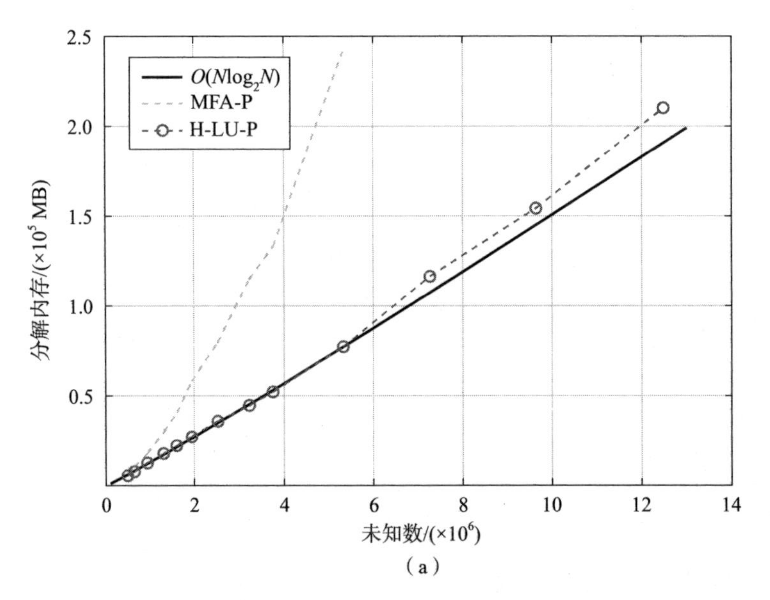

（a）

图 6.7 不同方法求解无耗三维扩展介质体性能

（a）分解内存

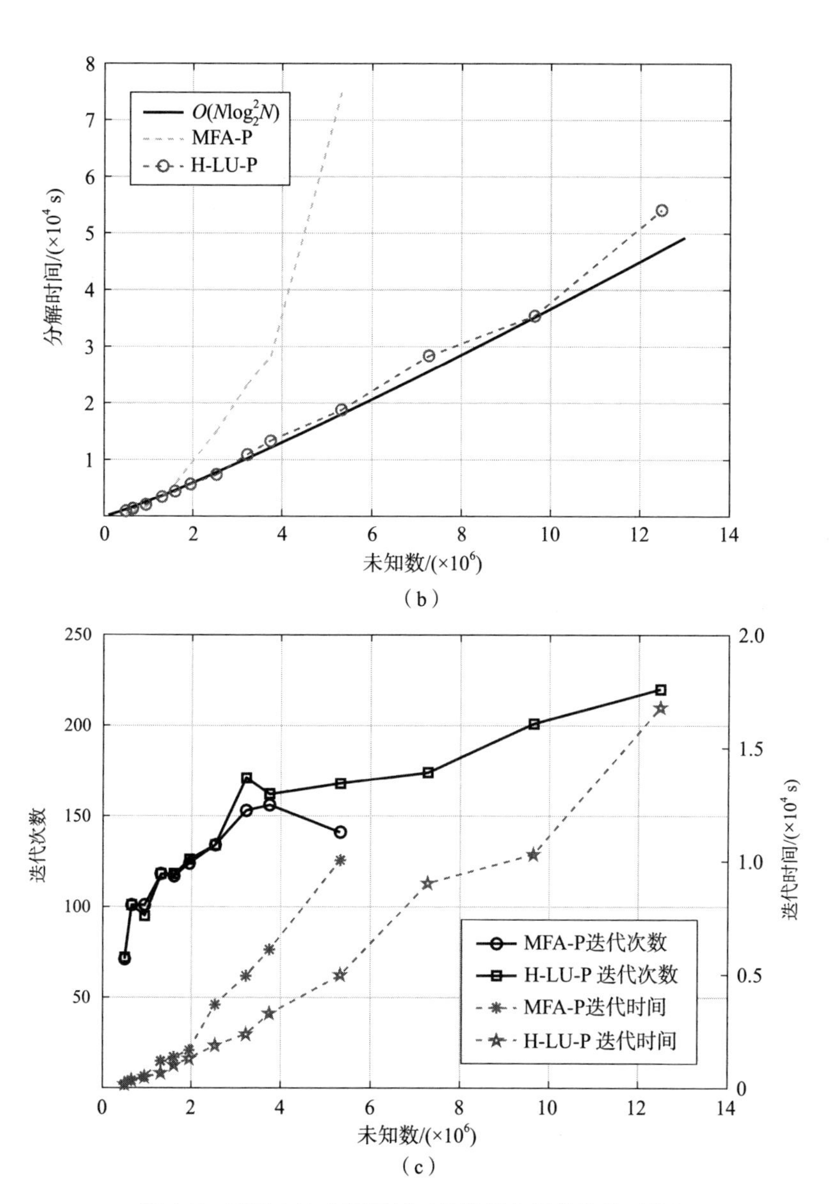

图6.7　不同方法求解无耗三维扩展介质体性能（续）

（b）分解时间；（c）GMRES迭代步数和求解时间

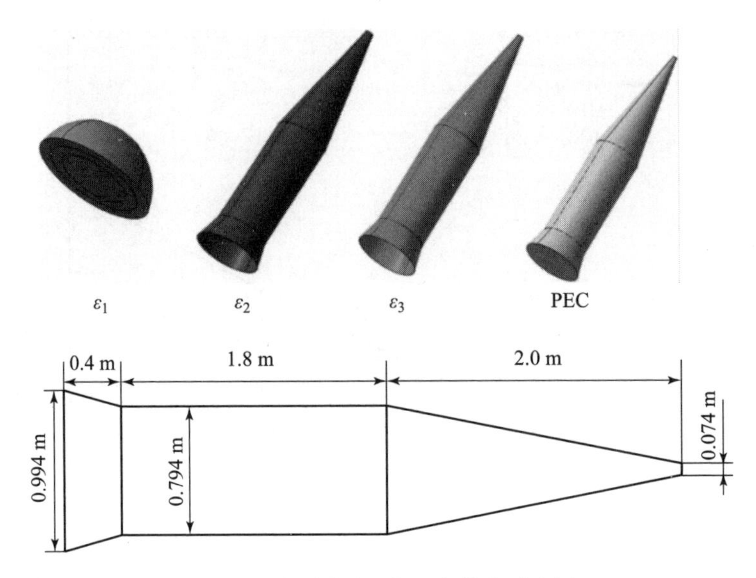

图 6.8 涂覆弹头目标几何信息示意图

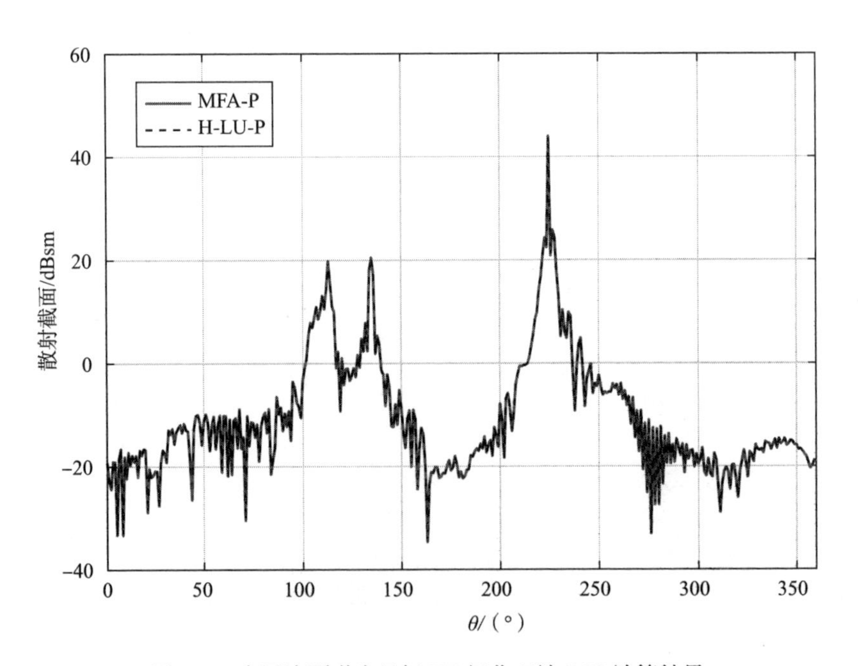

图 6.9 多层涂覆弹头目标 VV 极化双站 RCS 计算结果

表 6.2　涂覆弹头目标不同方法计算资源统计

技术	未知数 (FE/BI)	内存 /MB	矩阵分解时间/s	迭代时间/s	迭代步数
MFA - P	16 529 108 /1 686 096	163 431	10 112	9 940	113
H - LU - P		95 003	5 540	8 689	125

最后一个目标为机头带一天线罩的战机模型，几何结构如图 6.10 所示。机头天线罩由三层介质组成，从内到外介电常数分别为 $\varepsilon_1=4.7$、$\varepsilon_2=2$ 及 $\varepsilon_3=3.9$。仍然控制秩丢弃控制参数 $\delta=10^{-3}$。入射平面波频率为 1.5 GHz，入射角度为 $\theta=90°$、$\varphi=30°$的双站 VV 极化 RCS 计算结果如图 6.11 所示。不同方法的详细计算资源统计见表 6.3。从表中可以看出，相比 MFA - P，H - LU - P 可以显著降低计算的时间和内存需求。预处理矩阵构建的计算时间仅为原来的 25%，内存约为 50%，而 GMRES 的迭代求解时间几乎减少为原来的一半，充分说明了 H - LU 作为预处理比传统多波前直接求解的高效性。

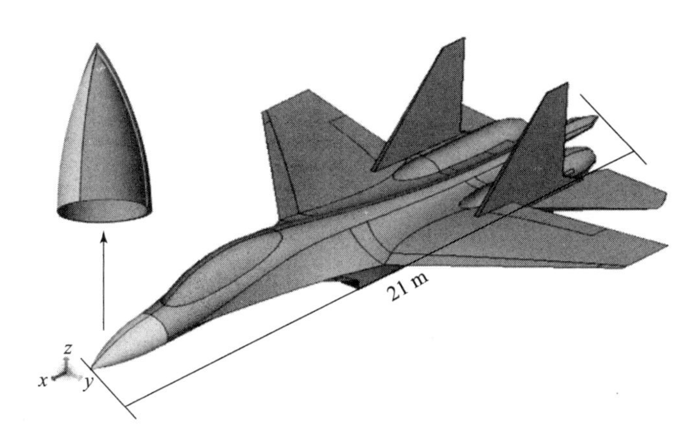

图 6.10　机头带三层天线罩的战机模型示意图

表 6.3　采用不同方法计算机头带三层天线罩的战机目标计算情况统计

技术	未知数 (FE/BI)	内存 /MB	分解时间 /s	迭代时间 /s	迭代步数
MFA - P	11 300 500 /1 881 360	464 837	146 357	76 721	364
H - LU - P		198 171	32 026	45 937	381

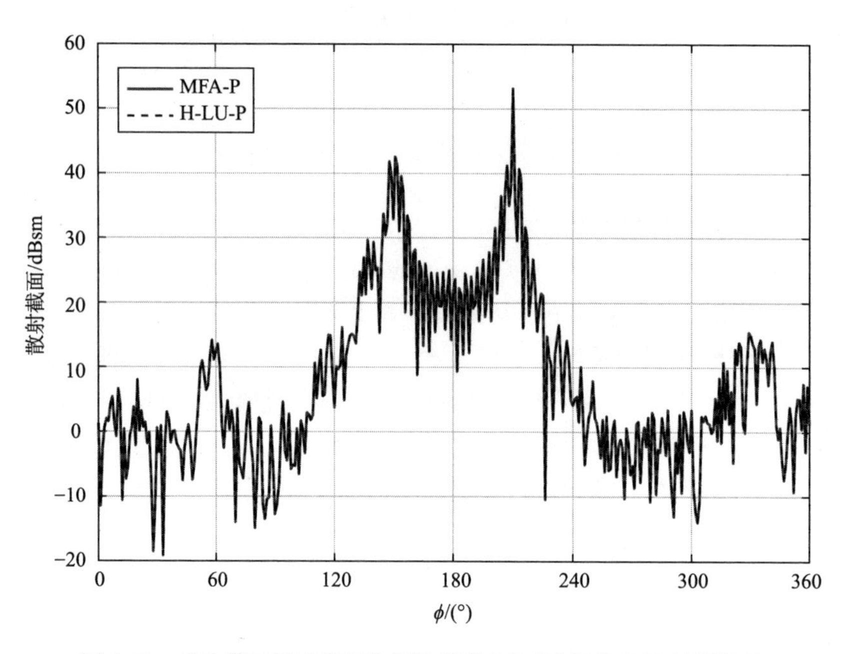

图 6.11　机头带三层天线罩的战机模型双站 VV 极化 RCS 计算结果

参 考 文 献

[1] Macdonald H M. The Effect Produced by an Obstacle on a Train of Electric Waves [J]. Philosophical Transactions of the Royal Society of London, 1913, 212 (484 - 496): 299 - 337.

[2] Ufimtsev P Y. Fundamentals of the Physical Theory of Diffraction [M]. John Wiley & Sons, 2007.

[3] Kline M, Kay I W. Electromagnetic Theory and Geoemtrical Optics [M]. Intersciences Press, 1965.

[4] Keller J B. Geometrical theory of diffraction [J]. Journal of the Optical Society of America, 1962, 52 (2): 116 - 130.

[5] Kouyoumjian R G, Pathak P H. A uniform geometrical theory of diffraction for an edge in a perfectly conducting surface [J]. Proceedings of the IEEE, 1974, 62 (11): 1448 - 1461.

[6] Bathe K J, Wilson E L. Numerical Methods in Finite Element Analysis [J]. Mathematics of Computation, 1977, 31 (139): S140.

[7] Jin J M, Jin J, Jin J M. The finite element method in electromagnetics [M]. New York: Wiley, 2002.

[8] Yee K S. Numerical solution of initial boundary value problems involving maxwell's equations in isotropic media [J]. IEEE Transactions on Antennas and Propagation, 1966, 14 (5): 302 - 307.

[9] Mur G. Absorbing boundary conditions for the finite - difference approximation of the time - domain electromagnetic - field equations [J]. IEEE Transactions on Electromagnetic Compatibility, 1981 (4): 377 - 382.

[10] Harrington R F. Time - Harmonic Electromagnetic Fields [M]. New York: McGraw - Hill, 1961.

[11] Harrington R F, Harrington J L. Field computation by moment methods [M]. Oxford University Press, 1996.

[12] Yuan X. Three - dimensional electromagnetic scattering from inhomogeneous objects by the hybrid moment and finite element method [J]. IEEE Transactions on Microwave Theory and Techniques, 1990, 38 (8): 1053 -

1058.

[13] Eibert T, Hansen V. Calculation of unbounded field problems in free space by a 3D FEM/BEM – hybrid approach [J]. Journal of Electromagnetic Waves and Applications, 1996, 10 (1): 61 –78.

[14] Sheng X Q, Jin J M, Song J, et al. On the formulation of hybrid finite – element and boundary – integral methods for 3 – D scattering [J]. IEEE Transactions on Antennas and Propagation, 1998, 46 (3): 303 –311.

[15] Peterson A F. Absorbing boundary conditions for the vector wave equation [J]. Microwave and Optical Technology Letters, 1988, 1 (2): 62 –64.

[16] Webb J P, Kanellopoulos V N. Absorbing boundary conditions for the finite element solution of the vector wave equation [J]. Microwave and Optical Technology Letters, 1989, 2 (10): 370 –372.

[17] Berenger J P. A perfectly matched layer for the absorption of electromagnetic waves [J]. Journal of Computational Physics, 1994, 114 (2): 185 – 200.

[18] Després B. A domain decomposition method for the harmonic Maxwell equations [J]. Iterative Methods in Linear Algebra, 1992: 475 –484.

[19] Lee S C, Vouvakis M N, Lee J F. A non – overlapping domain decomposition method with non – matching grids for modeling large finite antenna arrays [J]. Journal of Computational Physics, 2005, 203 (1): 1 –21.

[20] Vouvakis M N, Cendes Z, Lee J F. A FEM domain decomposition method for photonic and electromagnetic band gap structures [J]. IEEE Transactions on Antennas and Propagation, 2006, 54 (2): 721 –733.

[21] Lu Z Q, An X, Hong W. A fast domain decomposition method for solving three – dimensional large – scale electromagnetic problems [J]. IEEE Transactions on Antennas and Propagation, 2008, 56 (8): 2200 –2210.

[22] Peng Z, Lee J F. Non – conformal domain decomposition method with mixed true second order transmission condition for solving large finite antenna arrays [J]. IEEE Transactions on Antennas and Propagation, 2011, 59 (5): 1638 –1651.

[23] Farhat C, Roux F X. A method of finite element tearing and interconnecting and its parallel solution algorithm [J]. International Journal for Numerical Methods in Engineering, 1991, 32 (6): 1205 –1227.

[24] Wolfe C T, Navsariwala U, Gedney S D. A parallel finite – element tearing and interconnecting algorithm for solution of the vector wave equation with

PML absorbing medium [J]. IEEE Transactions on Antennas and Propagation, 2000, 48 (2): 278 -284.

[25] Li Y J, Jin J M. A vector dual - primal finite element tearing and interconnecting method for solving 3 - D large - scale electromagnetic problems [J]. IEEE Transactions on Antennas and Propagation, 2006, 54 (10): 3000 - 3009.

[26] Li Y J, Jin J M. A new dual - primal domain decomposition approach for finite element simulation of 3 - D large - scale electromagnetic problems [J]. IEEE Transactions on Antennas and Propagation, 2007, 55 (10): 2803 - 2810.

[27] Xue M F, Jin J M. Nonconformal FETI - DP methods for large - scale electromagnetic simulation [J]. IEEE Transactions on Antennas and Propagation, 2012, 60 (9): 4291 -4305.

[28] Yang M L, Sheng X Q. On the finite element tearing and interconnecting method for scattering by large 3D inhomogeneous targets [J]. International Journal of Antennas and Propagation, 2011, 2012.

[29] Gan H, Chew W C. A discrete BCG - FFT algorithm for solving 3D inhomogeneous scatterer problems [J]. Journal of Electromagnetic Waves and Applications, 1995, 9 (10): 1339 -1357.

[30] Chew W C, Jin J M, Lu C C, et al. Fast solution methods in electromagnetics [J]. IEEE Transactions on Antennas and Propagation, 1997, 45 (3): 533 -543.

[31] Millard X, Liu Q H. A fast volume integral equation solver for electromagnetic scattering from large inhomogeneous objects in planarly layered media [J]. IEEE Transactions on Antennas and Propagation, 2003, 51 (9): 2393 -2401.

[32] Bleszynski E, Bleszynski M, Jaroszewicz T. AIM: Adaptive integral method for solving large - scale electromagnetic scattering and radiation problems [J]. Radio Science, 1996, 31 (5): 1225 -1251.

[33] Ling F, Wang C F, Jin J M. An efficient algorithm for analyzing large - scale microstrip structures using adaptive integral method combined with discrete complex - image method [J]. IEEE Transactions on Microwave Theory and Techniques, 2000, 48 (5): 832 -839.

[34] Coifman R, Rokhlin V, Wandzura S. The fast multipole method for the wave equation: A pedestrian prescription [J]. Antennas and Propagation

Magazine, IEEE, 1993, 35 (3): 7 - 12.

[35] Engheta N, Murphy W D, Rokhlin V, et al. The fast multipole method (FMM) for electromagnetic scattering problems [J]. IEEE Transactions on Antennas and Propagation, 1992, 40 (6): 634 - 641.

[36] Song J, Lu C C, Chew W C. Multilevel fast multipole algorithm for electromagnetic scattering by large complex objects [J]. IEEE Transactions on Antennas and Propagation, 1997, 45 (10): 1488 - 1493.

[37] Song J M, Chew W C. Multilevel fast - multipole algorithm for solving combined field integral equations of electromagnetic scattering [J]. Microwave and Optical Technology Letters, 1995, 10 (1): 14 - 19.

[38] Sheng X Q, Jin J M, Song J, et al. Solution of combined - field integral equation using multilevel fast multipole algorithm for scattering by homogeneous bodies [J]. IEEE Transactions on Antennas and Propagation, 1998, 46 (11): 1718 - 1726.

[39] Zhao J S, Chew W C. Three - dimensional multilevel fast multipole algorithm from static to electrodynamic [J]. Microwave and Optical Technology Letters, 2000, 26 (1): 43 - 48.

[40] Velamparambil S, Chew W C. Analysis and performance of a distributed memory multilevel fast multipole algorithm [J]. IEEE Transactions on Antennas and Propagation, 2005, 53 (8): 2719 - 2727.

[41] Ergul O, Gurel L. Efficient parallelization of the multilevel fast multipole algorithm for the solution of large - scale scattering problems [J]. IEEE Transactions on Antennas and Propagation, 2008, 56 (8): 2335 - 2345.

[42] Pan X M, Sh X Q. A Sophisticated Parallel MLFMA for Scattering by Extremely Large Targets [EM Programmer's Notebook] [J]. IEEE Transactions on Antennas and Propagation Magazine, 2008, 50 (3): 129 - 138.

[43] Ergul O, Gurel L. A hierarchical partitioning strategy for an efficient parallelization of the multilevel fast multipole algorithm [J]. IEEE Transactions on Antennas and Propagation, 2009, 57 (6): 1740 - 1750.

[44] Pan X M, Pi W C, Yang M L, et al. Solving problems with over one billion unknowns by the MLFMA [J]. IEEE Transactions on Antennas and Propagation, 2012, 60 (5): 2571 - 2574.

[45] Saad Y. ILUT: A dual threshold incomplete LU factorization [J]. Numerical linear algebra with applications, 1994, 1 (4): 387 - 402.

[46] Lee J, Zhang J, Lu C C. Sparse inverse preconditioning of multilevel fast

multipole algorithm for hybrid integral equations in electromagnetics [J]. IEEE Transactions on Antennas and Propagation, 2004, 52 (9): 2277 - 2287.

[47] Bollhöfer M, Saad Y. Multilevel preconditioners constructed from inverse - based ILUs [J]. SIAM Journal on Scientific Computing, 2006, 27 (5): 1627 - 1650.

[48] Lee J F, Sun D K. p - Type multiplicative Schwarz (pMUS) method with vector finite elements for modeling three - dimensional waveguide discontinuities [J]. IEEE Transactions on Microwave Theory and Techniques, 2004, 52 (3): 864 - 870.

[49] Liu J, Jin J M. A highly effective preconditioner for solving the finite element - boundary integral matrix equation of 3 - D scattering [J]. IEEE Transactions on Antennas and Propagation, 2002, 50 (9): 1212 - 1221.

[50] Sheng X Q, Kai - Ning Yung E. Implementation and experiments of a hybrid algorithm of the MLFMA - enhanced FE - BI method for open - region inhomogeneous electromagnetic problems [J]. IEEE Transactions on Antennas and Propagation, 2002, 50 (2): 163 - 167.

[51] Poggio A J, Miller E K. Integral equation solutions of three - dimensional scattering problems [J]. Computer Techniques for Electromagnetics, 1973: 159 - 264.

[52] Gürel L, Bağcı H, Castelli J C, et al. Validation through comparison: Measurement and calculation of the bistatic radar cross section of a stealth target [J]. Radio Science, 2003, 38 (3): 1046.

[53] Taboada J M, Rivero J, Obelleiro F, et al. Method - of - moments formulation for the analysis of plasmonic nano - optical antennas [J]. Journal of the Optical Society of America A, 2011, 28 (7): 1341 - 1348.

[54] Chang Y, Harrington R. A surface formulation for characteristic modes of material bodies [J]. IEEE Transactions on Antennas and Propagation, 1977, 25 (6): 789 - 795.

[55] Ergul O, Gurel L. Comparison of integral - equation formulations for the fast and accurate solution of scattering problems involving dielectric objects with the multilevel fast multipole algorithm [J]. IEEE Transactions on Antennas and Propagation, 2009, 57 (1): 176 - 187.

[56] Rao S, Wilton D, Glisson A. Electromagnetic scattering by surfaces of arbitrary shape [J]. IEEE Transactions on Antennas and Propagation, 1982, 30

(3): 409 -418.
[57] Harrington R F. Boundary integral formulations for homogeneous material bodies [J]. Journal of Electromagnetic Waves and Applications, 1989, 3 (1): 1 -15.
[58] Rao S M, Wilton D R. E - field, H - field, and combined field solution for arbitrarily shaped three - dimensional dielectric bodies [J]. Electromagnetics, 1990, 10 (4): 407 -421.
[59] Yla - Oijala P, Taskinen M. Application of combined field integral equation for electromagnetic scattering by dielectric and composite objects [J]. IEEE Transactions on Antennas and Propagation, 2005, 53 (3): 1168 -1173.
[60] Dunavant D A. High degree efficient symmetrical Gaussian quadrature rules for the triangle [J]. International Journal for Numerical Methods in Engineering, 1985, 21 (6): 1129 -1148.
[61] Ashkin A. Acceleration and trapping of particles by radiation pressure [J]. Physical Review Letters, 1970, 24 (4): 156 -159.
[62] Ashkin A, Dziedzic J M, Bjorkholm J E, et al. Observation of a single - beam gradient force optical trap for dielectric particles [J]. Optics Letters, 1986, 11 (5): 288 -290.
[63] Ashkin A, Dziedzic J M. Optical trapping and manipulation of viruses and bacteria [J]. Science, 1987, 235 (4795): 1517 -1520.
[64] Svoboda K, Block S M. Biological applications of optical forces [J]. Annual review of Biophysics and Biomolecular Structure, 1994, 23 (1): 247 - 285.
[65] MacDonald M P, Spalding G C, Dholakia K. Microfluidic sorting in an optical lattice [J]. Nature, 2003, 426 (6965): 421 -424.
[66] Crocker J C, Matteo J A, Dinsmore A D, et al. Entropic attraction and repulsion in binary colloids probed with a line optical tweezer [J]. Physical Review Letters, 1999, 82 (21): 4352.
[67] Harada Y, Asakura T. Radiation forces on a dielectric sphere in the Rayleigh scattering regime [J]. Optics Communications, 1996, 124 (5): 529 -541.
[68] Ren K F, Greha G, Gouesbet G. Radiation pressure forces exerted on a particle arbitrarily located in a Gaussian beam by using the generalized Lorenz - Mie theory, and associated resonance effects [J]. Optics Communications, 1994, 108 (4): 343 -354.

[69] Ren K F, Gréhan G, Gouesbet G. Prediction of reverse radiation pressure by generalized Lorenz – Mie theory [J]. Applied Optics, 1996, 35 (15): 2702 – 2710.

[70] Lock J A. Calculation of the radiation trapping force for laser tweezers by use of generalized Lorenz – Mie theory. II. On – axis trapping force [J]. Applied Optics, 2004, 43 (12): 2545 – 2554.

[71] Xu F, Ren K, Gouesbet G, et al. Theoretical prediction of radiation pressure force exerted on a spheroid by an arbitrarily shaped beam [J]. Physical Review E, 2007, 75 (2): 026613.

[72] Kotlyar V V, Nalimov A G. Analytical expression for radiation forces on a dielectric cylinder illuminated by a cylindrical Gaussian beam [J]. Optics Express, 2006, 14 (13): 6316 – 6321.

[73] Nieminen T A, Rubinsztein – Dunlop H, Heckenberg N R, et al. Numerical modelling of optical trapping [J]. Computer Physics Communications, 2001, 142 (1): 468 – 471.

[74] Nieminen T A, Rubinsztein – Dunlop H, Heckenberg N R. Calculation and optical measurement of laser trapping forces on non – spherical particles [J]. Journal of Quantitative Spectroscopy and Radiative Transfer, 2001, 70 (4): 627 – 637.

[75] Borghese F, Denti P, Saija R, et al. Optical trapping of nonspherical particles in the T – matrix formalism: erratum [J]. Optics Express, 2007, 15 (22): 14618 – 14618.

[76] Simpson S H, Hanna S. Optical trapping of spheroidal particles in Gaussian beams [J]. Journal of the Optical Society of America A, 2007, 24 (2): 430 – 443.

[77] Purcell E M, Pennypacker C R. Scattering and absorption of light by nonspherical dielectric grains [J]. The Astrophysical Journal, 1973, 186: 705 – 714.

[78] Yurkin M A, Hoekstra A G. The discrete dipole approximation: an overview and recent developments [J]. Journal of Quantitative Spectroscopy and Radiative Transfer, 2007, 106 (1): 558 – 589.

[79] Draine B T. The discrete – dipole approximation and its application to interstellar graphite grains [J]. The Astrophysical Journal, 1988, 333: 848 – 872.

[80] Draine B T, Weingartner J C. Radiative torques on interstellar grains:

I. Superthermal spinup [J]. The Astrophysical Journal, 1996, 470 (1).

[81] Kimura H, Mann I. Radiation pressure cross section for fluffy aggregates [J]. Journal of Quantitative Spectroscopy and Radiative Transfer, 1998, 60 (3): 425 -438.

[82] Hoekstra A G, Frijlink M, Waters L, et al. Radiation forces in the discrete - dipole approximation [J]. Journal of the Optical Society of America A, 2001, 18 (8): 1944 -1953.

[83] Simpson S H, Hanna S. Optical trapping of microrods: variation with size and refractive index [J]. Journal of the Optical Society of America A, 2011, 28 (5): 850 -858.

[84] Simpson S H, Hanna S. Computational study of the optical trapping of ellipsoidal particles [J]. Physical Review A, 2011, 84 (5): 053808.

[85] Gauthier R. Computation of the optical trapping force using an FDTD based technique [J]. Optics Express, 2005, 13 (10): 3707 -3718.

[86] Liu Z, Guo C, Yang J, et al. Tapered fiber optical tweezers for microscopic particle trapping: fabrication and application [J]. Optics Express, 2006, 14 (25): 12510 -12516.

[87] White D A. Numerical modeling of optical gradient traps using the vector finite element method [J]. Journal of Computational Physics, 2000, 159 (1): 13 -37.

[88] Davis L W. Theory of electromagnetic beams [J]. Physical Review A, 1979, 19 (3): 1177.

[89] Barton J P, Alexander D R. Fifth - order corrected electromagnetic field components for a fundamental Gaussian beam [J]. Journal of Applied Physics, 1989, 66 (7): 2800 -2802.

[90] Barton J P, Alexander D R, Schaub S A. Theoretical determination of net radiation force and torque for a spherical particle illuminated by a focused laser beam [J]. Journal of Applied Physics, 1989, 66 (10): 4594 -4602.

[91] Mishchenko M I. Radiation force caused by scattering, absorption, and emission of light by nonspherical particles [J]. Journal of Quantitative Spectroscopy and Radiative Transfer, 2001, 70 (4): 811 -816.

[92] Lu J Q, Yang P, Hu X H. Simulations of light scattering from a biconcave red blood cell using the finite - difference time - domain method [J]. Journal of Biomedical Optics, 2005, 10 (2): 024022 -02402210.

[93] Friese M E J, Nieminen T A, Heckenberg N R, et al. Optical alignment

and spinning of laser – trapped microscopic particles [J]. Nature, 1998, 394 (6691): 348 –350.

[94] Mihiretie B M, Snabre P, Loudet J C, et al. Radiation pressure makes ellipsoidal particles tumble [J]. Europhysics Letters, 2012, 100 (4): 48005.

[95] Chang C B, Huang W X, Lee K H, et al. Optical levitation of a non – spherical particle in a loosely focused Gaussian beam [J]. Optics Express, 2012, 20 (21): 24068 –24084.

[96] Xu F, Lock J A, Gouesbet G, et al. Radiation torque exerted on a spheroid: Analytical solution [J]. Physical Review A, 2008, 78 (1): 013843.

[97] Metzger N K, Mazilu M, Kelemen L, et al. Observation and simulation of an optically driven micromotor [J]. Journal of Optics, 2011, 13 (4): 044018.

[98] Guck J, Ananthakrishnan R, Moon T J, et al. Optical deformability of soft biological dielectrics [J]. Physical Review Letters, 2000, 84 (23): 5451.

[99] Yang M, Ren K F, Gou M, et al. Computation of radiation pressure force on arbitrary shaped homogenous particles by multilevel fast multipole algorithm [J]. Optics Letters, 2013, 38 (11): 1784 –1786.

[100] Ekpenyong A E, Posey C L, Chaput J L, et al. Determination of cell elasticity through hybrid ray optics and continuum mechanics modeling of cell deformation in the optical stretcher [J]. Applied Optics, 2009, 48 (32): 6344 –6354.

[101] Rancourt – Grenier S, Wei M T, Bai J J, et al. Dynamic deformation of red blood cell in dual – trap optical tweezers [J]. Optics Express, 2010, 18 (10): 10462 –10472.

[102] Xu F, Lock J A, Gouesbet G, et al. Optical stress on the surface of a particle: homogeneous sphere [J]. Physical Review A, 2009, 79 (5): 053808.

[103] Boyde L, Ekpenyong A, Whyte G, et al. Comparison of stresses on homogeneous spheroids in the optical stretcher computed with geometrical optics and generalized Lorenz – Mie theory [J]. Applied Optics, 2012, 51 (33): 7934 –7944.

[104] Yu J T, Chen J Y, Lin Z F, et al. Surface stress on the erythrocyte under laser irradiation with finite – difference time – domain calculation [J].

Journal of Biomedical Optics, 2005, 10 (6): 064013 – 064013 – 6.
[105] Ren K F, Onofri F, Rozé C, et al. Vectorial complex ray model and application to two – dimensional scattering of plane wave by a spheroidal particle [J]. Optics Letters, 2011, 36 (3): 370 – 372.
[106] Li Y J, Jin J M. Implementation of the second – order ABC in the FETI – DPEM method for 3D EM problems [J]. IEEE Transactions on Antennas and Propagation, 2008, 56 (8): 2765 – 2769.
[107] Zhao K, Rawat V, Lee S C, et al. A domain decomposition method with nonconformal meshes for finite periodic and semi – periodic structures [J]. IEEE Transactions on Antennas and Propagation, 2007, 55 (9): 2559 – 2570.
[108] 盛新庆. 计算电磁学要论 [M]. 科学出版社, 2004.
[109] Peng Z, Sheng X Q. A flexible and efficient higher order FE – BI – MLFMA for scattering by a large body with deep cavities [J]. IEEE Transactions on Antennas and Propagation, 2008, 56 (7): 2031 – 2042.
[110] Ling H, Chou R C, Lee S W. Shooting and bouncing rays: Calculating the RCS of an arbitrarily shaped cavity [J]. IEEE Transactions on Antennas and Propagation, 1989, 37 (2): 194 – 205.
[111] Pathak P H, Burkholder R J. Modal, ray, and beam techniques for analyzing the EM scattering by open – ended waveguide cavities [J]. IEEE Transactions on Antennas and Propagation, 1989, 37 (5): 635 – 647.
[112] Garcia – Pino A, Obelleiro F, Rodriguez J L. Scattering from conducting open cavities by generalized ray expansion (GRE) [J]. IEEE Transactions on Antennas and Propagation, 1993, 41 (7): 989 – 992.
[113] Hémon R, Pouliguen P, He H, et al. Computation of EM field scattered by an open – ended cavity and by a cavity under radome using the iterative physical optics [J]. Progress In Electromagnetics Research, 2008 (80): 77 – 105.
[114] Ross D C, Volakis J L, Anastassiu H T. Hybrid finite element – modal analysis of jet engine inlet scattering [J]. IEEE Transactions on Antennas and Propagation, 1995, 43 (3): 277 – 285.
[115] Chia T T, Burkholder R J, Lee R. The application of FDTD in hybrid methods for cavity scattering analysis [J]. IEEE Transactions on Antennas and Propagation, 1995, 43 (10): 1082 – 1090.
[116] Anastassiu H T, Volakis J L, Ross D C, et al. Electromagnetic scattering

from simple jet engine models [J]. IEEE Transactions on Antennas and Propagation, 1996, 44 (3): 420 -421.

[117] Jin J. Electromagnetic scattering from large, deep, and arbitrarily - shaped open cavities [J]. Electromagnetics, 1998, 18 (1): 3 -34.

[118] Liu J, Jin J M. A special higher order finite - element method for scattering by deep cavities [J]. IEEE Transactions on Antennas and Propagation, 2000, 48 (5): 694 -703.

[119] Jin J M, Liu J, Lou Z, et al. A fully high - order finite - element simulation of scattering by deep cavities [J]. IEEE Transactions on Antennas and Propagation, 2003, 51 (9): 2420 -2429.

[120] Yang M L, Sheng X Q. Parallel high - order FE - BI - MLFMA for scattering by large and deep coated cavities loaded with obstacles [J]. Journal of Electromagnetic Waves and Applications, 2009, 23 (13): 1813 -1823.

[121] Liu J, Dunn E, Baldensperger P, et al. Computation of radar cross section of jet engine inlets [J]. Microwave and Optical Technology Letters, 2002, 33 (5): 322 -325.

[122] Graglia R D, Wilton D R, Peterson A F. Higher order interpolatory vector bases for computational electromagnetics [J]. IEEE Transactions on Antennas and Propagation, 1997, 45 (3): 329 -342.

[123] Graglia R D, Wilton D R, Peterson A F, et al. Higher order interpolatory vector bases on prism elements [J]. IEEE Transactions on Antennas and Propagation, 1998, 46 (3): 442 -450.

[124] Webb J P. Hierarchal vector basis functions of arbitrary order for triangular and tetrahedral finite elements [J]. IEEE Transactions on Antennas and Propagation, 1999, 47 (8): 1244 -1253.

[125] Sun D K, Lee J F, Cendes Z. Construction of nearly orthogonal Nedelec bases for rapid convergence with multilevel preconditioned solvers [J]. SIAM Journal on Scientific Computing, 2001, 23 (4): 1053 -1076.

[126] Peng Z, Sheng X Q, Yin F. An efficient twofold iterative algorithm of Fe - Bi - MLFMA using multilevel inverse - based ilu preconditioning [J]. Progress In Electromagnetics Research, 2009, 93: 369 -384.

[127] Donepudi K C, Jin J M, Chew W C. A higher order multilevel fast multipole algorithm for scattering from mixed conducting/dielectric bodies [J]. IEEE Transactions on Antennas and Propagation, 2003, 51 (10): 2814 - 2821.

[128] Jin J M, Volakis J L. A hybrid finite element method for scattering and radiation by microstrip path antennas and arrays residing in a cavity [J]. IEEE Transactions on Antennas and Propagation, 1991, 39 (11): 1598 - 1604.

[129] Antilla G E, Alexopoulos N G. Scattering from complex three - dimensional geometries by a curvilinear hybrid finite - element - integral equation approach [J]. JOSA A, 1994, 11 (4): 1445 - 1457.

[130] Cwik T, Zuffada C, Jamnejad V. Modeling three - dimensional scatterers using a coupled finite element - integral equation formulation [J]. IEEE Transactions on Antennas and Propagation, 1996, 44 (4): 453 - 459.

[131] Vouvakis M, Zhao K, Seo S M, et al. A domain decomposition approach for non - conformal couplings between finite and boundary elements for unbounded electromagnetic problems in R3 [J]. Journal of Computational Physics, 2007, 225 (1): 975 - 994.

[132] Hackbusch W. A sparse matrix arithmetic based on H - matrices. part i: Introduction to H - matrices [J]. Computing, 1999, 62 (2): 89 - 108.

[133] Zhao K, Vouvakis M N, Lee J F. The adaptive cross approximation algorithm for accelerated method of moments computations of EMC problems [J]. IEEE Transactions on Electromagnetic Compatibility, 2005, 47 (4): 763 - 773.

[134] Shaeffer J. Direct solve of electrically large integral equations for problem sizes to 1 M unknowns [J]. IEEE Transactions on Antennas and Propagation, 2008, 56 (8): 2306 - 2313.

[135] Chai W, Jiao D. An - Matrix - Based Integral - Equation Solver of Reduced Complexity and Controlled Accuracy for Solving Electrodynamic Problems [J]. IEEE Transactions on Antennas and Propagation, 2009, 57 (10): 3147 - 3159.

[136] Wei J G, Peng Z, Lee J F. A fast direct matrix solver for surface integral equation methods for electromagnetic wave scattering from non - penetrable targets [J]. Radio Science, 2012, 47 (05): 1 - 9.

[137] Rong Z, Jiang M, Chen Y P, et al. Fast direct solution of integral equations with modified HODLR structure for analyzing electromagnetic scattering problems [J]. IEEE Transactions on Antennas and Propagation, 2019, 67 (5): 3288 - 3295.

[138] Guo H, Liu Y, Hu J, et al. A butterfly - based direct integral - equation

solver using hierarchical LU factorization for analyzing scattering from electrically large conducting objects [J]. IEEE Transactions on Antennas and Propagation, 2017, 65 (9): 4742 -4750.

[139] Liu H, Jiao D. Existence of H - Matrix Representations of the Inverse Finite - Element Matrix of Electrodynamic Problems and H - Based Fast Direct Finite - Element Solvers [J]. IEEE Transactions on Microwave Theory and Techniques, 2010, 58 (12): 3697 -3709.

[140] Zhou B, Jiao D. Direct finite - element solver of linear complexity for large - scale 3 - D electromagnetic analysis and circuit extraction [J]. IEEE Transactions on Microwave Theory and Techniques, 2015, 63 (10): 3066 - 3080.

[141] Yang M L, Liu R Q, Gao H W, et al. On the H - LU - Based Fast Finite Element Direct Solver for 3 - D Scattering Problems [J]. IEEE Transactions on Antennas and Propagation, 2018, 66 (7): 3792 -3797.